「スター・ウォーズ」を科学する

徹底検証！フォースの正体から銀河間旅行まで

マーク・ブレイク
ジョン・チェイス【著】
高森郁哉【訳】

化学同人

「スター・ウォーズ」を科学する

目次

序文　9

第1部　宇宙旅行

『スター・ウォーズ』が宇宙の文化と宇宙旅行に及ぼした影響……14
『スター・ウォーズ』の宇宙で銀河間旅行は可能か……23
デス・スターの建造費を試算する……29
『スター・ウォーズ』の主題は「人間の未来は宇宙に」なのか……35
アインシュタインの$E = mc^2$と『スター・ウォーズ』——光速航行の課題は？……42
デス・スターの設計は宇宙ステーションとして優れているか……46
ミレニアム・ファルコンが評価される理由……54
小惑星帯を無事に通り抜ける確率……61

『スター・ウォーズ』における星間定期便の可能性……68
『スター・ウォーズ』の宇宙船が戦闘中に真空の宇宙で急旋回できる理由……75

第2部　宇宙

デス・スターの死はエンドアの滅亡をもたらすか……84
『スター・ウォーズ』銀河系が天の川銀河について教えること……91
『スター・ウォーズ』は系外惑星の存在を予測したか……98
『スター・ウォーズ』の系外衛星が銀河系の生命にもたらす意味……105
スターキラー基地は『フォースの覚醒』で描かれたように恒星からエネルギーを吸収できるか……112
『スター・ウォーズ』世界に似た系外惑星はあるか……119

ホスと火星の共通点――人類がエグゾゴースのようになるかもしれない理由……127
タトゥイーンのような砂漠の惑星で生命は誕生するか……134
どれほど昔、どれくらいかなた？……143
ベスピンのような巨大ガス惑星で生きるには……150

第3部　エイリアン

小惑星でエグゾゴースは進化するか……160
レイが砂漠の惑星ジャクーで生き抜くには……167
『フォースの覚醒』はエイリアン人口調査に合格するか……174
『スター・ウォーズ』の多くの惑星に呼吸できる大気がある理由……181

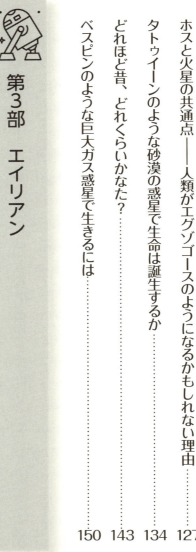

『スター・ウォーズ』の銀河系でもDNAは複製子になるか……188
ダーウィン説の力学――『スター・ウォーズ』の宇宙における進化論の適合性……195
『スター・ウォーズ』銀河系に人間がいる理由……202
私たちはジェダイになれるか……209
ウーキーが人間より毛深い理由……216
ワトーが不自然に小さい翼でホバリングできる理由……224

第4部　テクノロジー

『スター・ウォーズ』のスピーダーが実現するのは何年後か……232
ストームトルーパーの装甲服で悪戦苦闘――だから射撃が下手なのか……239

BB-8のようなドロイドは火星探査に役立つか……246
監視する帝国……253
デス・スターは一撃で地球を破壊できるか……260
未来の巨大都市はコルサントの世界都市に近づくか……268
C-3POのような知的なマシンはいつ実現するか……274
トラクター・ビームを実現する未来の動力源……282
ブラスター・ボルトからの防御は可能か……289
「スマホでホログラムのメッセージを送信」はいつ実現するか……296

第5部　バイオテクノロジー

カーボン凍結で生きたままの冷凍睡眠は可能か……304
C-3POの時代——人類はドロイド勢力にどう対処すべきか……311

クローン軍が地球で実現する日……319
フォースの正体……326
ライトセーバーは本当に切れるか……333
フォースを操る感覚とは……340
カイロ・レンが空中でブラスター弾を止める方法……347
ダース・ベイダーの技術は可能か……354
ジェダイのマインドコントロールは可能か……361
訳者あとがき　369

序文

『スター・ウォーズ』と空想科学（ＳＦ）にまつわる私の経歴は長い。『スター・ウォーズ エピソードⅠ／ファントム・メナス』が公開された一九九九年の夏、私は「科学と空想科学」という大学の学士課程をこの地球上で初めて企画し、開講した。

世界中から報道機関が殺到し、まるでお祭り騒ぎだった。この課程の学生たちは、「空想科学――メアリー・シェリーの小説『フランケンシュタイン』から現在の映画『スター・ウォーズ』まで」を学ぶことができる。一九九九年を振り返ると、最初の講義内容は「ＳＦと『現実の』科学の間にあるつながり」を調べて、「科学とＳＦの文化的な意味合い」を検討するというものだった。私はそれ以来、約二〇年間のかなりの部分を費やし、宇宙、科学、文化の関係を探究してきた。

この本で扱うのは、まさに同じことだ。

『スター・ウォーズ』のレンズを通すと、私たちが目にする宇宙に新しい光が当たる。ほぼ毎日のように、科学は私たちが住むこの世界について、また地球と宇宙の関係について、新しい――ときとして衝撃的な――事実を明らかにしている。時空を超えて回転している無数の銀河。ロボットの台頭。ヒトゲノムの解明。宇宙とは、ますます膨張し分散する、果てしない異世界であるように感じられる。要するに、宇宙は奇妙な場所なのだ。

こうしたカルチャーショック——過酷な環境の宇宙において私たちがどんどん辺境に追いやられていることを自覚する衝撃——に対する回答が、『スター・ウォーズ』だ。私たちはこの物語のおかげで、科学によって解き明かされるこの新しい宇宙を受け入れやすくなる。『スター・ウォーズ』は、科学の発見を身近に感じ、人類にとってどんな意味があるかを伝えるという点で有意義だ。このシリーズは人類という存在を宇宙のもとに返す。人間もかつては未知の存在だったことを思い出させてくれる。

もちろん、宇宙に存在する星の数は、地球上のすべての海岸にある砂粒を足した数よりも多いだろう。おそらくは一〇〇〇億もの銀河が、私たちのちっぽけな銀河系のはるか向こうに漂っている。だが『スター・ウォーズ』のおかげで、この銀河系はまだ私たちのものだと感じられる。地球はもはや、宇宙の中心ではない。太陽はもはや、惑星を伴う唯一の恒星ではない。それでも、ささやかな進歩とかなたへの志向が（さらに、願わくは私たち自身のミレニアム・ファルコン号も）あれば、この銀河は将来も私たちのものであり続けるかもしれない。

たとえ宇宙科学に圧倒されないとしても、ダーウィンの進化論がある。微生物に取り囲まれている人間。進化の大波から免れる特権はない。神が存在する証拠もほとんど見当たらない。今日まで連綿と続く生物学の発見は、宇宙における人間の状態と生命の意味に重大な影響を及ぼしてきた。

ここでも、『スター・ウォーズ』が役に立つ。

映画のおかげで、宇宙の規模で進化がどのように展開するのかを想像しやすくなるからだ。ダーウィンの進化論には二つの効用がある。進化論は地球上で生命が進化するしくみを説明した。そしてまた、地球外生命が宇宙の環境でどのように発達し進化する可能性があるかについて、まったく同じしくみを提供してくれる。進化生物学者はありとあらゆるシナリオをひねり出すだろう。しかし、『スター・ウォーズ』がそれらのシナリオをＳＦに組み込むことで、科学の理論はフィクションに変換されて私たちのもとに帰ってくる。

それこそが、『スター・ウォーズ』の革命的な要素だ。宇宙を思い描くことは、対話を通じて真理に近づくようなものだ——宇宙は姿を変えて戻ってくる。『スター・ウォーズ』の異世界を想像することにより、私たちは新たな視座で宇宙の生命を見ることができるのだ。

私たちの心をとりこにする無限のビジョンは、『スター・ウォーズ』のいたるところにあふれている。目まいがするほど多様な星系と惑星、エイリアンの種族と宇宙船、ドロイドとサイボーグ、光のトリックと生命のフォース。

より単純なレベルでは、『スター・ウォーズ』は人間と人間以外の存在との関係についての物語だ。したがって、この本もそのように構成されている。五つのパートに分けて、それぞれで宇宙、宇宙旅行、テクノロジー、バイオテクノロジー、エイリアンという概念をテーマに論じる。個々のテーマは、人間と人間以外の存在の関係を探究する形をとる。これらのテーマをさらにくわしく検討することは、輝くライトセーバーを掲げるかのように、『スター・ウォーズ』の素晴らしい本質を照らすだろう。それにより、このシリーズがどのように機能しているかが明らかになるはずだ。

・**宇宙**　『スター・ウォーズ』の宇宙は、物語が展開する広大な舞台だ。しかし同時に、恒星と居住可能な惑星が豊富にある人間以外の自然界の側面もある。

・**宇宙旅行**　宇宙という広大な舞台があるのは素晴らしい。だが、ある星系から別の星系にはどうやって移動するのだろう？　このテーマは、超光速航行、ハイパースペース、巨大な宇宙ステーションを含め、恒星へ航行するという人間以外の疑問について論じる。

・**テクノロジー**　未来には何が機械の形で実現するだろうか？　『スター・ウォーズ』はロボットの台頭と人工知能の見込みについて多くを語っている。また、ソーシャルエンジニアリングの技術と銀河帝国の監視文化はどうだろう？

・**バイオテクノロジー**　人間は将来どんな姿になっているのだろう？　遺伝子設計を使うか、バイオテクノロジーを強化するかにかかわらず、『スター・ウォーズ』は人間の脳の進化の未来を予見している。

・**エイリアン**　もし宇宙が真に居住可能な惑星の広大な舞台なら、どんな種類のクリーチャーがその奥に潜んでいるだろうか？　『スター・ウォーズ』はあらゆる映画と小説の中でもとりわけ有名なエイリアンの生命体を生み出した。

さあ、世界最高の人気を誇るＳＦシリーズとともに、その科学を自由な心で探求する旅に出かけよう。

二〇一六年　マーク・ブレイク

Space Travel

第1部　宇宙旅行

THE SCIENCE OF STAR WARS

『スター・ウォーズ』が宇宙の文化と宇宙旅行に及ぼした影響

一九四四年三月、アメリカ陸軍対敵諜報部の特務班が月刊誌『アスタウンディング・サイエンス・フィクション』[*1]のオフィスに押しかけた。彼らの任務は単純だ。それは、核兵器についての憶測を含むSF小説が出版されたことを受けて、機密情報の漏洩《ろうえい》がなかったかどうかを見極めること。これはデス・スター[*2]が登場する三〇年以上も前の出来事だが、当時でさえSFの爆弾兵器は大流行だった。

幸い、特務班の手入れは大雑把だったようだ。

捜索のあと、同誌編集者のジョン・W・キャンベルは安堵《あんど》の溜《た》め息を漏らした。特務班はオフィスの壁に貼られた地図を気にとめなかったが、そこには全米の定期購読者の配達先がくわしく記されていたのだ。地図上で真っ赤なピンが何本もまとまって刺さっている場所は、ニューメキシコ州サンタフェ、私書箱一六六三号。この住所は、原子爆弾を開発する連合国のプロジェクト、マンハッタン計画[*3]の本拠地だった。原爆もまた、デス・スターと同じようにSFから生まれた超兵器[*4]だ。

しかし、この話には続きがある。もし別の赤いピンが指し示す配達先を知ったなら、対敵諜報本部の驚愕《きょうがく》は頂点に達しただろう。第二次世界大戦中、『アスタウンディング・サイエンス・フィクション』が毎号一部、ドイツに輸入されていた。購読者はヴェルナー・フォン・ブラウン。国家社会主義ドイツ労働者党（ナチ党）と親衛隊のメンバーであり、ヒトラー

［＊1］**『アスタウンディング・サイエンス・フィクション』** *Astounding Science Fiction.* 一九三〇年に*Astounding Stories*の誌名で創刊された。何度か誌名が変わり、現在は*Analog Science Fiction and Fact*として刊行を続けている。アイザック・アシモフ、ロバート・A・ハインライン、レイ・ブラッドベリ、アーサー・C・クラーク、フィリップ・K・ディックなどが寄稿した。

［＊2］**デス・スター** 29、46ページ参照。

［＊3］**マンハッタン計画** 一九四〇年代、アメリカのルーズベルト大統領の命令で、ロスアラモス研究所を中心に進められた。四五年には史上初の原爆実験に成功。

ラーの命を受けたナチの原子爆弾開発チームで主任研究員を務めた人物だ。

この出来事はＳＦの歴史における重要な転機だった。それはまた、『スター・ウォーズ』に代表される優れたＳＦが、いかに現代文化に対して強い影響力をもつようになったかを示す最初の例でもある。

［＊4］原爆とＳＦの関係は261ページ参照。

ＳＦはサブカルチャーにあらず

『スター・ウォーズ』は宇宙を偏愛する文化に大きなインスピレーションを与え、そのおかげで私たちはＳＦの世界に生きる最初の世代となった。

メディアの主要ニュースは、タトゥイーンやホスによく似た太陽系外惑星の発見を大々的に報じる。テレビのスイッチを入れると、自律型ドロイドを予感させるロボットや、軌道を周回する宇宙ステーション、小惑星とランデブーする宇宙探査船が目に入ってくる。科学者たちは、未来の宇宙船が銀河帝国のＴＩＥ《タイ》ファイターに搭載されたソーラーパネルに似たソーラーセイル[＊5]（太陽帆）を採用するだろうと明言している。

［＊5］ソーラーセイル　73ページ参照。

中国では二〇〇七年に、共産党が公認した同国史上初のＳＦ会議が開催された。イギリスのＳＦ作家ニール・ゲイマンの講演から引用しよう。

（中国ではＳＦが）長い間認められていなかった。あるとき私は高官にこっそり尋ねた。いったい何が変わったのか、と。「単純なことだ」と彼は答えた。「中国人は外国から計画を渡されたら、何でも上手につくることができた。しかし自分からはイノベーションを起こさなかったし、発明もしなかった。空想することがなかったのだ。そこで、中国は代表団をアメリカに送った。アップル、マイクロソフト、グーグルを視察した彼らは、そこで未来を発明しているスタッフに自己紹介をしてもらった」

彼らには共通点があった。誰もが若いときにSFを読んでいて、大勢が『スター・ウォーズ』にインスピレーションを得ていたのだ。

宇宙で戦う構想

こうしたインスピレーションのうち、早い時期でもっとも劇的な影響をもたらしたのは、「戦略防衛構想（ＳＤＩ）」――通称「スターウォーズ計画」――の登場だ。

皮肉にも、『帝国の逆襲』（一九八〇年）と『ジェダイの帰還』（一九八三年）が公開される間に、アメリカ航空宇宙局（ＮＡＳＡ）の宇宙科学プログラムはほぼすべてスクラップになっていた。平和的な宇宙探査に向けた未来の計画の大半がすでに放棄されていたのだ。一方で軍事的な宇宙ミッションが急速に伸びていた当時、宇宙での戦争というアイデアを大まじめに受けとめる人物がいた。一九八一年だけで、こうした軍事的プロジェクトのうち機密扱いでない予算は一〇〇億ドルを超え、さらに機密のミッションにはそれ以上の予算が割り当てられた。Ｈ・ブルース・フランクリンの『最終兵器の夢――「平和のための戦争」とアメリカＳＦの想像力』[*1]は、戦争の終わりまでに、シャトルミッションの文民の責任者が宇宙戦争の主任設計者に置き換えられていたと報告している。こうして、ＳＤＩは誕生した。

［＊1］『**最終兵器の夢**』原題は*War Stars: The Super Weapon and the American Imagination*. 第一版は一九八八年に刊行。邦訳は二〇一一年に岩波書店より刊行された。

ＳＤＩには裏話がある。

一九五七年一〇月のソ連によるスプートニク一号の打ち上げは、単に宇宙時代の幕を開けただけでなく、宇宙開発競争の口火を切り、冷戦の緊張を高める出来事でもあった。このニュースの衝撃は全米を襲う。

そのわずか数か月後、のちに大統領となるリンドン・ジョンソンがある演説で宣言した。「宇宙の支配は世界の支配を意味する。（中略）そこには究極の武器を超えるものがある。それは究極のポジション――つまり、外宇宙のどこかに位置する地球全体を支配するポジションだ」。英紙『マンチェスター・ガーディアン』[*2]は潜在的なアメリカの恐怖に鋭く切り込んだ。「ロシア人はいまや、世界中のあらゆる場所、どんな標的も攻撃する能力をもつ弾道ミサイルを開発できるようになった」。そのスプートニク号が短い周回飛行の間に一度ならず四度もアメリカの上空を飛んでいたことが明らかになったとき、アメリカ人の恐怖心はピークに達した。

［＊2］**マンチェスター・ガーディアン**　一九五九年に『ガーディアン』に改称。

「スターウォーズ計画」（ＳＤＩ）

こうして、宇宙からの攻撃というアイデアが生まれた。

宇宙に最初の人工衛星を打ち上げたソビエト連邦のロケットはまた、広島への原爆投下以来ソ連が感じていた脅威を、アメリカ人にも実感させることになる。人工衛星を軌道に運べるロケットなら、弾道ミサイルなどの超兵器を同じくらい容易に運べるからだ。

一九八〇年代初期までに、『スター・ウォーズ』シリーズの影響により、恐怖心はＳＤＩ

へと具体化していた。

ＳＤＩはきわめて野心的な超兵器であり、大陸間弾道戦略核兵器による攻撃からアメリカを守ることをめざした。ＳＤＩのミサイル防衛システムは、地上のユニットを宇宙兵器（軌道配備プラットフォームとも呼ばれる）と組み合わせる構想だった。これは『スター・ウォーズ』から多大な影響を受けている部分だ。ＳＤＩは宇宙から標的を攻撃したり、宇宙を巡行するミサイルを無効化したりすることをめざした。

デス・スターを大真面目に検討した人物もいる。

ＳＤＩの宇宙兵器部分は多くのコンセプトに及んだが、そこには軌道のモジュールに収容される要撃機の編隊と、強力なレーザーや粒子ビームを搭載する人工衛星を軌道に乗せるというアイデアも含まれた。ここには、デス・スターとの直接的な類似性が見てとれる。アメリカ物理学会は一九八七年、ＳＤＩのような地球規模の防御は過度に野心的であり、既存の技術を適用して稼働させることはまったく実現しそうにないと述べた。簡単にいえば、うまくいくはずがないということだ。結局、このプログラムは破棄された。三〇〇億ドルが費やされた末に、こうした宇宙兵器システムはこれまで一度も使われていない。

あいまいになる事実と虚構の境界

ＮＡＳＡは一九八〇年代における軍事宇宙ミッションの熱病から生き残った。軍事利用の代わりに、大胆にも『スター・ウォーズ』の時流に乗ることにしたのだ。アポロ、マーキュリー、マゼランといった冷戦時代のまじめなミッション名は消え去った。ギリシャ神話やローマ神話の神々に由来する高尚な命名は用済みだ。所属する科学者とエンジニアの多くが『スター・ウォーズ』から創造のインスピレーションを大いに得ていることを理解したNASAは、メディア通の世代をいっそう魅了するため同シリーズに頼ることにした。第四四次・四五次長期滞在ミッションで二〇一五年七月に国際宇宙ステーションに乗船した、NASA宇宙飛行士チェル・N・リングリン（航空宇宙医師兼エンジニア）の啓発的な言葉を振り返るといい。

間違いなく『スター・ウォーズ』は、観たことを覚えている最初の映画だ。当時私は三歳か四歳だったはず。私もごく普通のSFと思弁小説*の大ファンに過ぎない。また、父親が空軍に所属していたので、私は空軍基地で育った。思うに、これらすべての要素が一緒になって影響を及ぼし、宇宙飛行士になりたいという願望が生まれたのだろう。覚えている限り、それはずっと私の夢だった。『スター・ウォーズ』は、もちろん単なる物語だが、想像力をとらえると思う。そして、宇宙で生活しさまざまなことを実行するという発想とそれを実現する技術もまた、非常にエキサイティングだ。私は決して諦めなかった。『スター・ウォーズ』は文化的な試金石だからこそ面白い。そして私たちは今、幼い子供の頃に『新たなる希望』『帝国の逆襲』『ジェダイの帰還』を観た宇宙飛行士の世代になった。『スター・ウォーズ』は、私が宇宙飛行に興味をもった多くの理由の一つだ。

［*］**思弁小説**　SF小説に哲学的要素を持ち込んだもの。スペキュレイティヴ・フィクション。

チェル・リングリンはまた、『スター・ウォーズ』をテーマにしたミッションのポスターをつくるアイデアを思いついた。NASAはリングリンの提案にゴー　サインを出した。このポスターでは、ジェダイの騎士の装束をまとった宇宙飛行士たちが、ライトセーバーを掲げている。彼らの背景には無数の星がきらめき、Xウイングを備えた人工衛星も浮かんでいる。そして、ミッションの正式名称がこう記されている。「国際宇宙ステーション：第四六次長期滞在――科学は続く」。

リングリンだけではない。NASAのブースでは、『スター・ウォーズ』関連のコンベンションが頻繁に開催されてきた。この政府機関は、五月四日の『スター・ウォーズ』の日[＊1]にも便乗している。NASAには「C-3PO」と名づけた民間乗組員・貨物プログラムもある。その目標は、「発展する宇宙輸送業を実現することにより、宇宙に人類のプレゼンスを拡大する」ことだ。さらに、「三〇年以上前の映画『スター・ウォーズ』で描かれたような、二つの太陽をもつ世界が存在することは、いまや科学的な事実となった」と述べ、ケプラー16b[＊2]を「タトゥイーン」と呼んだのも、ほかならぬNASAだった。

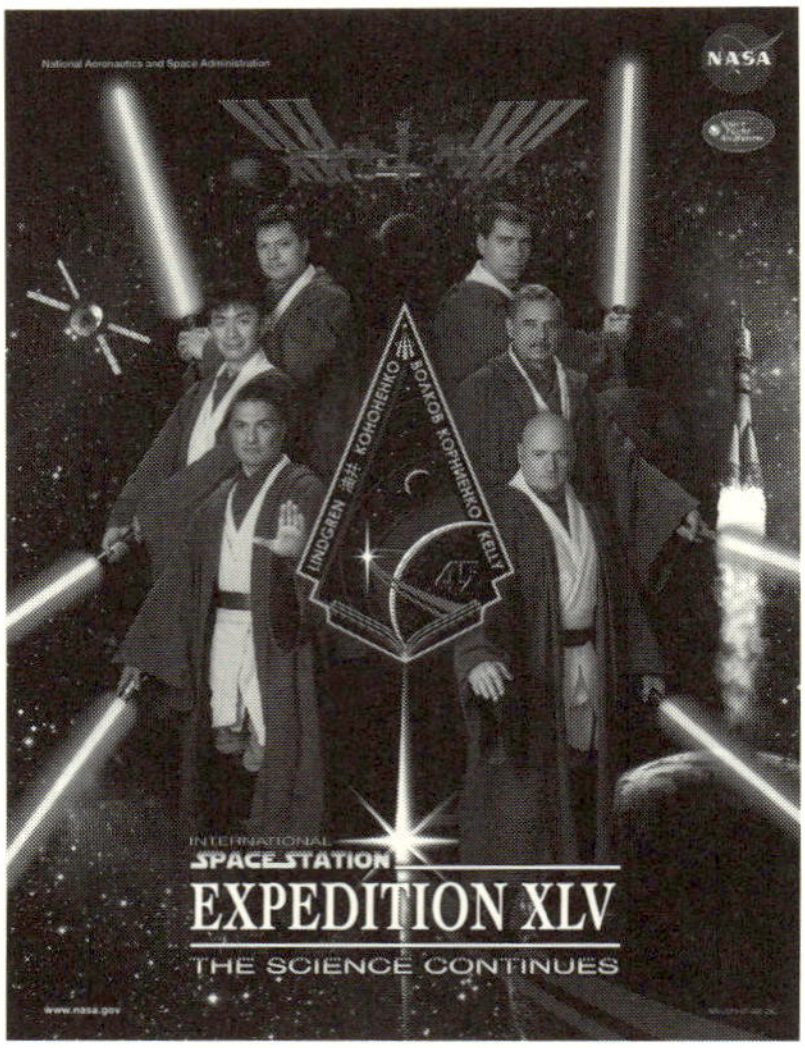

●第四六次長期滞在ミッションのポスター

NASA

［＊1］**スター・ウォーズの日**　映画の有名な台詞「フォースと共にあれ（May the force be with you）」を「五月四日（May the Fourth）」にかけた記念日。

［＊2］**ケプラー16b**　121ページ参照。

『スター・ウォーズ』と科学

『スター・ウォーズ』のようなSFは、最初から科学を携えて登場した。はるか昔の科学革命の時代、地球が属する太陽系のほかにも、あまたの太陽系が存在することがわかった。人類が生きている地球は宇宙の中心ではないという驚天動地の説を科学者が提起したとき、この革命は二つの考え方をもたらした。まず、太陽系外にも地球に似た惑星が存在するということ。そして、エイリアンが地球にやってくるということだ。私たちの遠い先祖にとっての宇宙は、小さく、静的で、地球がその中心だった。人類は宇宙を導く光だった。だが新しい宇宙は、中心がなく、非人間的で、暗い空間だ。

そこで、『スター・ウォーズ』の宇宙旅行の物語は、私たちが属する人間中心でない宇宙の意味――宇宙の辺境にある地球、いずれ訪れる人類の最期、ロボットの台頭、私たちの内なる暗黒面の出現――を理解するのに役立つ。『スター・ウォーズ』は、科学によって明らかになった宇宙の人間的側面と非人間的側面の関係を探究する手段だ。このシリーズにより、私たちは未来の科学がどのように発展するかについて空想上の視点を獲得する。『スター・ウォーズ』の展開は、SFの王道そのものだ。科学的発見の妙味、感触、人類にとっての意味を的確に表現するために、ときとして詩人や映画監督が必要になる。これは、エイリアンの宇宙において人類が辺境の位置にいることを自覚するというカルチャーショックを説明する手段であり、人類の特権性を宇宙に返して人間もエイリアンの一員になる試みなのだ。

このように、『スター・ウォーズ』は科学についての特別な思考様式だと容易に理解できる。発見と探査によって明らかになる新しい世界を推測する。素晴らしくも奇妙な想像の領域を活用して、革新性を秘めた新たな観点で、人類の宇宙における状況を受け入れさせる。

このシリーズは、私たちが物事を理解して実践する方法や、未来を夢見る方法に影響を与えてきた。私たちが見慣れないものの中に身近なものを、特殊性の中に普遍性を見いだすのに役立った一方で、人類の現実の本質と限界を探究することを求めた。

『スター・ウォーズ』に助けられて築いた未来に、私たちは今生きている。

『スター・ウォーズ』の宇宙で銀河間旅行は可能か

二つの宇宙が存在する物語を検討していこう。この思考実験のポイントは、宇宙飛行士がある宇宙から別の宇宙へ旅行する方法になるだろう。

第一の宇宙は、私たちが住んでいる実在の銀河系宇宙。もう一つの宇宙は、『スター・ウォーズ』のストーリーが展開する架空のエクスパンデッド・ユニバース（拡張宇宙）だ。後者の宇宙に含まれるのは、公式にライセンスされた『スター・ウォーズ』のあらゆるメディア素材――本、漫画、ビデオゲーム、玩具、テレビ映画、シリーズに登場する多種多様な衣装と道具。これに対し、『スター・ウォーズ』の正史《カノン》とみなされるのが、ルーカスフィルムによって製作されたコンテンツ――『スター・ウォーズ』の劇場映画シリーズ、テレビアニメの『クローン・ウォーズ』および『反乱者たち』の両シリーズだ。

ウォルト・ディズニー・カンパニーは二〇一二年一一月にルーカスフィルムを買収。二〇一四年四月二五日には、それ以前に公開されたエクスパンデッド・ユニバースのコンテンツに「スター・ウォーズ・レジェンズ」という新たなブランドを設定すると発表した。

『スター・ウォーズ』正史と、『スター・ウォーズ』レジェンズ。

ディズニーの新部門、ルーカスフィルム・ストーリーグループはこの発表以降、新たに製作されるコンテンツと過去に書かれた物語はすべて矛盾しないと保証している。ただし、レジェンズのコンテンツとキャラクターは、よく似た物語の一部であることを考えると、新たな「ストーリーテリングのアプローチ」の中に登場するのかもしれない。二〇一六年六月一六日の発表で、レジェンズ系コンテンツがビデオゲーム『スター・ウォーズ　バトルフロント』のダウンロード可能なコンテンツに含まれることが明かされた。

　この架空の宇宙は、絶えず揺れ動いているのだ。

実在の宇宙

　本書の大部分で、私たちは正史側の要素にとどまっている。

　前述のように、『スター・ウォーズ』エクスパンデッド・ユニバースのフィクションのレベルは、きわめてあいまいになりうる。キャラクターがダークマター（暗黒物質）[*1]とダークサイド[*2]を並べて語っても不思議ではない。筋書きは分岐する可能性がある。ある作品に登場するキャラクターが、別の作品には登場しないかもしれない。さらに重要なことに、『スター・ウォーズ』の科学を探究する目的で、宇宙全般について提示される概念は、レジェンズに登場しても正史には存在しない場合がある。

　そしてまた、正史かレジェンズかにかかわらず、はるかかなたの銀河系は、私たちが住むこの現実の宇宙に位置し、私たちの銀河系とよく似た科学と哲学を共有しているに違いない。私たちはこの（『スター・ウォーズ』の銀河系と私たちの銀河系の間に共有された）宇宙を、拡張された現実の宇宙と呼ぶことさえ許されるかもしれない。少なくとも、それは本書に通底する仮定であり、合理的な仮定であるように思われる。

　しかし、『スター・ウォーズ』が、正史かレジェンズかにかかわらず、架空の銀河系を越

［＊1］**ダークマター（暗黒物質）**　光では見えない物質。その正体は不明だが、銀河の集団などの形成に必要と考えられている。宇宙を構成する物質のうち二七％を占めるといわれている。

［＊2］**ダークサイド**　フォースの暗黒面のことで、怒り、憎しみ、恐れといった暗い感情から力を引き出す。反対の言葉は「ライトサイド」。

える広い宇宙について伝えようとしている真理は何だろう？　そして、その真理は現実の宇宙に通じるだろうか？

はるかかなたの銀河系を越えて

レジェンズによると、『スター・ウォーズ』の銀河系には近い仲間が存在するという。

銀河間旅行において、こうした伴銀河[*3]はめざしやすい目的地だろう。『スター・ウォーズ』の銀河系を衛星のように周回する七つの小型銀河があった。それらはアルファベット順に、オーレック、ベッシュ、クレシュ、ドーン、エスク、フォーン、グレックと名づけられた。名称はともかく、これらすべては完全に規則正しく公転している。私たちの銀河系にも、伴銀河が存在する。その数は実に五〇個ほど。肉眼で見える唯一の伴銀河は、大小のマゼラン銀河。これらは文明の早い時期から観測されていたにもかかわらず、かなり遅れてその存在に気づいたポルトガルの探検家にちなんで、ようやく一五一九年に命名された。

軌道を周回していることが確認された銀河系の伴銀河のうち最大のものは、いて座の小型楕円銀河だ。いて座小銀河の直径は八五〇〇光年ほどで、この大きさは銀河系のほぼ一〇分の一を占める。奇妙なことに、その巨大さにもかかわらず、いて座小銀河は一九九四年まで発見されなかった。これは銀河系の連銀河[*4]の中でもっとも近い部類に入るものの、地球から見て銀河系の中心の反対側に位置する。ごくうっすらとしか見えないとはいえ、その巨大さゆえに、その方角の空で相当な広範囲を占めている。

［＊3］**伴銀河**　大きな銀河の周囲を回る銀河。不規則な形をしていたり、楕円で渦巻きがないなど、さまざまな形態をとる。

［＊4］**連銀河**　二つの銀河のあいだで引力を及ぼし合っているもので、大小のマゼラン銀河は連銀河の例である。

銀河間旅行

『スター・ウォーズ』は作品中の伴銀河を到達可能な目的地として認めているだろうか？

少なくともレジェンズでは、確かにそうだ。レジェンズでは、『スター・ウォーズ』の主銀河は五〇〇万～二〇〇〇万種の知的生命体のすみかとして描かれている。一〇億の星系に一〇兆以上のエイリアンが住むとされている。これらの種が互いにかかわる機会は、外交、貿易、戦争、また必要に応じた移動によってもたらされた。

伴銀河のうち、連銀河オーレックはリシ・メイズとしても知られていた。これはオーレック内に位置する惑星リシを指す。リシは、連銀河への超宇宙旅行の出発地だ。レジェンズの中ではまた、連銀河の一部は約二〇〇億の星を擁するとされていた。連銀河は距離の順にランクづけされ、連銀河ベッシュがもっとも遠くに位置していた。ファイヤーフィストとも呼ばれるベッシュは、主銀河から約一五万光年離れていて、これまでプロボット――偵察ミッション専用に設計された調査ドロイド――によってのみ調査されている。

ここには事実が含まれているだろうか？　もちろん。それも、かなり多く。

天の川銀河を構成する五〇かそこらの伴銀河のうち、八つほどが一〇万光年以内の距離にある。そのうち、おおぐま座矮小《わいしょう》銀河Ⅱ（ＵｍａⅡ）は天の川銀河からほぼ一〇万光年の境に位置する。ＵｍａⅡは恒星約五〇〇万個分の質量をもち、少なくとも一〇〇億年前にできたと考えられる。ＵｍａⅡの星々は、おそらく宇宙の最初期に誕生したのだろう。

古き良き「ハイパースペースの乱れ」

このように『スター・ウォーズ』は銀河間航行を認めているが、それは限定的だ。『スター・ウォーズ』において伴銀河への航行は可能だが、それ以上遠くには行けない。なぜか？　銀河の端の先にある「ハイパースペースの乱れ」というささやかな問題のせいだ。この「乱れ」のせいで、銀河系の外を探究することはひどく困難になっている。銀河の端で渦巻きの一帯が超光速で回転しているため、そこを航行することは不可能なのだ。銀河の縁の先には、星が存在しない広大な宇宙空間があり、銀河間ボイド（空洞）と呼ばれている。

さて、皮肉屋にとって、これは「マクガフィン」とほぼ同じように聞こえるだろう。マクガフィンとは、イギリスの映画監督アルフレッド・ヒッチコックによって広く知られるようになった概念で、物語を前に進めるためのプロット上の装置のことだ。それは達成すべき目標であったり、追い求められる物であったり、あるいは、「銀河の端の先にあるハイパースペースの乱れ」のような障害であったりする。あるいは、物語を前に進めさせない障害というべきか。『スター・ウォーズ』レジェンズのライターたちは、一〇〇億の星系と五〇〇万〜二〇〇〇万種の知的生命体があれば、探索するのに不足はないと感じたのかもしれない。すでに物語は十分に躍動している。

しばしば映画や小説は物語の舞台として、遠く離れた「異質の」島というコンセプトを使ってきた。島の環境が「現実の」世界を越えた行動を促し、ユートピアやディストピアといった観念的なイメージを提供する。こうした仕掛けは、古くはトマス・モアの『ユートピア』[*1]にまでさかのぼることができ、ほかの有名な作品、たとえば『ロビンソン・クルーソー』[*2]や、もちろん『ジュラシック・パーク』[*3]などにも認められる。これは多くの点で、

［＊1］**『ユートピア』** *Utopia.* 一五一六年にラテン語で書かれた。作中でユートピアとは架空の国家の名称だったが、転じて「理想郷」「理想社会」を意味するようになった。

［＊2］**『ロビンソン・クルーソー』** *Robinson Crusoe.* ダニエル・デフォーによる一七一九年の小説。無人島に漂着した主人公が島を開拓するさまを描く。

［＊3］**『ジュラシック・パーク』** *Jurassic Park.* 一九九〇年に出版された、マイクル・クライトンの小説。現代に甦った恐竜によって引き起こされるパニックを描いたサスペンス。一九九三年に映画化。

『ハリー・ポッター』[*]の小説と映画にさえも当てはまる。物語の大部分が展開するホグワーツ魔法魔術学校は、魔法がない現実の「マグル界」から隔絶された「島」に相当する。銀河の探究の最初期にドイツの哲学者イマヌエル・カントが、当時の巨大な望遠鏡をのぞいて観察した遠い銀河系の星雲を「島宇宙」と表現したことを知れば、舞台装置としての「島」の説明は『スター・ウォーズ』の銀河系にますますうってつけだと感じられるだろう。

ハイパースペースの乱れを越えて

実際の宇宙の全天観測とマッピングは巨大なスケールで実施されてきた。

宇宙地図の製作者が宇宙の構造について学んだことは何だろう？　私たちの宇宙の大規模構造は恒星のレベルから始まる。恒星が銀河の中に組織化される。この点について新たに発見されることはほとんどない。ただし、それを越えると宇宙の構造は連続体になる。科学者らは、銀河よりも大きい構造が多数の層を成すと考えている。銀河群、銀河団、超銀河団、銀河ウォール、銀河フィラメントが、数億光年の規模で広がっているという。銀河ウォールと銀河フィラメントは同様の規模の巨大な空間で隔てられていることがあり、巨大なスポンジ状の構造を成す。これは「宇宙のクモの巣（コズミックウェブ）」と呼ばれる。

したがって、『スター・ウォーズ』は正しいのだ。銀河間の空間、おそらくは銀河フィラメント間ボイドと呼ぶべき場所がある。それは巨大だ。とはいえボイドは、宇宙旅行者が長さ数億光年にもおよぶ銀河フィラメントに沿って、銀河群と銀河団を通り、銀河から銀河へと航行する妨げにはならないだろう。

［*］**『ハリー・ポッター』** *Harry Potter.* 一九九七年に第一巻が刊行されたJ・K・ローリングによるファンタジー。本編は全七巻からなる。二〇〇一年から映画化された。

デス・スターの建造費を試算する

純粋にデス・スターのサイズだけを考えてみよう。

「DS－1軌道バトル・ステーション」とも呼ばれる初代デス・スターは、衛星の大きさだった。私たちの太陽系には、さまざまな大きさの衛星（月）がある。木星の軌道を周回する衛星は六〇あまりが見つかっていて、もっとも小さいものは直径わずか一〜二キロメートル程度しかない。土星の月タイタンは、太陽を周回する惑星の衛星としてもっとも大きく、直径約五一五〇キロメートル。私たちの月は直径三四七四キロメートルで、地球のおよそ四分の一だ。

初代デス・スターの直径は一二〇キロメートル。

つまり、衛星に近いサイズ（と形）の宇宙ステーションというわけだ。独自の引力と、内部には三四万二九五三人の銀河帝国軍兵士と二万五九八四人以上のストームトルーパーが居住できる十分なスペースがある。これはなかなかの建造物だ。

さらに、ほかの銀河帝国軍の拠点ではまず見られない娯楽設備も加えよう。レクリエーションエリア、最新技術のバーテンドロイドがいる酒場、そしてファンのLEGO動画で有名になった食堂。そろそろ、デス・スターの規模と費用のイメージがつかめてきただろうか。

建造

さっそくつくってみよう。まず、鋼が必要だ。それも大量に。実際、途方もない量になる。

初代デス・スターのうち空洞でない部分が十分の一程度だと想定すると、建造には約一三京四〇〇〇兆トンの鋼が必要になるだろう。数字を並べると、一三四、〇〇〇、〇〇〇、〇〇〇、〇〇〇、〇〇〇トン。その量の鋼を仕入れるには、銀河帝国の国庫から八五京二〇〇〇兆ドル（八五二、〇〇〇、〇〇〇、〇〇〇、〇〇〇、〇〇〇ドル）の出費が必要になる。そして費用のほかにも難題がある。生産ペースを検討してみよう。地球全体における現在の鋼の年間生産量で計算すると、初代デス・スターの建造には八〇万年を要するだろう。そう、人間がこれほど大量の鋼をつくるには八〇〇、〇〇〇年も必要なのだ！

初代デス・スターは、居住に適さない砂漠の惑星ジオノーシスの上空で建造された。ここでもう一つの問題が生じる。ジオノーシスだけでデス・スター建造に必要な鋼を生産できそうもないことから、資材はほかの星から多大な費用をかけて輸送しなければならないだろう。生産拠点がどの惑星であれ、宇宙で輸送するには、一トンあたり約一億ドルの送料がかかるだろう。

ただし、初代デス・スターの鋼を生産するのに、第二の選択肢がある。それは、小惑星（アステロイド）での採鉱だ。

現実の世界で、小惑星採鉱は宇宙の新たなフロンティアと目されている。「容易に回収可能な物質（ERO）」として知られる小惑星群が、二〇一三年に研究者らによって観測された。最初に見つかった一二の小惑星はすべて、既存の科学で採鉱できる可能性がある。地球近傍天体（NEO）のデータベースで検索された九〇〇〇の小惑星のうち、これらの一二はすべて、速度を時速約一八〇〇キロメートル以下に落とすことにより、地球にアクセス可能な軌道へ比較的安価に運べそうだ。

さらに、太陽系の小惑星プシケ*も検討に値する。プシケは少量の貴金属を含むと考えられているが、それより重要なのは、1.7×10^{19}キログラムのニッケル鉄が存在することだ。これは地球で必要な生産量の数百万年分に相当する。そして、1.7×10^{19}キログラムのニッケル鉄は、初代デス・スターの建造に必要な一三四、〇〇〇、〇〇〇、〇〇〇、〇〇〇、〇〇〇トンのうちの一七、〇〇〇、〇〇〇、〇〇〇、〇〇〇、〇〇〇トンに相当する。プシケのような小惑星があと七個ほどあれば、建造に必要な金属を調達できることになる。

輸送費と建造費をさらに節約するために、採鉱する小惑星はデス・スターの建造地に近い安全な軌道に運ぶのが望ましいだろう。そうすれば、理論上はより多くの材料が使えて、無駄も少なくなる。とはいえ、全体の建造費に比べたら、節約できる額はごくわずかだろう。

［*］**プシケ**　直径二一三キロメートル。火星と木星のあいだを公転している。NASAがディスカバリー計画（二〇二一年開始予定）での探査を計画している。

費用

初代デス・スターの建造プロジェクトは、ウーキー族をはじめとする各種異星人の奴隷労働によって完遂された。建造の最中も終わったあとも、有機生命体は呼吸する必要があっただろう。

初代デス・スターの一〇分の六が加圧された空間だったと想定して、このプロジェクトは八二三京立方メートルの窒素（空気のおもな構成要素）と一六五京立方メートルの酸素を必要とするだろう。供給にはそれぞれ三秄《じょ》四八〇〇垓《がい》ドルと二垓六三三三京ドルかかるだろう。

以上すべてを合計すると、初代デス・スターの総費用は堂々の二〇秄ドル、あるいは二〇、〇〇〇、〇〇〇、〇〇〇、〇〇〇、〇〇〇、〇〇〇、〇〇〇ドルとなる。それは現在のアメリカ政府債務の一兆倍に相当する。火星ミッションに換算すれば二〇〇〇兆回分となり、おそらく地球の全人口を火星に輸送するのに十分な回数だろう。

しかも、これは基礎部分のみのデス・スターの費用でしかない。私たちはまだ、乗組員の居住設備、生命維持装置システム、コンピュータ・人工知能ネットワーク、Ｗｉ－Ｆｉ、発電機、五つ星の高級オプション、エアコン、メガレーザー、ダース・ベイダーのペントハウス、食堂を加えていない。それに建造費も。私たちはみな、建設業者の見積もりが事実よりも虚構になることを知っている。第二デス・スターは、幅一六〇キロメートルで、五六〇層の内部構造に乗員二五〇万人を収容する。その建造費は読者の練習問題用に残しておこう。

デス・スターの破壊

ところが、これまでの計算の細部には暗黒面が潜んでいる。

私たちはこうした「究極の兵器」をつくる莫大なコストを把握したが、デス・スターを繰り返し爆破することの影響にも驚愕するだろう。爆破は経済的に賢明な行為だろうか？

セントルイス・ワシントン大学のザカリー・ファインスタインは二〇一五年一二月一日、「それは罠だ――パルパティーン皇帝の毒薬」と題した論文を発表した。説明によると、ファインスタインはまず、銀河帝国の経済状態をモデル化し、続いて、第二デス・スターの崩壊で幕を閉じるエンドアの戦い[*1]による経済的な影響を試算したという。彼の結論はこうだ。

［*1］**エンドアの戦い**　『ジェダイの帰還』における銀河内の決戦。第二デス・スターの破壊、シーヴ・パルパティーンとダース・ヴェイダーの死などがあり、共和国再建のための同盟が勝利した。

エンドアの戦いから受ける経済的な影響に対する（私たちの）モデルは、反乱同盟軍がシステミック・リスク[*2]と突然の壊滅的な経済崩壊を軽減するために、ＧＧＰ（銀河総生産）の少なくとも一五％、おそらくは二〇％以上の救済資金を準備する必要がある（このことを示唆している）。こうした資金を用意できなければ、銀河系の経済が天文学的な規模の経済不況に陥る可能性が高い。

［＊2］**システミック・リスク**　金融システム全体に機能不全が波及するリスク。

鍵となるのは、デス・スターの破壊が銀河系の経済に壊滅的な影響を与えるという点だ。数百万人分もの雇用がデス・スターによって創出され、維持されていたので、その破壊は数十年におよぶ極度の貧困と飢えをもたらすだろう。二度のデス・スターへの攻撃で、反乱同盟軍は単にその点を考慮しなかった。

『ローグ・ワン／スター・ウォーズ・ストーリー』（二〇一六年）で、反乱同盟軍の荒くれ戦士たちが命懸けのミッションを遂行するために結集する。デス・スターが皇帝による統治の強化に使われる前に、その設計図と仕様書を盗むという作戦だ。しかし、詳細な計画で戦いに備えるとき、より慎重な代案、つまりデス・スターの指揮系統を掌握して、社会的に有用な生産に転用することが検討されてしかるべきだったのではないか？　もし初代デス・スターに対して破壊の代わりに平和的な計画が採用されていたなら、第二デス・スターを建造するために銀河の膨大な資源を浪費する必要もなかっただろう。

デス・スターからライフ・スターへ！

デス・スターの転用には、いくつかの有用な、そして環境的により安全な選択肢が考えられる。

多分デス・スターはモバイル科学研究施設と観測所に転用できたはずだ。二〇〇二年のスティーブン・ソダーバーグ監督の映画『ソラリス』[*1]には、惑星ソラリスの海表面の上空に浮かぶ科学調査研究所「ソラリス・ステーション」が登場したが、その巨大版を考えるといい。あるいは、デス・スターを旅行先として観光開発するのはどうだろうか？「天上のピクニック」や「宇宙の果ての食堂」のようなキャッチコピーを掲げて、デス・スターを「衛星都市」に転用できれば、宇宙で人気の観光スポットになるかもしれない。デス・スターの乗員宿舎、五つ星の高級オプション、超高速エレベーター、銀河系の景色、銀河帝国の劇場システムを別の目的に使うのにこれ以上の方法があるだろうか？

魅力の点では劣るが、デス・スターは銀河帝国体制に敵対する極悪人を投獄する高度なセキュリティーの刑務所に転用することもできたはずだ。惑星外の銀行は、大衆からは縁遠い選択肢だが、銀河の裕福なエリートのタックスヘイブン[*2]になるだろう。

おそらくもっとも文化的に優れた選択肢は、高度な移動能力を備えた巨大な美術館兼ライブラリーの「デス・スター・ディスカバリーセンター」だろう。このディスカバリーセンターは、種子銀行と、銀河系の生物多様性を守るために希少種の保管庫も備え、銀河系内でさまざまな種族が暮らす惑星の文化遺産を展示して、銀河じゅうを巡回できたはずだ。

［＊1］**『ソラリス』** *Solaris.* 原作は、ポーランドの小説家スタニスワフ・レムが一九六一年に発表した同名SF小説。

［＊2］**タックスヘイブン** 「租税回避地」ともいい、税金をゼロかきわめて低くすることによって国外資本や外貨を獲得する国や地域のこと。

『スター・ウォーズ』の主題は「人間の未来は宇宙に」なのか

アメリカのSF作家ラリー・ニーヴンはかつて、「恐竜が絶滅したのは宇宙プログラムをもっていなかったからだ」と語ったという。

月面を二番目に歩いた宇宙飛行士バズ・オルドリンとの会話の中で、ニーヴンはこう発言したと、『２００１年宇宙の旅』[*3]の著者アーサー・C・クラークが引用している。二人のフューチャリストは二〇〇一年、クラークが島国スリランカに構えた家を訪れて語り合っていた。彼らが一〇〇年先に人類が実際に行う宇宙の旅について熟考したとき、話題は火星やその先にまで広がった。

クラークとオルドリンは、ラリーの意図を理解した。

もし恐竜が月や火星に基地をもっていたら、絶滅することはなかっただろう。あるいは少なくとも、生き残る可能性はもっと大きかったはずだ。恐竜たちは知能が高かったのだから。さて、未来の地球が危険にさらされると仮定すると、『スター・ウォーズ』からインスピレーションを得ることは賢明かもしれない。

宇宙プログラムにより、コア・ワールド出身の人類は銀河共和国を建国することが可能になった。銀河を統治するこの政府は、二万五〇〇〇年間もの長きにわたり政権を維持する。銀河共和国は、慈悲深い政府によって統治される、多様な惑星の住民の集合体だった。展開せよ。分散せよ。巨大な小惑星の衝突や、デス・スターからの攻撃のような、一度の大惨事

［＊3］『**２００１年宇宙の旅**』*2001: A Space Odyssey.* クラークの短編小説『前哨』を元に、スタンリー・キューブリック監督とクラークが映画の脚本を共同執筆し、同時進行でクラークが小説版を執筆。映画公開と同じ一九六八年に出版された英語版の表紙には、「スタンリー・キューブリックとアーサー・C・クラークの脚本に基づく」と記されている。

で絶滅しないように。

今そこにある危機

私たちはさまざまな方法で世界の終わりを予知することができる。もちろん、アウター・リム・テリトリー（外縁領域）の宇宙ステーション「コーダ」で人気の酒場「ジ・エンド・オブ・ザ・ワールド（世界の終わり）」の話をするわけではない。とはいえ、終末のシナリオにはそれぞれ、『スター・ウォーズ』の中に似た話がある。

地球に彗星《すいせい》が衝突するケースを考えてみよう。大きな衝撃を生むこの事象は、数百万もの核兵器が同時に爆発するのと同じエネルギーを放出する。しかもこれは、直径わずか数キロメートルの彗星が地球に衝突するときに起きる。直径一〇キロメートルほどの、真に巨大な物体の衝突として知られているなかで最後のものは、もちろん、六六〇〇万年前に白亜紀−古第三紀境界の大量絶滅をもたらした出来事だ。少しは心配になってきただろうか。確かに、この規模の衝撃をもたらす事象は比較的まれだが、地球の長い歴史でたびたび起きているのも事実だ。こうした彗星の衝撃は、地球がデス・スターから攻撃されて起きる破壊に似ているだろう。

比較的小さい直径一〜二キロメートルほどの小惑星は、五〇万年に一度くらいの頻度で地球に衝突している。これらはしばしば「世界の破滅の閾値《いきち》」と呼ばれる。というのも、衝撃で大量の埃《ほこり》が舞い上がり、日光がさえぎられて光合成ができなくなり、陸と海の両方で食物連鎖が断ち切られてしまうからだ。閾値の衝撃はまた、メガ津波や世界規模の山火事を引き起こす可能性がある。

そして、接近中の彗星を単純に爆破するという「ハリウッドの選択肢」をめざすことはまったく無駄だろう。核爆弾による血気盛んな解決策は、隕石の小破片を大量に生み、それらが地球をめがけて滝のように降り注ぐ結果になる。ちょうど、第二デス・スターの破片がエンドアに降り注いだように。

太陽の燃焼

たとえ彗星が地球にぶつからないとしても、太陽が燃え尽きる日は確実にやってくる。いずれ、必ず。

私たちの地球にある資源が限られているのと同じように、太陽も燃焼に使える燃料の量は限られている。太陽は一生の大部分で、水素を燃やす。

しかし、水素を使い果たすと、太陽はヘリウムを燃やし始める。そして、恒星がヘリウムを燃やすとき、健康面で警戒すべき状況が到来する。太陽はいっそう大型化し、赤い巨星になるだろう。

H・G・ウェルズは有名な一八九五年の小説『タイムマシン』[*]で、このエントロピー的な太陽系の終わりを予見した。ウェルズの物語が結末に近づくとき、読者は地球が潮汐力にとらわれることを知る。惑星は赤い巨大な太陽に向かってらせんを描き、地上からは終わりのない日没の状態で太陽が静止して見える。太陽系はメルトダウンに向かう。

科学者が正確に計算したら、こうしたことが実際に起きるのがわかるだろう。遠い未来、

[*]『**タイムマシン**』*The Time Machine*. 主人公は自身が開発したタイムトラベルの装置を使って、八〇二〇七一年の未来と現代を行き来する。

おそらく五〇億年ほど先に、私たちの太陽は現在の二〇〇倍のサイズに膨張して赤い巨星になると予想される。それが起きるとき、太陽は地球を含む内惑星[*1]を飲み込むと考えられる。火星上では生き残る可能性が高くなるだろうから、『スター・ウォーズ』流の外へ向かう衝動が必要になるだろう。

第六の絶滅の四騎士

地球上での人類の活動により、現在は「第六の絶滅」を迎えようとしている、という見解がある。

科学者らは、これまでの四億五〇〇〇万年もの長期間に起きた大量絶滅を、たった五回[*2]しか確認していないが、私たちが六回目の時期に入っている可能性があると警告する。過去、大量絶滅から生命が回復するまでに要した年月は、最長で三〇〇〇万年。これは、人類が火の明かりのそばで物語を語ってきた期間に比べて一〇〇倍もの長さだ。まだ回避可能な第六の絶滅の影響は、かなり空想科学のシナリオのように聞こえる。

惑星規模での根本的な変化が始まった。人間が最初に地上に立つよりはるか昔に、地球はすでに世界規模の温暖化、海洋酸性化、大量絶滅に遭遇してきた。ただし、こうした比較的最近の変化がどれほど長く続くのかは誰も知らない。これらは地球の歴史において、例のない短期間の移行である可能性もある。あるいは、新しい、地質学的に長い惑星の状態に発展するのかもしれない。

アポカリプス（黙示録）の四騎士の話は、キリスト教の新約聖書に含まれる『ヨハネの黙

[＊1] **内惑星**　水星、金星、地球のこと。

[＊2] **五回の大量絶滅**　四億四〇〇〇万年前（オルドビス紀末）、三億七〇〇〇万年前（デボン紀後期）、二億五〇〇〇万年前（ペルム紀と三畳紀の境界）、二億一〇〇〇万年前（三畳紀とジュラ紀の境界）、六六〇〇万年前（白亜紀と古第三紀の境界）に大量絶滅が起きた。このうち三回目の大量絶滅は最大で、海洋生物の九〇％、陸上生物の七〇％以上が絶滅したとされている。

示録』に由来する。この預言は、最後の審判の前触れとして、四人の騎士――それぞれが赤い馬、白い馬、黒い馬、青ざめた馬に乗って現れる――が世界に終末をもたらすというものだ。

専門家らは今、地球の歴史で例のない現在の絶滅危機に四つの要因があると考えている。これらの要因とは、第一に、外来種が世界中に拡散していること。第二に、単一の種（人間）が世界の主要な生産の大部分を支配していること。第三に、人間の活動がますます進化に向かっていること。第四に、テクノスフィア――人間性とその技術の広範囲におよぶ融合――が台頭していることだ。

宇宙時代

証拠はそろった。

生き残る可能性を高めるため、私たちには宇宙プログラムが必要だ。『スター・ウォーズ』でコア・ワールド出身の人間がそうしたように、私たちは銀河共和国を建国する必要がある。『スター・ウォーズ』は今なお、宇宙に散らばった人口のもっとも人民主義者的な例を示している。

私たちはスタートを切った。宇宙時代はすでに始まっているのだ。人間の社会の進化は石器時代、青銅器時代、鉄器時代を通り抜けてきた。一九世紀の産業革命はしばしば「機械時代」と呼ばれる。一方、宇宙時代は一九五七年、史上初の人工衛星スプートニク一号の打ち上げで始まった。同じく一九五七年のスプートニク二号には犬のライカが乗せられ、宇宙に行った最初の動物になった。これに続き、一九六一年にはユーリ・ガガーリンが史上初の有人宇宙飛行を、一九六三年にはワレンチナ・テレシコワが女性として世界初の宇宙飛行をそれぞれ行っている。そして一九六五年、アレクセイ・レオーノフは世界で初めて宇宙遊泳を行った。

私たちはこれまで、地球周回軌道に滞在する方法と、そこでの経験から多くを学んできた。ミール宇宙ステーション[*1]は微少重力の研究室として、宇宙の恒常的な占有に必要な技術の開発を目的とする使命を帯び、乗組員が生物学、物理学、天文学、気象学、宇宙船システムの実験を実施した。今日の国際宇宙ステーションは、こうした宇宙ステーションの数十年にもおよぶ打ち上げと運用から得た教訓の産物だ。

[＊1] **ミール宇宙ステーション** 一九八六年に旧ソ連が打ち上げ、二〇〇一年に制御落下による大気圏再突入で廃棄処分されるまで運用された。

宇宙における人類の未来

『スター・ウォーズ』の独創性は大勢にインスピレーションをもたらしてきた。だが、月や火星への入植、さらに遠い宇宙での採鉱、小惑星の宇宙都市化など、ミッションがどんなものであれ、人類は組織化されなければならない。宇宙での新しい生活様式と推進方法を検討し、研究し、発展させる必要がある。

『新たなる希望』が公開された頃、大学教授の集団が宇宙入植地の構想をブレーンストーミングするために一〇週間にわたって会合をもった。彼らが推奨した提案はどんなものだったろう？　それは、惑星や衛星の周回軌道に目的別の入植地を配置するというものだ。入植地は直径一・六キロメートルの車輪のような居住施設になる。入植者は、重力に代わる遠心力を生むために回転するチューブタイヤ状の構造物に居住し、ソーラーパネルで太陽のエネルギーを活用する。デス・スターとはかなり違うが、はじめの一歩ではある。

科学者らはまた、原子力で推進する宇宙船をつくるというアイデアを検討した。核燃料は比較的軽く、効率性に優れるため、宇宙船をはるか遠くの宇宙へ運べるかもしれないが、常に安全に利用できるわけではない。より高度な選択肢は、イオンエンジンの採用だ。この技術は、荷電粒子を集めてビーム状に放出するというものだ。ビームは推進力を生み出し、宇宙船を目的地の方向に進める。

NASAはまだハイパードライブ推進システム[*2]を開発していないかもしれない。中国は月をデス・スター化するとのプロパガンダに反し、計画を実行に移していない。しかし、人類はこの半世紀以上にわたって行ってきたことをすべて継続している。太陽系の内外に宇宙船を送り、はるかかなたの銀河系に向けた望遠鏡で深宇宙を観測しているのだ。

［＊2］**ハイパードライブ推進システム**　超光速飛行に移行するためのシステム。

アインシュタインの $E = mc^2$ と『スター・ウォーズ』——光速航行の課題は？

レイが惑星ジャクーの夜空を駆ける様子を想像してみよう。宇宙船にも、スピーダーにも乗らず、レイだけが飛んでいる。何らかの方法で。おそらく彼女は何らかのリパルサーリフト技術[*1]を回収し、腰のあたりに装着している。

実に夜空を切り裂くほどの勢いだ。実際、レイは光速で航行している。スピードの出し過ぎは気にしないでいい。これはつまるところ、『スター・ウォーズ』なのだ。レイはジャクーの大気を切り裂いている最中に、かなりひどい姿になったので、自分の外見をチェックしようと決心する。彼女は遠征用のバックパックから手鏡を取り出し、ジャクーの二つの衛星から届く光で自分の姿が十分映ると判断して、鏡を凝視する。

さて、レイは何を目にするだろうか？

もし彼女が光速で動いているなら、自分の顔から反射した月光は鏡に追いつけない。なぜなら、レイが光速で動き、鏡も光速で動くからだ。簡単にいえば、レイは光の波の先頭に座っているので、彼女の顔から反射した光は鏡に追いつけないのだ！

これは少々不気味ではないか？　レイの姿は、吸血鬼のように消失してしまうだろう。一部の言い伝えでは、おそらく吸血鬼には魂がないことの象徴として、吸血鬼は鏡に映らず、影もない。だが、ここで論じるのはブラム・ストーカーの小説[*2]ではない。『スター・ウォーズ』思考実験とでも呼ぶことにしようか。

［＊1］リパルサーリフト　232ページ参照。

［＊2］『吸血鬼ドラキュラ』のこと。ルーマニア出身のドラキュラ伯爵とヴァン・ヘルシング教授らの戦いを描いたホラー小説。一八九七年刊行。

思考実験は続く

ジャクーの空の光は消えるべきではない。

星の光が恒星本来のものであれ、惑星や衛星からの反射であれ、レイの姿は鏡にぶつかるべきだ。ともあれ今度は、彼女の姿が消えないことの結果を検討する。ジャクーのカーボン・リッジ山にある帝国軍研究基地の近くに、フィンもいると想像してみよう。

フィンはレイの廃品回収の腕を見習い、かつてオビ＝ワンがジオノーシスで使っていた小型双眼鏡をどうにか回収できた。フィンが手に入れたのは特別仕様で、暗視専用のモデル。この双眼鏡は高性能だ。遠く離れた対象を見ることができる。伝えられるところでは、惑星の表面から宇宙を観測できるモデルさえあるという。

この双眼鏡を使って、フィンはレイを観察する。

クッションが付いた目当て部分をあてがい、上部に搭載された距離計を調節して、表示された距離と高度のデータを読み取る。フィンは光速で動くレイを、さらに鏡に映った彼女の像を見る。念のため、双眼鏡の録画機能を使って、これらの動いている像を再生する。

しかし、これも奇妙ではないか？　フィンは、レイの顔から光速の二倍のスピードで放たれた光を見ていることになる！

もしレイが秒速三〇万キロメートルで動いていて、さらに月光が秒速三〇万キロメートルで彼女の顔から放たれるなら、フィンとの相対速度で光は秒速六〇万キロメートルで動いているはずだ！

何かを諦めなければ

この疑問はかなりシンプルに解決できる。その答えは、レイの顔から放たれた光の速度は、レイとフィンという二人の観察者にとって同じでなければならない、というものだ。

唯一の問題は、この解決の結果がシンプルではないこと。アインシュタインは同様の思考実験で、もし（レイとフィンを含む）全員が同じ速度の光を見るなら、光の動きと関連したほかの従来の認識をすべて改めなければならないと結論づけた。時間、距離、質量、速度に関する古典的な認識は、すべて歴史のゴミ箱の中に投げ捨てなければならない。

そこでアインシュタインは、光が常に一定の速度で動くという結論に達した。この光速度は、アインシュタインの有名な関係式の「*c*」としても知られる。そして、私たちにとってそれは――レイやフィンが理解しているかどうかにかかわらず――光速度が不変であることを意味する。この結論は『スター・ウォーズ』に驚くべき影響を及ぼす。瞬間の相互作用のようなものはまったく存在しないことになる。言い換えれば、すべての相互作用はある場所から別の場所へ達するのに時間を要する。

ここに、『スター・ウォーズ』が踏み込むさらに深い困難がある。宇宙船が光速に近づくとき、何が起きるだろう？

エネルギーと慣性、$E = mc^2$

宇宙船が加速するとき、そのスピードは上がる。

加速は加えられた力に比例する。つまり、より大きな力を加えると、宇宙船のスピードがより短時間で増すことになる。しかし、宇宙船の質量が大きくなるほど、加速することもより難しくなる。これは慣性と呼ばれる質量の性質のせいだ。慣性とは、質量のある物体が運動状態を維持しようとする特性を指す。静止状態なら、運動に抵抗する性質ともいえる。

慣性があるからこそ、ナブー・ロイヤル・スターシップ[*1]を動かすのが通商連合の戦艦を動かすよりも容易なのだ。

アインシュタインは、宇宙船のような物体に与えるエネルギーをどんどん増やしていくと、速度が上がるよりもむしろ、質量が次第に重くなると論じた。ミレニアム・ファルコン[*2]を考えるといい。加速するためには、エネルギーを必要とする。光速で航行するには、推進に必要なエネルギー量が無限に膨らむかもしれない！　要するに、ミレニアム・ファルコンを光速で飛ばすためには、宇宙の全エネルギーを使い果たすかもしれないということだ。なに、大した問題ではない。

とはいえ、この問題があるからこそ、ハイパードライブを発明する必要があったのは明らかだ。

［＊1］**ナブー・ロイヤル・スターシップ**　惑星ナブーの王室が所有する宇宙船。流線形の輝く船体はクロム製。『ファントム・メナス』で見ることができる。

［＊2］**ミレニアム・ファルコン**　54ページ参照。

デス・スターの設計は宇宙ステーションとして優れているか

デス・スターは都市サイズの巨大な戦闘基地で、敵に恐怖を植え付け、星を丸ごと破壊する目的で建造された。

ともあれ、検討すべきポイントは、進歩的な思索家による初期の考察から、建造に必要な技術的達成まで多岐にわたる。

では、宇宙ステーションの設計に関して私たちはどこから手をつけるべきだろう?

デス・スターにかろうじて似ているものの中でもっとも近いものは、これまで軌道に打ち上げられてきた多数の宇宙ステーションだ。

だが、私たちの宇宙ステーションはどれくらいデス・スターに似ているのだろうか?

戦闘基地

『スター・ウォーズ』が公開された一九七七年、アメリカは「スカイラブ」と呼ばれる宇宙ステーションを運用していた。だが、サイズと凶悪さを増した第二デス・スターが登場する『ジェダイの帰還』が公開された一九八三年までに、NASAが主導したスカイラブは落下していた。

スカイラブと異なり、デス・スターは軍事目的でつくられていた。ところで、スカイラブは実在の宇宙ステーションとして、唯一でも世界初でもない。第一弾『新たなる希望』の公開までに、ソ連はすでにサリュート宇宙ステーション[*]を数多く打ち上げていた。デス・スターと同様に、サリュートの大部分は、実のところ「アルマース」と呼ばれた軍事宇宙ステーション計画の一部だ。

ソ連の宇宙ステーションは、兵器まで備えていた。搭載されたリヒテルR－23M「宇宙砲」は、二三ミリ弾を毎秒三〇回発射する性能を備えていたという。R－23Mは固定されていたため、標的に発砲する際は宇宙ステーション全体を動かさなければならないことを意味した。ニュースを覚えている人がいるかもしれない。

ソ連は一九七五年、宇宙ステーションが再突入する前にこの宇宙砲をテストした。テストでわかったのは、発射により宇宙ステーション全体が振動することに加えて、発射による反動を相殺するためステーションの推進装置を反対方向に作動させる必要があること。リヒテルの構想からステップアップして、さらに多様な宇宙兵器の設計が数多く提案された。こうした構想はとくに、将来起こりうる核ミサイル攻撃から防衛する目的で開発された。提案に含まれていたのは、レーザーや弾道ミサイル、それに、地上からのレーザー光線を鏡に反射させて地上の別地点を攻撃するシステムなど。

宇宙の軍備を進める初期の試みと冷戦の終結のあと、宇宙ステーション活動における軍事化への関心は低下していく。国際協力が望ましい行動様式になったことは、国際宇宙ステーション（ISS）の開発によって示された。

[*] **サリュート宇宙ステーション** 一九七一年に一号機が打ち上げられ、一九八二年の七号機まで打ち上げられた。一九九〇年に運用を終了。後継機はミール。

●国際宇宙ステーション
NASA

発電設備

わかりきったことだが、宇宙ステーションには電力が必要だ。デス・スターは超物質反応炉で発電した電力をシステムに供給していたとされる。残念なことに、こうした斬新な技術はまだ実現していない。

その代わり、ＩＳＳは八列構成の太陽電池パネルを搭載し、これが八四〜一二〇キロワットの電力を生み出す。個々の太陽電池パネルのサイズは、長さ三五メートル、幅一二メートルだ。ＩＳＳはソーラーパワーのほかに、寿命約六年半の充電式電池から化学エネルギーを利用することもできる。

それ以外に、実現している中でもっとも先進的なエネルギー生産方法は、核分裂を利用するものだ。化学物質からエネルギーを抽出する方法に比べて、核分裂は出力が一〇〇万倍も強い。さらに、核分裂よりも核融合のほうが、同量の原料から三〜四倍多いエネルギーをつくり出せるだろう。とはいえ、科学者とエンジニアは依然として、効率よくエネルギーを生産するために核融合を利用すべきかどうかを見極めようとしている。

遠い未来には、反物質がエネルギー源になっている可能性もある。一キログラムの反物質を物質と反応させることで、ソ連が開発した史上最大の水素爆弾「ツァーリ・ボンバ」に相当する量のエネルギーを生み出すことができる。ただし、現在の技術では一グラムの反物質をつくるのに一〇〇〇億年もかかってしまうのが難点だ。

熱の管理

宇宙ステーションでは温度調節が必要だ。ＩＳＳの場合、太陽に面する側は最高で一二一℃にも達するが、反対の暗い面はマイナス一五七℃まで下がることがある。

熱の吸収や喪失にかかる時間を断熱材で遅らせることにより、ＩＳＳがこうした極端な状況になるのを抑制できる。だが総じて、冷却することは暖かい状態を保つことよりもいっそう困難だ。

宇宙ステーションの内部ではたいてい、生命体、電力系統、使用中の機器から熱が生じている。デス・スターは映画で描かれていたように、反応炉からの熱を排出するために排熱口を備えていた。ただし、この場合の排熱口は、実際には熱を逃がすために何らかの物質を排出する必要があるだろう。

というのも、宇宙の真空中では、対流や伝導によって熱を運ぶことができないからだ。対流や伝導を起こすには何らかの物質を必要とする。したがって、対流や伝導の代わりに、エネルギーを電磁波に変換して放出しなければならない。

ＩＳＳでは、外部能動熱制御系機器（ＥＡＴＣＳ）を使って水を冷たいプレート部分に循環させ、余剰の熱を吸収させる。水が宇宙の寒さに直接さらされると凍ってしまうので、アンモニアで満たされた別系統のループも併用され、これが宇宙にさらされている放熱器に熱を運ぶ。こうして、熱エネルギーを赤外線放射として逃がすことが可能になる。

さて、もし熱を放出することを望むなら、球はよい形ではない。なぜなら、球は一定の体積に対して表面積がもっとも小さくなる形だからだ。巨大なデス・スターを冷やすために、その表面積を増やすことはよい出発点になるだろう。表面積を増やすには、人間の脳の表面に似た、複雑な凹凸をもつ外面にする方法がある。クローズアップされたシーンでは、デス・スターは割れ目、塔、雑多な構造物で覆われた都市のように見える。そうした外形の一部が、デス・スターから余剰の熱を放出する目的で使われている可能性もある。とはいえ、効率化の目的で、熱は別のエネルギー源として転用されているのかもしれない。

軌道の特性

ＩＳＳは地球の周りを九三分で一周する。サイズはアメフトの競技場ほどだが、地上から見上げると、空を横切るごく小さな星のような光に見える。それは地表から三三〇〜四一〇キロメートルの上空、いわゆる地球低軌道を旋回している。

地球低軌道にある物体には、外圏大気の抵抗により、減速させ高度を下げる力がはたらく。そのため、ＩＳＳは頻繁にブースト（ロケット噴射）を実施して軌道を再調整する必要がある。このブーストは、宇宙ステーションの「ズヴェズダ」モジュールに搭載された化学エンジンを使うか、ドッキングされた宇宙船を介して行える。将来的にはイオンスラスター*やプラズマスラスターがＩＳＳのブーストを補助することが期待されている。化学スラスターよりも燃料効率に優れ、コスト低減に役立つからだ。

ＩＳＳと同じく、デス・スターもその赤道溝に広がるイオンスラスターを使って位置を調節できる。さらに、ほかの星系へ航行するためのハイパードライブ・ジェネレーターも搭載する。ＩＳＳの用途は地球から離れないステーションに限定されているので、軌道を調整するのに必要な推進力があれば十分だ。

［*］**イオンスラスター**
72ページ参照。

デス・スターがエンドア上空の軌道にあるとき、地表から見て同じ位置に静止している。地球の自転と衛星の周期が一致すると、地上からは一点に静止しているように見えるので、その衛星の軌道を静止軌道と呼ぶ。この言葉は、先述のＳＦ作家アーサー・Ｃ・クラークによって広く知られるようになった。静止軌道は通信衛星や気象衛星によく利用されている。

地球上の静止軌道は三万六〇〇〇キロメートルより少し低い高度になる。もし第二デス・スターが地球の静止軌道上にあれば、地上からは大きさが月の半分くらいの天体に見えるだろう。ただし、エンドアは地球より質量が小さい衛星だ。そのため、エンドアの静止軌道は地球静止軌道よりも高度が低くなるだろう。

人工重力

乗組員の健康を保つため、宇宙ステーションは生命維持装置で酸素、気圧、温度、水を管理する必要がある。しかしながら、重力の減少も骨や筋肉の萎縮などのさまざまな健康上の問題を招く。低重力の影響を軽減するために、ＩＳＳの宇宙飛行士は運動管理に従わなければならない。

地球の引力はその莫大な質量によってもたらされるが、宇宙ステーションの重さはわずか四二〇トンほどで、有意の重力を発生させるには軽すぎる。デス・スターの場合、その質量にもよるが、これは当てはまらないかもしれない。

初代デス・スターの直径を一二〇キロメートル、質量を一三京四〇〇〇兆トン（先に「デス・スターの建造費を試算する」の章で計算した）と仮定して、表面の重力を計算してみよう。体重七〇キログラムの人なら、地球の引力に比べて四分の一程度の重力を感じるという結果になる。これは月面で感じられる重力よりも強いだろう（月の重力は地球の重力の六分の一だ）。

ただし、これは表面近くにかぎった話で、デス・スターの深部に進むと重力も減少するだろう。

引力に似た力を発生させる別の方法は、メリーゴーラウンドのような船体を回転させることだ。メリーゴーラウンドの回転が速くなるほど遠心力が強くなり、乗り手は馬上にとどまることがより難しくなる。メリーゴーラウンドの外側の端に壁が置かれたら、乗り手は壁に押さえつけられるように感じるだろう。この原理を宇宙船に応用できる。

宇宙船内で壁に押さえつける力は、人間を地面に押さえつける重力と同じように感じられるだろう。壁は実質的に床になり、回転の中心は天井に相当する。

このアイデアを使って、エンジニアたちは巨大な自転車タイヤ型の居住施設の建造を提案した。一九五二年にヴェルナー・フォン・ブラウンが雑誌で紹介したこのアイデアは、『2001年宇宙の旅』にも登場した。

人間は車輪の縁の部分に住むことになるだろう。車輪の中心は天井のように感じられるはずだ。逆に、重力に似た下向きの圧力と重量が外側の方向にはたらくのを感じるだろう。大きい円柱状の宇宙ステーションがめん棒のように回転したとしても、同じ力がはたらくはずだ。ただし、デス・スターのような球体が回転するとさまざまな問題が生じる。赤道上はほかのどこよりも速く移動し、遠心力が強くなる。反対に、極地に近いほど同じ時間で移動する距離は短くなる。したがって、遠心力は赤道の最大値から極地のほぼゼロまで変動するだろう。

ただし、デス・スター上の重力は別のプロセスから発生している。重力場の安定装置と補償装置が使われていて、区域ごとにオンとオフを切り替えることもできる。とはいえ、現在の技術でこのような装置をつくることは不可能だ。

ミレニアム・ファルコンが評価される理由

駐車場で最高にスマートな乗り物というほどではないにせよ、その外観は独特で間違えようがない。右脇に配置された操縦席と、屋根の上にあまり航空力学的とはいえないレーダー用パラボラアンテナがある。この宇宙船はスピード重視の設計には見えないが、実際はとんでもない飛ばし屋だ。

ランド・カルリジアンはそれを「銀河でもっとも速いガラクタの塊」といい、レイア姫は「おんぼろ」とこき下ろす。登場人物らによる論評を聞くかぎり、最高の宇宙船に選ばれるとはとても思えない。とりわけ、ナブー・ロイヤル・スターシップやHタイプ・ヌビアン・ヨット[*1]のようないっそう優美な船と並ぶと分が悪そうだ。

それではなぜ、ハン・ソロはこの船がそれほど好きなのだろう?

密輸船

船の価値はその用途によって変わるが、ハン・ソロにとっての用途は密輸だ。実在した海の密輸人はたいてい、冒険を好む気性や手っ取り早い利益への嗅覚を備えた船乗りだった。ハンは、賭けでミレニアム・ファルコンを手に入れたことを考えると、まさにぴったりの性格だ。

密輸人であるハンのニーズは、法を守る通常の貿易商が必要とするものと大きく異なる。

［＊1］**Hタイプ・ヌビアン・ヨット**　惑星ナブーの元女王パドミ・アミダラが使用した。輝く船体はクロム仕上げ。『クローンの攻撃』で見ることができる。

通常の貿易商なら大きなコンテナと船を好むかもしれないが、密輸人ははるかに小さなサイズの密輸品から利益を得る。小さいほうが積み降ろしも隠すのもずっと容易だからだ。小さい船は操縦がしやすい利点もあり、入港と出港を迅速に行えることにつながる。一八世紀の密輸船は、できるだけ速く航行できるよう改造を加えた特注品で、生き残る可能性を高めるために砲架に載せた大砲や、より小型の旋回砲で武装していた。

ミレニアム・ファルコンはコレリアン・エンジニアリング*2製YT－1300軽貨物船を改造したものだ。つまり、もともと貨物を運ぶために建造されていた。ただし、貨物を密輸するための隠された収納スペースもある。ハンはまた、秘密の活動に役立つようファルコン号に「特別な変更」も数多く施した。昔の密輸船と同じように、ファルコン号も複数の武器を搭載する。四連レーザー砲と、格納式のブラスター砲（別名「グラウンドブザー」）だ。自動追尾式の震盪《しんとう》ミサイルもあり、これはエネルギーシールドに包まれ、ランド・カルリジアンが第二デス・スターを破壊するのに使用した*3。

標準的な偏向シールド*4（レイ・シールドと粒子シールド）に加え、エンジンや乗組員の区画といった重要な部分の周りはきわめて頑丈な装甲で補強されている。最悪の事態に備えて、五台の避難ポッドも積んでいる。

このようにファルコン号が貨物用につくられ密輸用に改造された船として若干の素晴らしい特徴を備えていて、有名な船が実力相応には見えないという事実は、密輸人に恩恵をもたらす。密輸人にとって理想的なのは、気づかれることなく自由に移動し、特別な知識と才能を使って試練を克服することだからだ。

［＊2］**コレリアン・エンジニアリング**　コア・ワールドにある惑星コレリアを本拠地にする宇宙船の製造業者。

［＊3］このシーンは『ジェダイの帰還』で見ることができる。

［＊4］**偏向シールド**　さまざまな乗り物や建造物を攻撃から守るためのバリアのようなもの。

それはそうとして、熟練の技術と強いモチベーションを備えたパイロットの影響も見くびってはいけない。それは宇宙の密輸人と同じくらい一八世紀の海の密輸人にとって重要だった。レイが『フォースの覚醒』でファルコン号を盗み、フィンと一緒に脱出するときに見せた操縦能力でも明らかだ。たとえ彼女が最初にこの宇宙船を見たときに「ゴミ」と言い放ったとしても。

あなたなら、よい船と「つまらないガラクタ」をどうやって見分けるだろう？

本を表紙で判断するな

『スター・ウォーズ』ユニバースの登場人物がミレニアム・ファルコンを外見で判断することは理にかなっている。しょっちゅう修理が必要に思える外見だけではない。普通の貨物船のように見えるからだ。それは例えるなら、貨物船をヨットの隣に並べて、どっちがベストかと尋ねるようなものだ。

しかし、そんな外見にもかかわらず、「こいつにはまだ二、三のとっておきがある」[*1]。それでは、ファルコン号の短所を埋め合わせる取り柄は何だろう？

能力：これは貨物船だ！

地球では、貨物船は一〇〇〇年近い歴史をもつが、一九七八年に史上初となる宇宙貨物船の運用が始まった。それは無人の再補給宇宙船で、地球低軌道にある宇宙ステーションに重要な物資を輸送するために使われた。これはつまり、宇宙船が地上からわずか数百キロメー

［＊1］『帝国の逆襲』でのハン・ソロの台詞。反乱軍の基地があったホスが帝国軍の攻撃を受け、レイア姫、チューバッカ、C-3POとともに脱出する際に発した。

トル上空に到達できればよく、生命維持装置も必要ないということだ。
それに対し、YT－1300のような貨物船は有人で、星系間を何光年も航行しなければならない。つまり、コックピット、乗組員の船室、ハイパースペースエンジンなどの追加の機能が必要だ。これらすべては船の設計と能力に影響を与える。ほかに、緩衝材付きの壁や、ホロゲームテーブルとソファーが置かれた娯楽エリアもあった。

外観：空飛ぶハンバーガー！

B－2爆撃機のように探知されにくい形や色の特徴（ステルス性能）を備える必要がある機体もある。ただし、ファルコン号に関しては「ステルス」を主張するものは何もない——クローキング（不可視化）装置を備えるには小さすぎることを考慮すれば、なおさらだ。ステルス性能にもっとも近づいたのは、ハン・ソロがインペリアルII級スター・デストロイヤー「アヴェンジャー」に向かって直進したあと、少しの間船体に張りつき、それからアヴェンジャーがゴミを廃棄したタイミングで外れて、ゴミにまぎれて浮かぶように離れた場面だ。[*2]

ミレニアム・ファルコンはしばしば大気中を飛行するが、そこでは空気力学的な力がはたらくようになり、とくに「抗力」が強くはたらく。大きな問題は、空気中を高速で飛行するときに加わる抗力に耐えられるよう、突き出ているコックピットとセンサーのパラボラアンテナが強固な構造でなければならないことだ。

空気抵抗の影響は、シールドを使って船の周りに流線形の表面をもつ層をつくることで軽

●B－2爆撃機

NASA

［＊2］このシーンは『帝国の逆襲』で見ることができる。

減できるかもしれない。ただし、シールドにかかる空気力学的な力をすべてシールド発生装置が受け止めることになるため、この部分の強度も極める必要があるだろう。

推進力：推進力を生む主機関として二基のエンジンのほか、リパルサーリフトエンジンと着陸ジェットとも搭載する。

主機関のジャイロダイン[*1]製亜光速エンジンは、光速より遅いスピードでファルコン号を推進させる。燃料を核融合反応で荷電粒子に分解し、これを船から噴出することで推力を得るとされる。ファルコン号の航行に必要な推進力を供給するために、大量の推進剤を使うか、尋常でない高速で噴射する必要があるだろう。

排気部分の上下にある推力偏向板により、推進力を上方や下方に向けて、船の進路を変更することができる。これは現代のロケットやジェット機に使われるジンバル機構付きの推進システムに似ている。

亜高速エンジンを使うと、ファルコン号は大気中で時速一〇五〇キロメートルに到達できそうだ。参考までに、この速度はF－14トムキャットの半分以下しかないので、限界を押し広げるというほどではない。

ハイパースペースを抜けるより長い旅の場合、ミレニアム・ファルコンはイス＝シム[*2]製SP05ハイパードライブエンジンを使う。このエンジンユニットはさまざまな調整とアップグレードにより、クラス〇・五のハイパードライブ性能に強化されている。クラスの数が少ないほど、より高速なハイパードライブが可能になる。スター・デストロイヤーはたいて

［＊1］**ジャイロダイン**　各種の動力・推進システムとエンジンを製造する企業。ファルコン号に搭載された亜光速エンジンの型番は「SRB42」。

［＊2］**イス＝シム**　宇宙船用のハイパードライブを製造する企業。

いクラス二・〇のハイパードライブを使っている。だからこそ、彼らはハイパースペースでファルコン号に追いつけないのだ。ファルコンは船の格納庫の中からハイパースペースへジャンプしたことさえある。

航続距離：一二パーセク未満でケッセル・ランを走破！

念のため説明すると、距離を表す単位は数多くあり、その一つがパーセクだ。一パーセクは光が三・二六年に進む距離に等しく、三〇兆八〇〇〇億キロメートルに相当する。地球から冥王星への距離の五〇〇〇倍以上だ。

したがってハン・ソロの主張は、ミレニアム・ファルコンが三七〇兆キロメートル未満でケッセル・ラン（惑星ケッセルへの航路）を航行したことを意味する。目安として、一二パーセクは全天でもっとも明るい恒星であるシリウス[*3]への距離の四・五倍だ。この距離は、ハイパースペースを通過する場合にのみ達成できる。

宇宙船にはもともと多くの複雑なタスクを処理する高度なコンピュータが必要だが、ハイパースペースを通る航路をナビゲートするなら、コンピューティング能力は死活問題になる。惑星、恒星、あるいはブラックホールのような宇宙の危険な場所を避けなければいけないからだ。それは車に優秀なカーナビを搭載することに近い。

カーナビは目的地に最短で到着するルートをアドバイスしたり、到着予想時刻を知らせたり、渋滞による遅れを警告したりする。そのうち景色のよいルートを案内してくれるようになるかもしれない。カーナビは基本的に、移動ルートの選択肢を大量に蓄積したデータベー

［*3］**シリウス**　おおいぬ座の一等星。地球から八・五光年の距離にあり、知られている恒星のなかで九番目に近い。オリオン座のベテルギウス、こいぬ座のプロキオンとともに冬の大三角形を構成する。

スだ。運転者はただ目的地を入力するだけでいい。

ミレニアム・ファルコンのナビゲーション用コンピュータ（通称「ナビコン」）は、たとえるなら星間のカーナビだ。人工衛星を使って位置を確認する代わりに、探知可能な恒星の位置と、定義された天体との相対速度に基づく手法を使っているのかもしれない。銀河の最新のマップとデータに加え、すべてのデータを分析する高性能のソフトウェアも必要だろう。

私たちはすでにミレニアム・ファルコンが特別な改造を受けたことを知っている。したがって、コンピュータもおそらく調整済みだろう。マップに関して、ほかの密輸人や主流のデータベースにはないハイパースペースの特別な抜け道のデータを、ハン・ソロとチューバッカが手に入れた可能性はある。たとえるなら、タクシー運転手向けに、担当地域のとっておきの抜け道を網羅したカーナビのようなものだ。

A地点からB地点に移動するルートが複数ある場合、最短距離のルートを計算することは、B地点にできるだけ短い時間で到着することに大きくかかわる。このようにして、悪名高い密輸人のハン・ソロがミレニアム・ファルコンを飛ばし、ケッセル・ランを一二パーセク未満で通り抜けたと考えることもできる。

総じて、ミレニアム・ファルコンは巨大なガラクタのように見えるかもしれないが、それは頑丈さと多数の追加設備の表れだ。こうした追加設備と「特別な改造」のおかげで、ファルコン号はたいていの競争で優位に立つことができた。

優秀な宇宙船であることは間違いない。

小惑星帯を無事に通り抜ける確率

「船長、小惑星帯を無事に通過できる確率はおよそ三七二〇分の一です」

これは『帝国の逆襲』でＣ－３ＰＯ*が発した言葉だ。だがハン・ソロが求めるのは高確率ではない。ただ生き残ることだけを望み、絶望的な状況に飛び込んで奇跡を起こしたいと願っているのだ。

それはともかく、Ｃ－３ＰＯが計算した確率はどれくらい正確だったのか？　ファルコン号の面々が実際に小惑星帯を無事に抜けたことを考慮すると、いっそう気にかかる。そもそも、どうすればそんな予測ができるのだろう？

チャンスに賭ける

ハンはギャンブラーだ。そもそも彼は賭け事でミレニアム・ファルコンを手に入れた。小惑星帯を抜けることに決めたハンに対し、Ｃ－３ＰＯはこれほど確率の低い方法を選ぶのがいかに無謀であるかを伝え、考えを改めるよう説得を試みる。だが、この確率は本当に無謀なのだろうか？

比べてみよう。たとえばイギリスでは成人の七割が国営宝くじを買っているが、特等に当たるオッズは現在、四五〇〇万対一だ。ならば、イギリスくじを買う人はハン・ソロより無謀なのか？　必ずしもそうとはいえない。大勢が特等に当たることを望むとはいえ、くじに

［＊］Ｃ－３ＰＯ　２７４ページ参照。

はほかにも見返りがある。特等以外はすべて外れというルールではない。ほかの賞も用意されている。

もっとも少額の賞に当選する確率はかなり真っ当な九六対一で、次に賞金が少ない賞は二一七九対一だ。それゆえ、三七二〇対一の確率に賭けたハンを非合理的だとするなら、イギリスくじを買う人はハンほど非合理的ではないといえるだろう。別の要素もある。ギャンブルの対価だ。くじに外れて失う金額は数ドル程度なのに対して、ハンが賭けるのは自分の命だ……それに、レイア姫とチューバッカの命も。もしイギリス人がくじを買うたびに自分の命が危険にさらされるなら、ギャンブル人口の割合は七割に遠く及ばないだろう。

実際、ほとんどの人がロシアンルーレットをやりたがらないだろうが、成功する確率はかなり高く、六連装のリボルバーで六分の五だ。生き残るチャンスが八三%もある！　これに対し、C－3POは成功の見込みが三七二〇対一（〇・〇二七%）だと述べた。これはロシアンルーレットより約三〇九〇倍も分が悪い。そう考えると、ハン・ソロはやはり無謀な男だ！

確率の意味

私たちが何かを選択するとき、通常は確実性よりも見込みを考える。確率とは、ある事象が起きる見込みの尺度を意味する。ファルコン号のケースにおける事象は、小惑星帯を無事に抜けることだ。

コインを投げるとき、起こりうる結果は二通りしかない。公正な裁判（すなわち、隠された偏りや策略がない裁判）では、それぞれの結果が起こるチャンスは等しくなる。それを「フィフティーフィフティー」と呼ぶ。それぞれの結果が五〇％ずつの確率で起こるはずだからだ。

二頭の馬が出走する競馬を想像してみよう。もしすべての条件が等しいなら、二頭には勝つチャンスが半分ずつあるはずだ。だがあいにく、すべてが等しいわけではない。あらゆる種類の変数がかかわってくる。まず馬が違う。ジョッキーも技術や訓練、才能のレベルでそれぞれ違う。天気さえも結果に影響することがある。

ある事象が起きる確かな見込みを計算するために、各種の要因が望ましい結果の実現にどの程度影響を与えるかを把握しなくてはならない。これは、レースや試合の結果にも、クリスマスに雪が降る確率にも当てはまる。この判断を下す人はオッズ編集者と呼ばれる。彼らは特定のスポーツや事象の知識を駆使し、特定の結果が実現する可能性がどの程度かを導き出すことができる。

オッズを決めるうえで最良の方法は、過去に事象がどのように起きたかをくわしく調べることだ。これはＣ－３ＰＯにとって、現在の事象に一致する過去の事象からできるかぎり多くの情報を引き出すことを意味する。検索の結果、小惑星帯を無事に通った宇宙船一隻につき、失敗したのが三七二〇隻見つかったのかもしれない。

ただし、この計算は個々のパイロットの技能、使われた船の大きさと操縦性、小惑星帯に進入した状況を考慮に入れていない。たとえこれらの要素が既知だとしても、それぞれに確率を割り当てることが必要になり、十分なデータがないかぎりＣ－３ＰＯのようなマシンにとって問題になるだろう。

だからこそオッズ編集者の主要な技能には、経験と直観を通して状況を感じ取る能力が含まれるのだ。そしてこれは、ロボットのC-3POに欠けているものでもある。ロボットは人間の野心とそれが成功に及ぼす影響の繊細さを理解できない。このように、C-3POが計算するオッズは、方程式の最大の勘所である人間的側面を無視して、いつも見当違いになるだろう。

では具体的に、彼らはどんな状況に突っ込んでいったのだろう？

「レーザーに当たったんじゃないな。何かに衝突したんだ」[*1]

人類の宇宙探査において、小惑星がたくさんある領域を「アステロイド・フィールド」とは呼ばない。通常は、「地球近傍小惑星」や「木星トロヤ群」のように近くの天体と組み合わせて命名するか、小惑星の一団をまとめて「小惑星帯《アステロイド・ベルト》」と呼んでいる。

小惑星の領域を無事に通り抜けることを考えると、大きさ、速度、間隔がもっとも重要な要素になる。ホス小惑星帯では、個々の小惑星がきわめて近い距離で浮かんでいる。これから考えられるのは、ホス小惑星帯が形成されてまだ間もないか、二つの巨大な小惑星が最近衝突した領域をファルコン号が通っている可能性だ。

私たちの太陽系における小惑星の大多数は、火星と木星の軌道の間にあ

［＊1］『帝国の逆襲』で、小惑星帯に突っ込む前にハン・ソロが発した言葉。

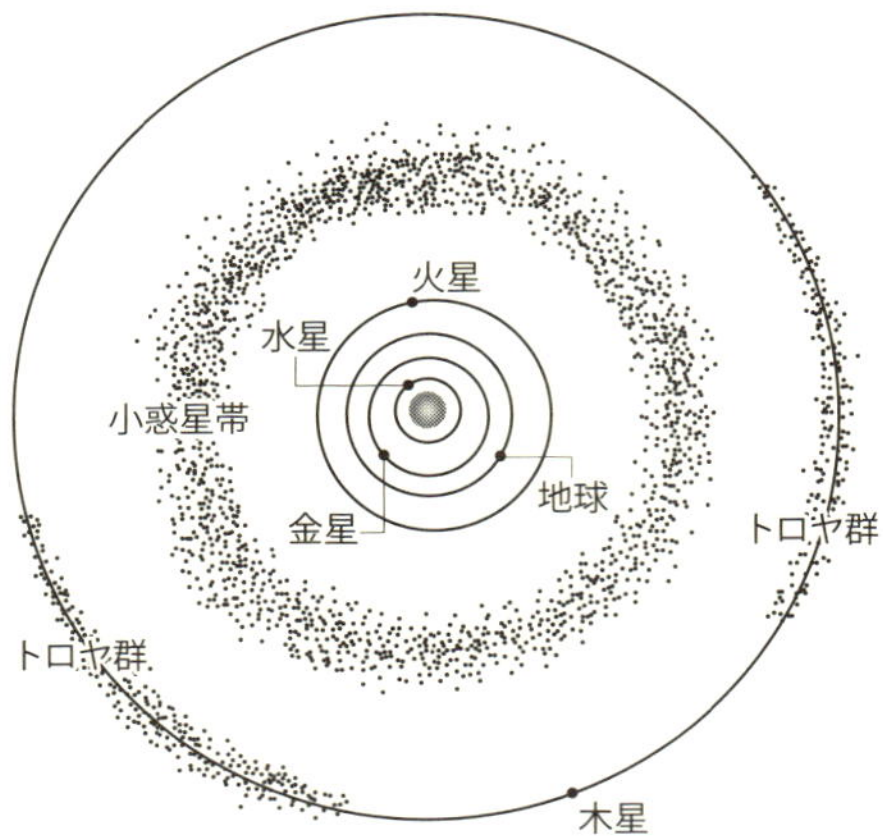

●太陽系の小惑星帯の位置

る小惑星帯に浮かんでいる。小惑星のサイズは、わずか数メートルから、大きなものでは九〇〇キロメートル以上にもなる。小惑星は長い間に衝突を繰り返し、より小さな塊に分裂して、互いに離れていく。

こうして何億個もの小惑星が存在し、そのうち一〇〇メートルを超える小惑星は約二五〇〇万個、一〇〇キロメートルを超えるものは二〇〇個以上ある。しかし、太陽系の小惑星帯にある物体を合計しても、月の質量のわずか四%にしかならないと推定されている。もし太陽系内の小惑星帯にある物質の分布に思いをめぐらせるなら、相当散らばっているのがわかるだろう。

小惑星間の平均距離は約九六万五〇〇〇キロメートルだとされる。これはつまり小惑星どうしが、地球と月の距離の二倍以上離れているということだ。したがって、太陽系の小惑星帯を通り抜けられる可能性は高い。

確かに、惑星探査機のパイオニア一〇号[*2]が初めて小惑星帯を通過して以来、すべての宇宙船が無事に通り抜けている。事実、既存のデータに基づくなら、成功のチャンスは一〇〇%だろう。NASAの推計では、宇宙探査機が小惑星に衝突する可能性は約一〇億分の一だ。ただし、太陽系以外にも小惑星帯は存在し、おそらく分布の状態も異なっているのだろう。たとえば、エリダヌス座イプシロン星系には二つの小惑星帯があり、外側のほうが内側のものよりも密集している。

それでは、ハンが無事に小惑星帯を通り抜けるチャンスはどこに残されているのだろう？

［*2］**パイオニア一〇号** 一九七二年に打ち上げられた木星探査機。木星に到着したあと太陽系を脱出した。機体には、地球外生命へのメッセージが書かれた金属プレートが取り付けられた。

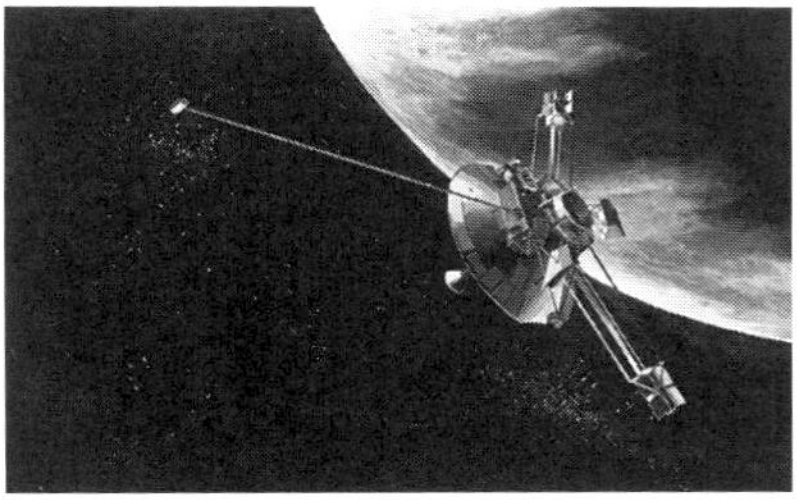
NASA

航行の確率

C－3POはオッズを口にしたとき、ハンが腕利きのパイロットで強運の持ち主であることを明らかに理解していなかった。そのうえ、集中し実行するハンの能力に影響を及ぼしうる心理的な変数は、はるかに予想困難だ。

C－3POのようなロボットにとっては、小惑星の軌道計算のほうが予測しやすいだろう。技術的には、ファルコン号のセンサー群が十分だったなら、小惑星帯を操縦するハンにとって有利になったはずだ。さらに優れた解決策は、小惑星だらけの領域に突っ込むのを未然に防ぐ早期警戒システムをファルコン号に搭載することだっただろう。地球では類似のシステムが氷山を発見するために設置されていた。タイタニック号が沈没したあと、北大西洋における氷山の危険を監視する目的で国際海氷パトロール（IIP）が設置された。IIPは適切な氷山警報を海事業界に提供している。また、地球に接近する小惑星を探知する取り組みもある。NASAの惑星防衛調整局の任務は、「潜在的に危険な天体（PHO）」を確実に早期発見すること。PHOとは、小惑星と彗星のうち、地球と一定距離以内に接近し、なおかつ地表に到達するのに十分な大きさをもつ可能性があるものを指す。惑星防衛調整局はPHOを追跡して大きさと動きを把握し、その軌道を予測する。

しかし、もしC－3POが現状に反応していたなら、ほかの小惑星帯を除外して目の前にある小惑星帯を通り抜ける確率を計算したはずだ。だがあの場面では、おそらくメモリーバンクから呼び出した統計値を繰り返しただけだろう。ただし、C－3POが使える情報はほかにもあった。

たとえば、ファルコン号は装甲した船体、偏向シールド、高い操縦性能を備え、これらすべてが成功確率を変えたはずだ。また、特定の領域における小惑星のタイプを認識していることも役に立っただろう。

近年の説では、多くの小惑星は頑丈な岩ではなく、複数の小片が合体してできた可能性があるとされている。これは破砕集積体（ラブルパイル天体）と呼ばれている。シールドで保護されたミレニアム・ファルコンが破砕集積体にぶつかったとしても、破片をえぐる程度ではじき飛ばすか、深刻な損傷を受けることなく小惑星を粉砕するかもしれない。

したがって、たまたま遭遇した「アステロイド・フィールド」を無事に通り抜ける真の確率は、成功を妨げたり促したりするすべての要素を適切に把握していなければ多分計算できないだろう。ただし一つ確かなのは、もし太陽系の小惑星帯のようなものを通り抜けるのなら、成功のチャンスはかなり高いということだ。

『スター・ウォーズ』における星間定期便の可能性

ルーク・スカイウォーカーはヨーダとともにダゴバ星系にいる。そこでルークは仲間たちが困難に遭遇していることを知り、Xウイング・スターファイターに飛び乗って、大急ぎで巨大ガス惑星ベスピンに向かう。[*1]

一瞬映る『スター・ウォーズ』銀河系の天体図からは、ベスピンがダゴバから少なくとも一万光年は離れていることがわかる。このとんでもない距離にも、ルークが狭苦しいコックピットの中でひるむことはない。これほどの移動を、たかだか数時間程度の旅のようにやってのける。

さて、ご存じのように、アインシュタインは物体が光速より速く移動できないと説いた。明らかに、この説は『スター・ウォーズ』銀河系の住民にとって障害にならない。彼らは代表的な科学の法則に従わない。ハイパースペースを通って近道をするだけだ。ただし、この選択肢はすべての宇宙船で利用できるわけではなく、残念ながら残りの船は通常の亜光速で航行するしかない。不幸なことに、人類もまた、ハイパードライブ航法を実現できていない。

では、私たちが現在宇宙旅行について知っている範囲で、『スター・ウォーズ』スタイルの星間移動の実現可能性はどれくらいあるだろう?

［*1］このシーンは『帝国の逆襲』で見ることができる。

少しずつ前進

ほかの惑星への航行は数か月から数年かかるが、恒星間の航行となれば、もっとも近い星系へ到達するのでさえ数十年か数百年を要するだろう。

人類が地球からもっとも遠くまで飛んだのは一九七一年のアポロ一三号ミッションで、このとき三人の宇宙飛行士は月の裏側をぐるりと回った。彼らが地球から四〇万一七一キロメートル離れたとき、強度で劣る月着陸船アクエリアスに乗っていた。三人の往復の旅は、化学的な推力を得る液体燃料を使い、六日間弱にわたって続いた。

ただし、ミッションは順風満帆にはほど遠い状況だった。トラブルが多発したにもかかわらず、三人を何とか安全に帰還させることができたのは人間の創意工夫の証だ。アポロ一三号は今も、地球からもっとも遠く離れた有人宇宙ミッションの座を維持している。

アポロ計画[*2]からほぼ五〇年が過ぎようとしているのに、人類がそれより遠くの世界——別の星系はいうまでもない——から離れたままでいるのは驚くべきことのよう思える。私たちは恒星間旅行からはるか遠く離れている。

大きな問題は、厳しい環境の宇宙を通る過酷な航行でどうやって生命を維持するかだ。火星への六か月の旅でさえ大変な困難がつきまとう。太陽系を離れるのがどれほどの難題か想像できるだろう。

とはいえ、私たちはそれくらい離れたところまで人間以外の物を送ることには成功している。それは、惑星間航行の先の段階に入った無人宇宙船だ。一九七七年に打ち上げられた宇宙探査機ボイジャー一号[*3]は、いまや地球から二〇〇億キロメートル以上（地球から太陽への

●月着陸船アクエリアス

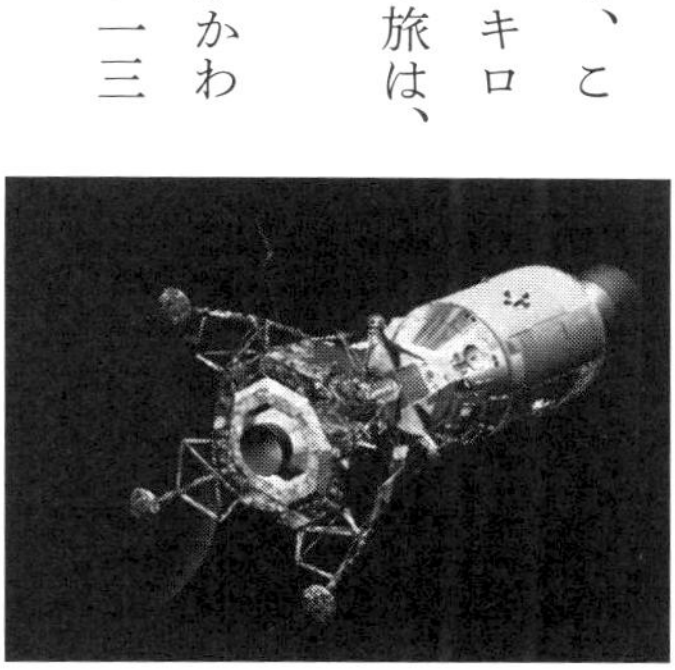

NASA

[＊2] **アポロ計画**　一九六〇年代に始まり一九七二年の「アポロ一七号」まで続いたNASAによる月探査計画。六回の月面着陸を成功させた。

[＊3] **ボイジャー一号と二号**　102ページ参照。

距離の一三四倍）離れて、恒星間を駆け抜けている。

現在は時速約六万二〇〇〇キロメートルで航行し、重力の補助とヒドラジン燃料による推力を使って星間空間に到達するのにほぼ四〇年を要した。ボイジャー一号が太陽系からもっとも近い恒星のプロキシマ・ケンタウリ[*]に向かうと仮定すると、到達までさらに七万三七〇〇年以上を要するだろう。

二〇一六年には、スティーヴン・ホーキング博士らが支援する「ブレークスルー・スターショット計画」も発表された。計画では、ごく軽量の超小型宇宙船に極薄の帆を取り付け、地上からレーザーをこの帆に照射して推進させることをめざす。理論上、この宇宙船は時速一億六〇〇〇万キロメートルに達し、二〇年でケンタウルス座アルファ星のような近くの星系に到達する可能性がある。その先で「星の写真（スターショット）」を撮影し、ほかの情報とともに地球に送信することが考えられている。

明らかに、これらは有人星間航行の選択肢としては不十分だが、なにしろこの半世紀に人類が宇宙に滞在したのはほんの少しなのだ。

それに、宇宙ミッションを軌道に乗せるまでには大金がかかる。莫大なリソースが必要になり、信頼できる協力体制とインフラも不可欠だ。参考までに、一九六九年に宇宙飛行士を月に送ったアポロ計画には、四〇万人のスタッフがかかわり、二万の関連企業および大学から支援を受け、二四〇億ドルのコストがかかった。

宇宙船の技術に関して、私たちは今どのあたりにいるのだろう？

[＊] **プロキシマ・ケンタウリ** 148ページ参照。

宇宙船

私たちはこれまでほぼ一貫して、飛行技術と格闘してきた。戦争期には最大級の進歩が実現するように思われる。

第一次世界大戦を大きな契機として、飛行技術の開発は世界の輸送を変えた。これに続くロケット技術の開発も、戦時を通じて台頭してきた。たとえば、第二次世界大戦はV－２ロケットを生み、次の冷戦は宇宙開発競争を扇動して初の大陸間弾道弾（ＩＣＢＭ）の開発につながった。

ＩＣＢＭ技術は、一九六一年にユーリ・ガガーリンを軌道に打ち上げることにより、のちの有人宇宙探査に役立っている。戦争に新技術の開発を早める効果があるのは明らかだ。

人類は宇宙に初進出してから一〇年もたたないうちに、「サターンＶ（ファイブ）」ロケットブースターの最上段に乗って宇宙へ打ち上げられたのち、新しい世界に足を踏み入れた。半世紀にわたりサターンＶは過去に建造された中で最大のロケットだったが、現在のＮＡＳＡの新たな「スペース・ローンチ・システム」はそれを超えることをめざしている。

ＮＡＳＡの説明によると、それは新時代の先進的な打ち上げ機として、地球の軌道を越えて深淵宇宙を探査することになるという。ただし、ブースターロケットで宇宙に打ち上げられることを必要としない宇宙船も計画されてきた。

スペースプレーンは飛行機と同じように滑走路を離陸し、軌道や宇宙

●サターンＶロケット

NASA

に進入することが想定されている。これらは『スター・ウォーズ』でもっとも一般的な船のタイプだ。「スカイロン」[*1]のように、地球低軌道での活動が想定されているスペースプレーンの計画もいくつか進んでいる。ヴァージン・ギャラクティック[*2]もまた、まもなく自社の宇宙船を宇宙に送ることをめざしている。

推進技術

通常の宇宙を通る星間航行に関して、実際の宇宙ミッションに応用された二つの『スター・ウォーズ』技術がある。

「ＴＩＥファイター」が搭載するイオンスラスターは、すでに通信衛星や「ドーン」などの宇宙探査機に使われてきた。

ＴＩＥファイターと異なり、これらのスラスターはゆっくりと着実な方法で稼働する。その仕組みは、イオンを一方向に加速させて、反対向きにごく小さな推力を生み出すというものだ。その長所は、燃料を効率よく推力に変換し、着実かつ連続的に稼働して、驚異的な最高速度に達する点だ。

ただし、そのスピードは積載する燃料の量によって制限される。燃料を使い果たすと、それ以上は加速できなくなる。これでは、乗員が生きているうちに別の星系にたどり着くことは不可能だろう。

『クローンの攻撃』で、ドゥークー伯爵[*3]はアナキンやオビ＝ワン、ヨーダと戦ったあとで、ジオノーシスからコルサントへ飛ぶ。ドゥークーの船「プンウォーカ１１６級恒星間スルー

［＊1］**スカイロン**　イギリスのリアクション・エンジンズが開発しているスペースプレーン。

［＊2］**ヴァージン・ギャラクティック**　ヴァージン・グループ会長のリチャード・ブランソンが、民間の宇宙旅行をめざして設立。

［＊3］**ドゥークー伯爵**　惑星セレノー出身の人間。ジェダイ・マスターだったがダークサイドに転向。シスの暗黒卿となった。

プ」はソーラーセイルを搭載している。ただし、この移動は『スター・ウォーズ』銀河系の半分近くを移動することになり、ハイパースペースルートのコレリアン・ランを使う必要がある。したがって、ドゥークーはこの旅のためにやはりハイパードライブを実行しなければならない。

では、ソーラーセイルの利点は何だろう？

恒星間航行に関して、ソーラーセイルは船を恒星から遠ざけることができる。太陽系から離れる途中、惑星の周りで重力スリングショット[*4]を利用することも可能だ。しかし、太陽からの光圧力が距離とともに減少するので、別の恒星へ短期間で移動できるほど十分速いスピードに達することはないだろう。

ＮＡＳＡは現在、二〇一九年に打ち上げ予定の地球近傍小惑星探査機（ＮＥＡスカウト）ミッションのために、ソーラーセイル探査機を建造している。現在の推測では、運転開始から三年後に時速約二四万キロメートル（光速の〇・〇二二％）に達するとみられている。

ソーラーセイル船の乗員は、スピードが上昇するまで長期間待つ必要があるだろう。いったん最高速度に達したら、今度は相当の時間と長い距離を費やして、目的地に着陸するかドッキングするために減速が必要だ。『スター・ウォーズ』ユニバースにおけるこうした技術は、まずうまくいかないだろう。

残念ながら現行の技術は、『スター・ウォーズ』銀河系における技術よりも星間航行に向いていない。

『スター・ウォーズ』では、ハイパードライブエンジンを使うことによって星間航行を実

［＊4］**重力スリングショット** 惑星の重力を利用して、効率的に飛行速度を上げる方法。惑星重力アシスト、惑星スイングバイとも呼ばれる。

現する。将来において光速を——あるいはそれ以上の速度を——達成できる方法が見つかるかどうか、私たちにはまったくわからない。ワームホール[*1]のわずかな可能性を別として、現在の物理法則はそれが不可能であることを示している。

宇宙の大部分が地球に直接到達できないように、人類もごく近い恒星にしか行けない宿命なのかもしれない。しかし、オックスフォード大学「人類の未来研究所」の研究者らは、人間がもっと遠くの宇宙に展開する未来を想い描いてきた。

銀河間の航行は——実際、到達可能な宇宙すべてに入植するプロジェクトを開始することさえも——恒星に広がる文明にとって比較的シンプルな課題であり、穏当なエネルギー量とリソースがあればいい。（中略）人類がそれを望むなら、近い将来にそうした入植プロジェクトを実現できる可能性が高いだろう。

［＊1］**ワームホール**　時空のある一点とそこから離れたある一点を結ぶトンネルのようなもの。

『スター・ウォーズ』の宇宙船が戦闘中に真空の宇宙で急旋回できる理由

私たちはこれまで、『スター・ウォーズ』のスペース・オペラ要素を強化するのに役立つスリル満点の宇宙戦を堪能してきた。あたかも戦闘機どうしの空中戦のように、敵のＴＩＥファイターが鋭い音を発して背後に迫ると、反乱軍の宇宙船はレーザー砲のビームをよけようと上下左右に船体を揺らす。最後の攻撃で、ルーク・スカイウォーカーはダース・ベイダーとほかのＴＩＥファイター二機から追尾されるが、そこへ割って入ったハン・ソロがＴＩＥファイターの一機を撃墜することで助けられる。ハンは右方向に船体をバンクさせることにより、ルークがデス・スターへの決定的な一撃を加えるためのコースを空ける[*2]。だが、ミレニアム・ファルコンがバンクする描写は、科学的には疑問が残る。バンクは大気中で飛行することで生じるからだ。それではなぜ、『スター・ウォーズ』の宇宙船は宇宙でバンクして旋回するのだろうか？

［＊2］このシーンは『新たなる希望』で見ることができる。

空気力学の問題

航空機のバンクは空気力学に関係がある。

空気力学は基本的に、空気が物体の周囲でどう動くかについての科学だ。地球には大量の空気があるが、高度とともに次第に薄れて宇宙でほぼ真空になる。それゆえに、空気力学の検討は大気のある惑星で飛ぶ航空機にだけ当てはまる。

翼が揚力を生むことができるのは、空気が翼の周りを動くから。より具体的には、翼が空気の中を通るからだ。空中で翼と乗り物を動かす力は推力（スラスト）と呼ばれ、それを生み出すさまざまな方法がある。

航空機が空中を飛ぶとき、抗力として知られる抵抗を受けることがある。抗力は一般に推力の敵だが、流線形の機体設計で低減することができる。

「重心」は航空機のすべての質量が釣り合う一点だ。航空機は、重心を通らない方向に力が加えられると、その姿勢を変えて、向きを変えることができる。

姿勢とは、地平線や着陸ベイの表面のような参照用の固定された枠との関係で決まる航空機の方向だ。

姿勢の調整

姿勢は通常、ピッチ、ヨー、ロールという三つの軸によって定義される。それぞれが異なる操縦翼面、すなわち、ピッチ軸は昇降舵、ヨー軸は方向舵、ロール軸は補助翼によって影響を受ける。三つそれぞれの軸が航空機の回転と関係している。

ピッチは「緯度」の軸であり、機首の上下の動きを示す。ヨーは「垂直」の軸で、人が左右に見るときに頭を振る動きと等しい。そしてロールは「経度」の軸で、胴体を軸に片側に傾け、機体を旋回させるはたらきがある。

航空機が特定の方向に姿勢を変える際、向きを変えるまでに一定の時間を要する。これは、計測する方法の違いにより「旋回率」または「旋回半径」と呼ばれている。

●航空機におけるピッチ、ヨー、ロールの関係

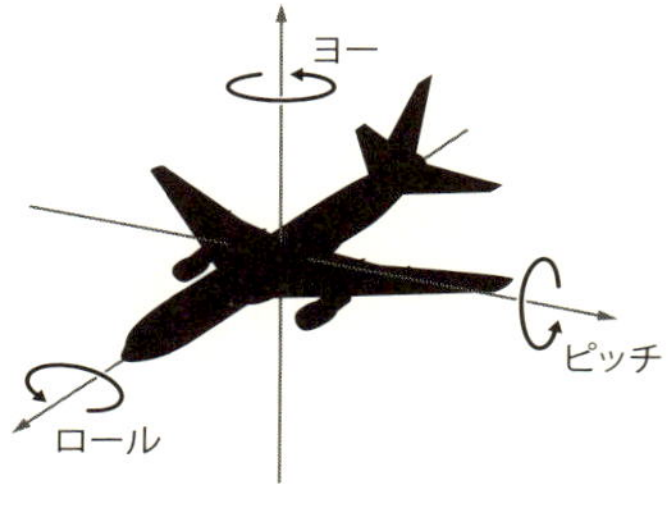

一般に、進むスピードが速いものほど、旋回するのにより多くのスペースを必要とする。したがって、F-16ファイティング・ファルコン*は、より遅いセスナ飛行機よりも旋回率が大きくなる。

それでは、ここまでの話と、バンクしての旋回はどう関係するのだろう?

大気中でのバンク

航空機の進路を変えたいとき、単にヨー軸を回せばいいというわけではない。それだけだと、結果的に旋回率が長くなってしまう。そうならないよう、飛行機は翼から生じるより大きな揚力を利用する。

真っすぐ水平に飛行している状態で、翼からの総揚力は真上に向かい、航空機の重量と釣り合っている。しかし飛行機が片側にバンクするかロールするとき、その揚力の一部が旋回する方向にはたらく。それは旋回の方向へこの飛行機を引っ張る横方向の揚力の一部だ。まだ大部分の揚力は上へ向かっているので、飛行機は空中にとどまっている。ただし、旋回から脱するには再び操縦翼面を使う必要がある。

さてここで、『スター・ウォーズ』の宇宙船を改めて見てみると、その圧倒的多数は進路変更に必要な操縦翼面を備えていない。これは理にかなっている。というのも、これらの船が空気力学の法則が当てはまらない宇宙での任務を主目的として建造されているからだ。

にもかかわらず、これらの宇宙船は飛行機が地球上で旋回する際にバンクする必要があるのと同じように、はっきりとバンクさせて旋回している。明らかに、宇宙船は宇宙で方向を

［*］**F-16ファイティング・ファルコン**　アメリカのジェネラル・ダイナミクス社が開発したジェット戦闘機。

変えるのに別の手段を使わなくてはならない。翼と操縦翼面が適切でない環境で機能する手段を。

もし翼が機能しないなら、Xウイングはいったい何のため?

Xウイングは、垂直に離陸し、独立してホバリングできるVTOL（垂直離着陸）機だ。しかし、映画では地上からはるか上空でホバリングすることはない（現実のVTOL機はたいてい可能なのだが）。だとすると、それはリパルサーリフト技術を使って揚力を得ているのかもしれない。

Xウイング・スターファイターの場合、翼（劇中では「Sフォイル」と呼ばれている）は通常飛行の際に平らに重ねた状態で固定されている。この閉じたモードでは、一対の主翼を備えた典型的な航空機のように見える。だが戦闘に入ると、翼が開かれて有名なXウイングの見かけになる。

大気があるスターキラー基地のような惑星では、四つの翼がXウイング状になると抗力を増やせる。これで操縦性が変わると同時に、最高速度も低減することになるだろう。なぜそんなことをするのか?

翼の配置を変化させることにより、航空機はフライトの特性を変えられる可能性がある。現実の航空機の中でも、コンコルド[*1]、トルネードF3[*2]、グラマンF-14トムキャットといった可変翼機がこうした能力を利用してきた。

この仕掛けを使って、より高速で飛行したり、操縦性を向上させたり、航続距離を伸ばす

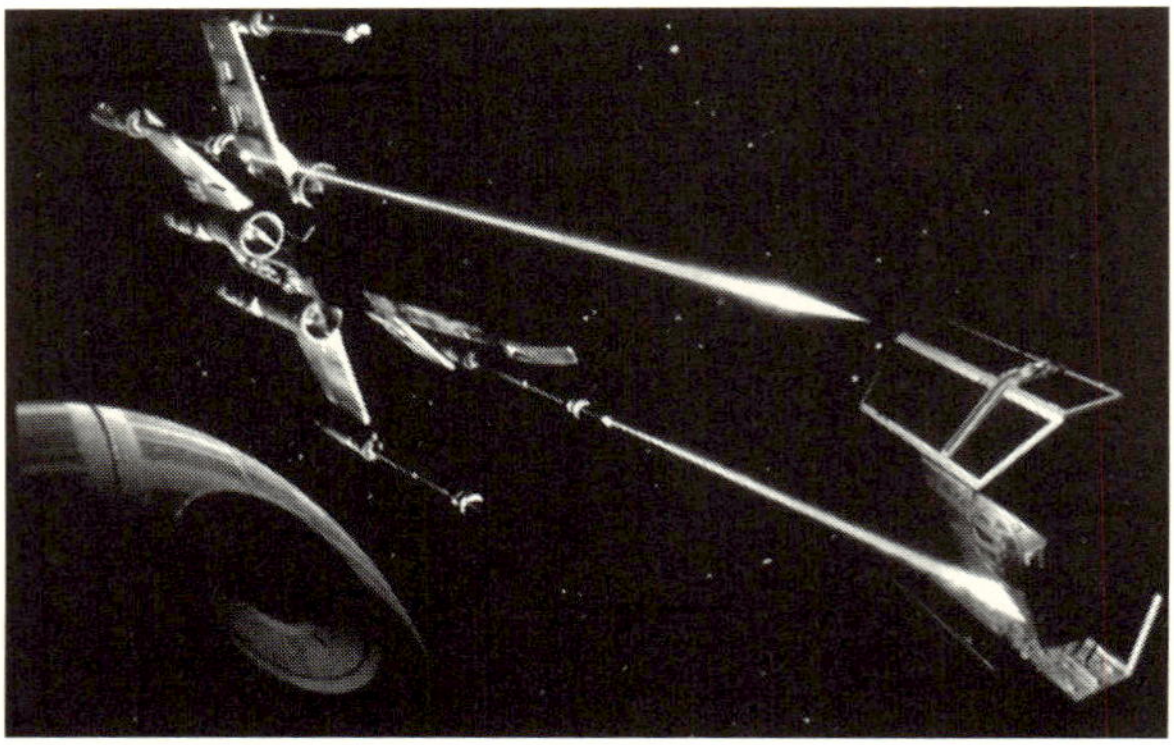

●Xウイング・スターファイターの戦闘

Collection Christophel／PPS通信社

［*1］**コンコルド** イギリスとフランスが共同開発した超音速旅客機。一九七六年に初就航したが、二〇〇三年にすべての運航が停止された。

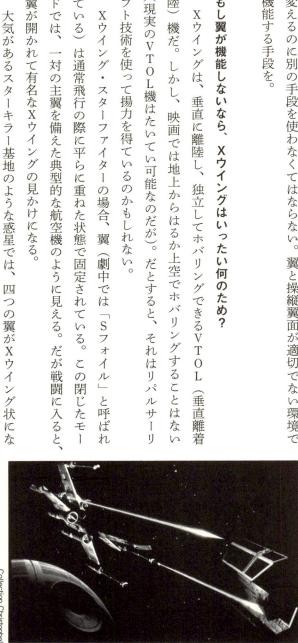

（同量の燃料で飛行時間をより長くする）こともできる。ただし、これらの変化は大気がある環境でのみ有効だ。

質問はこうなる。Xウイングを開くことは宇宙飛行でメリットがあるだろうか？　答えはノーだ。翼を開くと、翼端に取り付けられたレーザー砲を発射する範囲が広がり、戦闘にとっては有意義だが、それ以外は大して意味がない。

Xウイング・スターファイターの重量はF－14トムキャットの半分で、大気中での最高速度はF－14の半分以下の時速一〇五〇キロメートルだ。それなら、旋回率が優れているのだろうと期待したくなる。しかし、この翼は効果的に旋回するには小さすぎ、操縦翼面も備えていない。それならば、この機体は旋回するために別の方法を使わなくてはならない。

［＊2］**トルネードF3**　イギリスが開発した戦闘機。

宇宙船はどうやって方向を変えるのか？

宇宙では、物体は一度押された方向にずっと移動し続ける。宇宙船の場合、このひと押しを担うのがスラスターで、物質を一方向に押し出し、その反対方向の推力を生む。これはニュートンの第三法則である「作用反作用の法則」に従う反動エンジンとして知られている。

別の方法はリアクションホイール（反動輪）を使うもので、ジャイロスコープの運動を利用して船体内部の回転力を方向転換の力に変える。リアクションホイールの場合、ジャイロスコープの回転速度や質量が増えるほど、回転力も大きくなる。ジャイロスコープは人工衛星、宇宙望遠鏡、国際宇宙ステーションで姿勢を制御するために使われてきた。

ミレニアム・ファルコン、Xウイング、TIEファイターといった『スター・ウォーズ』

の宇宙船が方向を変えようとするとき、別のスラスターを使っているようには見えない。内部のリアクションホイールは候補になり得るが、途方もない質量をもつか、超高速で回転してもゆがんだりばらばらになったりしない強度がなければならないだろう。

より妥当な解決策は推力偏向だ。推力偏向により、エンジンジェットからの平均的な流れを航空機の中心線からそらすことが可能になり、これが方向を変える力を生む。これはロケットやジェット戦闘機に有効に使われていて、ミレニアム・ファルコンの売りでもある。

宇宙での空中戦

ファルコン号はジェット戦闘機のようにバンクして急旋回する。ジャクーでレイがファースト・オーダー*軍の新型TIEファイターから追われているときに実践したように、ファルコン号はほぼ直角に旋回したり、緯度(ピッチ)軸を素早く動かしたりできる。

スラスターは後部の端に沿って並び、その上下に推力偏向板が配置されている。偏向板は上下にしか動かないので、自由度は二しかない。ピッチ軸またはロール軸の変化のいずれかだ。しかし大気中では、リパルサーリフト技術を使って惑星の引力と反対方向に動いたり、おそらくは操縦を補助したりすることさえ可能だろう。

もしファルコン号が方向転換しようとするなら、最初に左右の偏向板の大半を異なる方向にそらすことによってロールする必要がある。そして必要な角度にロールしたら、次にピッチ軸に沿って回転させ、ファルコン号を望ましい旋回の方向に向ける。このようなバンクは、旋回時に効果的に推力偏向を使うファルコン号の能力にとってきわめて重要だろう。

[*] **ファースト・オーダー** エンドアの戦いで敗れた銀河帝国軍の残党によって結成された組織。

推力偏向がいかに有効かを知るために、F－22ラプターをチェックしてみてほしい。パイロットは超タイトな旋回と非凡な操縦をこなしている。推力偏向を正確に制御するためにはコンピュータが必要で、『スター・ウォーズ』の宇宙船でもおそらく同様だ。

結論として、空気力学が宇宙では有効でないとしても、Xウイングやファルコン号のような船は、推力偏向制御を使ってバンクすることにより急旋回できるのだろう。

●F－22ラプター

U.S. Air Force

Space

第2部 宇宙

THE SCIENCE OF
STAR
WARS

デス・スターの死はエンドアの滅亡をもたらすか

こんなシーンがある。ルークが一人コックピットに乗り込んだ銀河帝国のシャトルがデス・スターのメインドッキングベイを飛び出す。ベイの区画全体が吹き飛ばされる。絶体絶命の状況から勝利をもぎとったランドは、爆発する上部構造からファルコン号を巧みに操縦してエンドアへと急ぎ、その直後にデス・スターが大爆発して消え去る。

ランドとナイン・ナン[*1]は安堵の笑みを浮かべる。次のシーンでエンドアの森に切り替わり、ハン、レイア、チューバッカとイウォーク[*2]たちは空を見上げて、爆発するデス・スターの最期の閃光《せんこう》を見物する。せいぜい、夜空を彩るきれいな花火といった程度の扱いだ。誰もが歓声を上げる。間もなく、星空をバックにエンドクレジットが流れる。

何か問題でも？　その可能性は高い。

『ジェダイの帰還』のこのシーンが美しく映像化され、注意深く構成されていることはほぼ間違いない。何しろ、「クレジット（信用）」が流れているくらいだから。だが、ここで少し立ち止まり、この一連のシーンを科学的に検討してみたい。第二デス・スターがこれほど徹底的に破壊されると、「森の月」のイウォークたちには実際どんなことが起きるだろう？　エンドアの衛星世界は、「聖なる月」という別名がほのめかすとおり、不可侵の聖域であることを証明するだろうか？　それとも、科学の助けを借りて、代わりのエンディングを想像し直す余地はあるのか？

［＊1］**ナイン・ナン**　アウター・リムの惑星サラスタン出身。『ジェダイの帰還』では、ランド・カルリジアンの副操縦士としてミレニアム・ファルコンに乗り込み、第二デス・スターの破壊を手助けした。

［＊2］**イウォーク**　197ページ参照。

エンドアの衛星としてのデス・スター

シーンを書き直してみよう。

順序として、まずこの状況に関する科学を検討し、次に専門的な疑問を解決していく必要がある。エンドアとデス・スターの相対的なサイズは？　両者の距離はどれくらい？　デス・スターの爆発でどれくらいのエネルギーが放出され、実際どのように爆発するのだろう？　そして、その爆発はどのように「聖なる月」の地表で感じられるだろうか？　どの問いもかなりシンプルだ。

それでも、初めから不確実な要素がいくつかある。第二デス・スターの正確なサイズは？　正史で語られる大きさは一六〇キロメートル。これは直径だと考えられる。初代デス・スターが直径一二〇キロメートルだったからだ。ほかの情報源は、第二デス・スターがエンドアの約三％のサイズだと示唆しており、エンドアの直径は四九〇〇キロメートルだ。だとすると、第二デス・スターの直径は一四七キロメートルしかないことになる。

ほかの情報源は、第二デス・スターが直径三四三キロメートルという驚異的なサイズだとしている。

この最後の数字は、もともと『スター・ウォーズ』を研究することによって推定されている。『ジェダイの帰還』で描かれる攻撃前のブリーフィング場面におけるホログラムを分析すると、エンドアとデス・スターの相対的な大きさを計算できる。先述のようにエンドアは直径四九〇〇キロメートルで、ピクセルで描画されたデス・スターはエンドアの直径の約七％なので、三四三キロメートルという計算になる。ほかの推計値とは一致しないが、これが一次資料からのデータである点を評価して、この数字で話を進めよう。

静止するデス・スター

両者の相対的なサイズを把握したところで、今度は距離を探っていこう。

デス・スターの高度を知ることは、エンドアが爆発の領域からどれくらい離れているかを把握することであり、そこから被害を受ける程度を推定できるだろう。『ジェダイの帰還』のホログラムを再度眺めると、エンドアとデス・スターそれぞれの中心は約二九一〇キロメートル離れているように見える。この距離からエンドアの半径（4900÷2＝2450）を引くと（2910－2450＝460）、デス・スターが「聖なる月」の地表から高度四六〇キロメートルの上空に浮かんでいることがわかる。

エンドアの質量を割り出すのに、地球の質量が役に立つ。

地球とエンドアそれぞれの質量の比は、半径の二乗に比例する。したがって、それぞれの天体の半径の数値（エンドアが二四五〇キロメートル、地球が六三七一キロメートル）と、地球の質量の数値から、エンドアが地球の一五％程度の質量をもつ計算になる。これは火星の質量より大きい。[*1] 正史によるとエンドアの表面に占める海の割合はわずか八％で、岩石が水より密度が高いのは確かだが、エンドアの密度は鉄とウランの間あたりに落ち着く。エンドアはかなり密に詰まった小さな衛星だ！　衝撃に強いといえるかもしれない。

では次に、エンドアの空に静止しているデス・スターに注意を向けてみよう。実際、どう

［＊1］火星の質量は地球の約一〇％。

やって静止しているのだろうか？

エンドアの地表から生成されるエネルギーシールドによって、第二デス・スターが攻撃から守られていたことを思い出そう。デス・スターにどんな攻撃を加えるにせよ、その前にこのシールドを無効化する必要があった。シールド発生装置との連携を保つために、デス・スターはエンドア上空の同じ位置に浮かんでいる必要があった。このことは攻撃前のブリーフィング場面で明らかだ。こうした軌道は同期軌道[*2]と呼ばれていて、地球上空に浮かぶ通信衛星もこれに近い軌道を利用している。

もっとも合理的な推論は、スピーダー、ポッドレーサー、元老院ポッドに使われているのと同じリパルサーリフト反重力技術を利用することで、デス・スターが同期軌道にとどまっているというものだ。デス・スターのリパルサーリフトは、そのはたらきを考えるならもちろん大規模なものだろう。

［＊2］**同期軌道**　地球上のある地点から上空の衛星を見たときに、同じ時刻の同じ位置に衛星が見えるように周回する軌道のこと。

デス・スターは爆発する

第二デス・スターは爆発によってどんな種類の破片になるだろう？　そして、それらの破片に何が起きるのだろうか？

先に『ジェダイの帰還』の当該シーンを振り返ったとき、第二デス・スターの爆発がせいぜい夜空を彩るきれいな花火といった程度の扱いだと述べた。また、初代デス・スターの爆発と比較すると、この爆発は少しばかりつじつまが合わない。小さなプロトン魚雷二発を撃ち込まれた直後に、初代デス・スターの核反応炉は連鎖反応を起こした。しかし、第二デス・スターの爆発は親切なことに、反乱軍パイロットが内部から脱出する猶予を与えてからようやく起きた。

これはイウォークたちにとってまったく不都合な状況だ。

第二デス・スターがどんなふうに爆発したかを考慮すると、破片が蒸発したと推測するのはかなり難しい。デス・スターが大爆発して、巨大なスクラップが飛び散る。同時に、爆発からの破片が極端に加速することもありそうにないと推測できる。爆発が起きたとき、破片が飛び散る速度は遅すぎて軌道にとどまれないだろう。

したがって、夜空を彩るきれいな花火は、破片の雨の前兆であることがわかる。ばらばらになったデス・スターはすべて、エンドアに落下するだろう。破片が降り注ぐ中心はシールド発生装置の設置点、つまりわれらがヒーローたちとイウォーク族が集う場所だ。

だが、デス・スターを燃やす質量はどれくらいあるだろうか？

先に初代デス・スターの建造にどれくらいの費用がかかるかを計算したところで、質量にも手短かに触れた。第二デス・スターにも似たような外殻構造を想定し、半径三四三キロメートルを思い起こすと、質量の推計値は一〇の一九乗キログラムとなる。この数値は興味深い。それはちょうど土星の環の質量と同じ規模なのだ。あの巨大ガス惑星の特徴的な輝くリングを構成する、大小さまざまな無数の破片を合計した質量と。

さらに、粒子の速度も計算することが可能だ。もしデス・スターがエンドアの自転と同じ周期で軌道を回っていると仮定すると、爆発後の破片の初速は毎秒二一二メートルになる。これは、破片が軌道にとどまるために必要な秒速四五〇〇メートルよりもはるかに遅い。この毎秒二一二メートルという初速は、デス・スターの破片がエンドアに落下する際の衝撃エネルギーを計算するのに利用できる。

これはとてつもない衝撃だ。

降り注ぐ破片は「聖なる月」に衝突する際に秒速二八〇〇メートルを超えているだろう。時速に直すと一万キロメートル超だ。その衝撃により七〇〇キロメートルのクレーターができるだろう。かつて地上の恐竜を絶滅させた小惑星がつくったクレーター*の四倍以上の大きさだ。エンドアの質量は地球の一五%しかない。

とてつもない規模の大惨事が起きることは想像に難くない。

エンドアの地上の生き物は絶滅するだろう。大気も甚大な影響を受ける。爆発した微片が大気を焼き、爆発点からクレーターへ至る大気層を引き裂く。エンドアの海は一瞬で蒸気になり、森は燃え広がって星全体を包み、火炎旋風が夜通し続くだろう。

［＊］メキシコのユカタン半島にあるチクシュルーブ・クレーター、直径約一六〇キロメートル。

デス・スターの死、第二幕

では、エンドアの戦いに続く最終シークエンスを描き直そう。カットで舞台が深い森に切り替わり、ハン、レイア、チューバッカ、そしてイウォークたちがデス・スターの大爆発を見上げる。エンドアの大気に炎がみるみると広がっていく。それはあたかも、夜空の星がすべて定位置からはじき飛ばされて、破れかぶれに飛び交っているような眺めだ。まるで猛烈な吹雪のように、数千もの燃える隕石が長い光の跡を残しながらあちこちに降り注ぐ。誰もがこの荘厳な破滅の光景に恐れおののく。

しかし、ヒーローたちは行動を起こす。74－Zスピーダー・バイクに飛び乗り、エンドアが燃えるなか森を駆け抜ける。すべてを焼き尽くす炎のわずか先を保ち、ミレニアム・ファルコンを隠してある場所へ向かう途中、彼らは森林火災の熱が増すのを感じ、ランドは止まる。ミッション終了。ダークサイドが勝った。とりあえず、今のところは。宇宙空間を背景にエンドクレジットが流れる。

『スター・ウォーズ』銀河系が天の川銀河について教えること

『スター・ウォーズ』にはエイリアンが大勢出てくる。アーカニアン、ブラッド・カーヴァーとバウンサー、クロークとイウォーク、グンガンとハット、タスケン・レイダー、ウーキー、ウォンプ・ラットなどなど。全編を通じて、多種多様な種族が暮らす世界もまた、膨大な数に及ぶ。

それでも、『スター・ウォーズ』銀河系の居住域の地理は、私たちの天の川銀河との間に興味深い類似点があることを示している。

銀河

銀河を検討してみよう。

私たちの宇宙には、地球上のすべての海岸にある砂粒を足した数よりも多くの恒星がある。ここでひと休みして、どこかの素敵な砂浜で過ごしていると想像してみるのも悪くない。金色に輝く柔らかい砂がはるか遠くまでずっと続くようなビーチだ。もちろん、陽光まぶしい快晴の日。具体的にカリブ海ということにしよう。お金の心配はしなくていい。あなたは腕を伸ばし、両方の手のひらいっぱいに黄金の砂をすくい上げる。そして、指の間から砂がこぼれ落ちるに任せる。砂粒が陽光を反射させてキラキラ輝く。それぞれの砂粒が星だ。そして、それぞれの星が、私たちの太陽と同じ恒星だ。そこから数歩歩いて、再び砂をすくい上げて、また落とす。それを延々と繰り返す、地球上のすべての砂浜で。大量の砂、無数の恒星。

ハワイ大学のある研究チームが実際に世界の海岸にある砂粒の推計を試みた。地球にある砂粒はざっと（ここでは非常に大ざっぱな話をしている）、7.5×10^{18}個、または七五〇京個だ。

しかしそれでもなお、星の数は砂粒の一〇倍もある。あるいは、地球のすべての海の水をコップでくんだ数の一一倍、アメリカ議会図書館に所蔵されている本一四〇〇万冊の文字数の一〇〇〇億倍だ（これらの信じ難い数字は、宇宙の恒星の数がわずか一〇滴の水に含まれるH_2O分子の数と同じである、という事実によって多少は釣り合って見える）。

大きなスケールで眺めると、このように大量の星が銀河の中にあり、広大な深宇宙をやすやすと回っている。個々の銀河には、数十億個まではいかないとしても、数百万個の星が含まれる。夜空の向こうに、いくつかの銀河は肉眼で見ることができる。「銀河（galaxy）」という単語自体が、その見た目からギリシャ語で「乳の輪」を意味する「ガラクシアース（galaxias）」から派生したことは覚えておく価値がある。

もう一度カリブの旅に戻り、星空の下にいると想像してみよう。見上げると、まばゆいばかりの満天の星。だが、そこかしこに銀河の奇妙なぼんやりした濁りがある。たとえば、アンドロメダ座にある巨大なアンドロメダ銀河は、地球から比較的近くに位置するが[*1]、このご近所の銀河でさえ詳細に星々を見分けるには望遠鏡を使うしかない。

そんなわけで、肉眼で見た銀河は空に押された小さな拇印《ぼいん》のように映る。それでも、天の

●アンドロメダ銀河

NASA

［*1］アンドロメダ銀河までの距離は、二三〇万光年前後と考えられている。

川銀河には二〇〇〇億個から四〇〇〇億個の星があり、地球が含まれるという意味で特別に重要な銀河だ。

上から銀河を見下ろす

今度は、ミレニアム・ファルコンで銀河の旅に出ることを想像してみよう。ハイパースペースのルートであるケッセル・ランの伝説的な評判を考慮すれば、私たちの銀河系の外側に行くことも、公園を散歩するようなものだろう。ミレニアム・ファルコンでハイパードライブ航法を実行すると、銀河系の外縁へ飛び立つとき、地球からの星景はぼやける。

目的地に到達すると、ミレニアム・ファルコンの窓から眺める天の川は驚愕の絶景だ。私たちの銀河系を上から見下ろすと、発光する巨大ならせんのように見える。約二〇〇〇億の恒星で構成され、その一つが太陽だ。

天の川銀河の一端から反対の端までの距離は一五万光年もあると考えられている。これほど多くの恒星を抱える宇宙が真に巨大なのは間違いない。あまりに巨大なので、それを測るのに「光年」という特別な単位を必要とするほどだ。一光年は光が三六五日に進む距離を指す。光は私たちが知るなかでもっとも速い存在だ。光は一秒に約三〇万キロメートル進む。これは光が一年に約九・五兆キロメートル進むことを意味する。

したがって、私たちの天の川銀河の幅は約一四〇京キロメートルということになる！[*2]

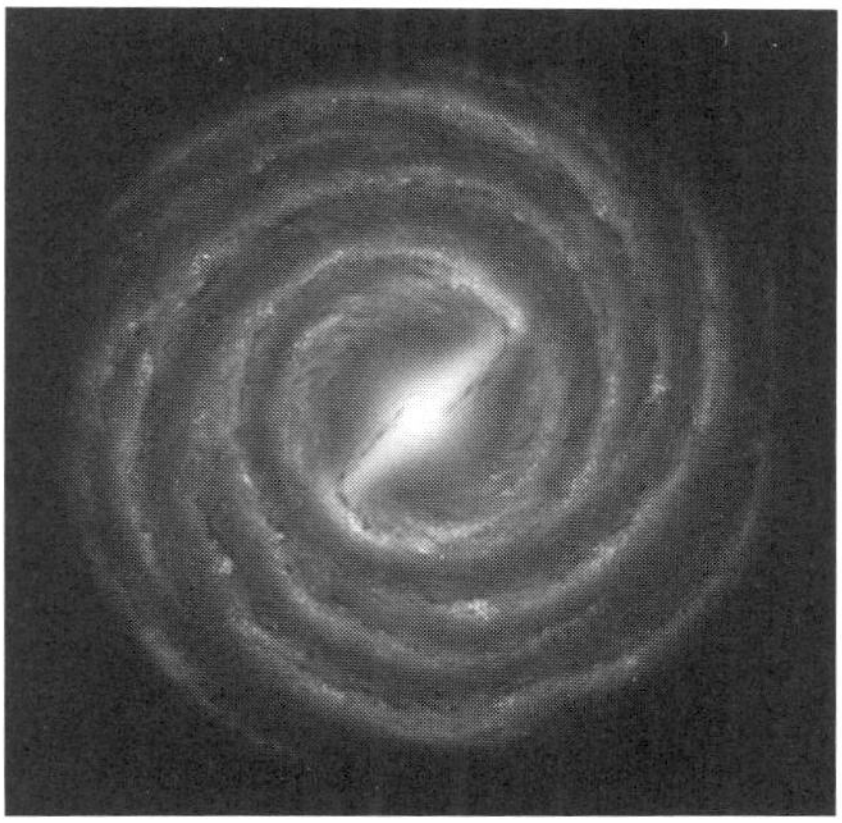
●天の川銀河

NASA

［＊2］幅を一五万光年とした場合。NASAは直径一〇万光年としており、これだと約九五京キロメートルになる。https://imagine.gsfc.nasa.gov/ask_astro/galaxies.html

『スター・ウォーズ』銀河系の地理

『スター・ウォーズ』銀河系もだいたい同じサイズだ。それはいくつかの領域に分けられ、中心にはディープ・コアと呼ばれるもっとも明るく輝く領域がある。多くの種族が住むコア・ワールドは、人類が最初に進化した領域だ。コア・ワールドには、オルデランやコルサントなど、その住民が新たな惑星に移住する許可を与えられた惑星も含まれる。ほかの領域は、コロニー（カステルやハルシオンなどの惑星を含む）、インナー・リム（オンダロンを含む）、拡張領域（アクアリスなど）、ミッド・リム（ナブーなど）、そしてアウター・リム・テリトリー（ホスやタトゥイーンなど）。

『スター・ウォーズ』銀河系のエリアはときに、東部、西部、南部、北部と呼ばれることもある。多くの通商路が銀河系東部へ向かう一方、未知領域は銀河系西部に位置し、銀河系の歴史を通じて広く探査されないまま残された。ワイルド・スペースは銀河系の先端の領域を指し、知的生命体が生息するが、天体図に記されたことも、探査や移住が行われたこともない。

タトゥイーン、ナブー、ホスなど、居住可能な世界はほぼすべて、『スター・ウォーズ』の銀河系のアウター・リム付近にある。

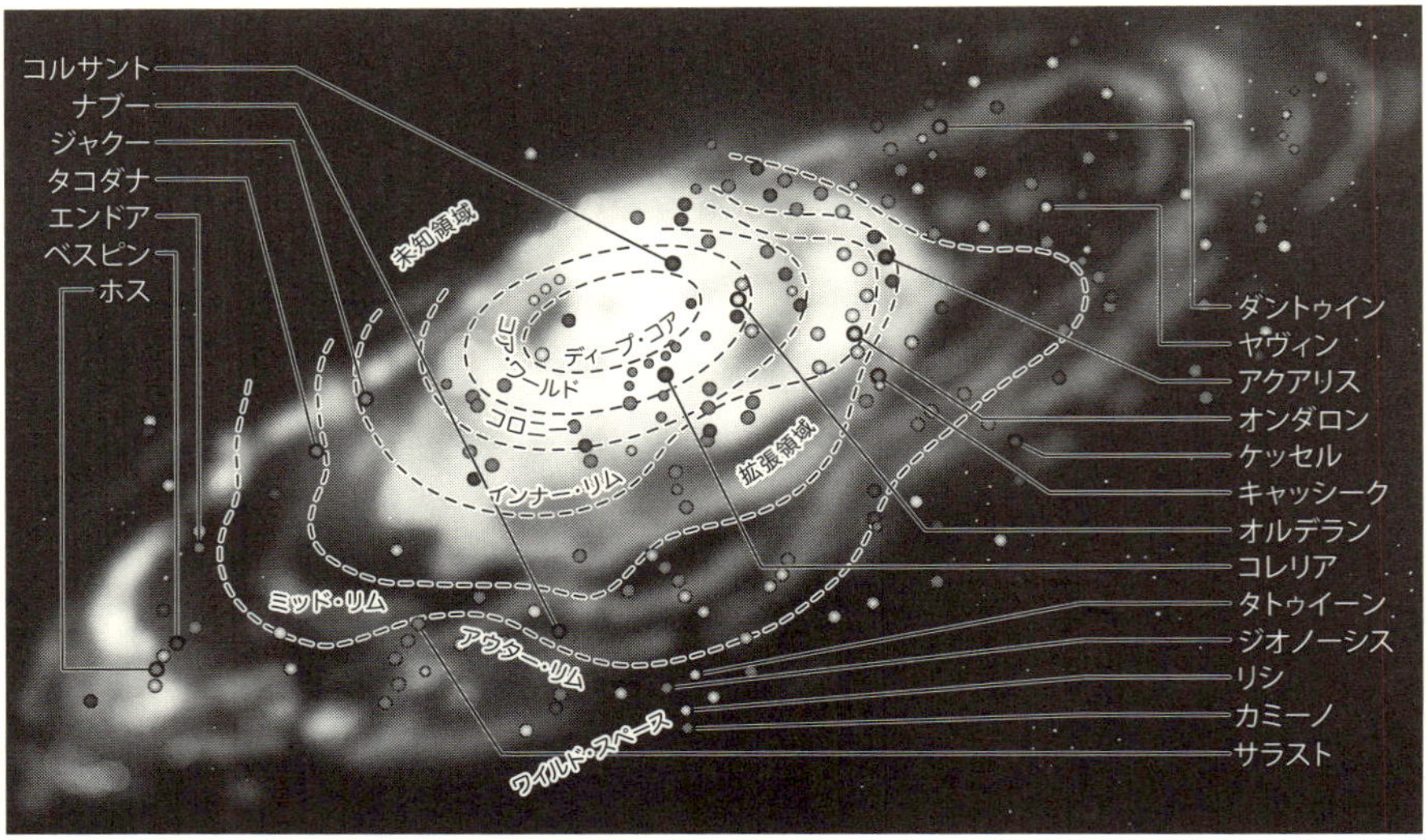

●スター・ウォーズ銀河系のおもな惑星

starwars.comを参考に作成

上から見下ろすと、拡張領域は素晴らしい光景の右側に位置する。ジャクーとエンドア、それにコルサントは銀河系のコアの比較的近くに位置する。居住可能な世界のこうした配置が、私たちの銀河系と同じだと仮定すると、私たちの太陽系は天の川銀河における未知領域に相当する位置にあるといえそうだ。銀河系の中心から見たら、「ダークサイド」と呼べるかもしれない。

フェルミのパラドックス

こうした状況は、私たちの天の川銀河にほかの生命体がいるかどうかという疑問に、可能性のある興味深い解答を提示する。

天文学者らはこれまで、数百年には至らずとも、数十年にわたって、銀河が地球外生命体に満ちていると想定するなら、人類が今までに何らかの証拠を見つけているはずではないかと考えた。これを簡潔に要約した「みんなはどこにいる?」という問いは、「フェルミのパラドックス」と呼ばれる。イタリアの物理学者エンリコ・フェルミは世界初の原子炉をつくった人物で、一九三八年には超ウラン元素を発見した功績でノーベル物理学賞を受賞した。

フェルミが先述の問いを発したのは、同僚との昼食中、銀河系に高度な社会が存在する可能性について談笑していたときのことだ。ほとんどの科学者は、宇宙に人類の仲間が大勢いるのは確実だと考えていた。だが頭脳明晰なフェルミは、もしそれが真実で、多くの異星人の文明が実在するなら、彼らの一部は地球に到達してしかるべきだと指摘した。ちょうど、『スター・ウォーズ』銀河系の歴史で想定されているのと同じように。

そこでフェルミは、必要なロケット技術と帝国主義的な拡大欲求を伴う文明社会があれば、銀河全体を速やかに植民地化できるだろうと考えた。彼の計算では、帝国または類似の専制主義が一〇〇〇万年以内に銀河内のすべての星系を支配下に収められるという。一〇〇〇万年と聞くとずいぶん長い年月のように感じられるが、私たちの銀河系の年齢と比べるとそうでもない。したがって、帝国による天の川征服は相対的に短期間の出来事になるはずだ。

さて、もしこれらのエイリアン文明が、その存在を銀河系にまき散らすのに必要とする以上の年月を過ごしてきたなら、彼らはいったいどこにいるのだろう？　天空を切り裂くスマートな宇宙船の大編隊はどこにある？　侵略するエイリアンの大群はどこだ？　空想科学で約束された未来はどこにある？

フェルミのパラドックスに対する解決

多くの研究者はフェルミのパラドックスを、「もし知的な地球外生命が存在するなら、人類は間違いなく今までに彼らと何らかの接近遭遇を経験しているだろう」という単純な見方から引き出された極論だとみなした。大勢がもっともらしい解決を示している。

おそらく、拡張主義の可能性を秘めたエイリアン文明が、恒星間宇宙飛行を実現する前に自滅したのだろう。あるいは、彼らの星はあまりに遠く離れているため、単純に宇宙旅行の難易度と費用が高すぎる。でなければ、エイリアンはすでに訪れているが、人間たちが自らの些細な相違を原因とする諸問題を解決するまで、訪問と観察の事実を秘密にしているのだ。

『スター・ウォーズ』は別の選択肢を提示する。

太陽と地球の位置が、銀河系のダークサイド――『スター・ウォーズ』の銀河系における未知領域に相当する場所――にあると考えてみよう。これはつまり、私たちの太陽系が、天の川銀河の文明的中心であるコア・ワールドからあまりに遠すぎるということになる。エイリアンの立場からすると、彼らが太陽系に到達するには、星が密集する銀河系の中心部を通り抜けるか、らせん状の周辺部を通って、何兆キロメートルも旅をする必要があるということだ。

もしかしたら天の川銀河にも、銀河系東部へ向かう通商路は多数存在しているが、これまでの歴史において、銀河系西部は生命の存在する星がありながら、まだ十分に探検も星図化もされていないと考えることもできる。

つまるところ、私たちは孤独な存在ではないのかもしれない。

『スター・ウォーズ』は系外惑星の存在を予測したか

『フォースの覚醒』で、ハンとレイ、フィンらの一行がタコダナに到着し、女海賊マズ・カナタの城のカラフルな酒場に入るシーンを思い出そう。

貨物パイロットと危険なエイリアン海賊たちのたまり場で、このシーンがわかりやすく想起させるのは、『新たなる希望』に登場したタトゥイーンのモス・アイズリー酒場だ。こちらも薄暗い酒場で、強い酒、ジャズ演奏、散発的な暴力沙汰で知られ、シリーズ第一作でルークがハンに出会う店だった。

だが、これらの多種多様なエイリアンの種族はいったいどこからきているのだろう？　その答えは、何千、何万と存在する系外惑星[*1]だ。

二つの酒場における忘れ難いドラマは、とりわけ愉快なシーンでさえ、『スター・ウォーズ』の宇宙が異星からの種族を大勢登場させるだけでなく、哲学の要素も含むことを明かしている。その理由をこれから説明しよう。

［＊1］**系外惑星**　太陽以外の恒星の周りにある惑星。

平凡であるという推論

『スター・ウォーズ』宇宙は「宇宙の平凡原理」の好例だ。

平凡原理は、地球上に生命が存在するのだから、この宇宙にある地球に似た惑星にも生命が存在するはずだと説く。この原理はまた、私たちの太陽系の進化、地球の歴史、生物学的複雑性の進化、人間の進化、国の歴史についても、きわめて非凡なものなど何もないことを示すのに使われてきた。あるいは、イギリスの理論物理学者スティーヴン・ホーキング博士は、ややロマンチックさに欠ける言葉でこう説いた。「人類は、一〇〇〇億の銀河のうち外縁にある一つに含まれるごく平凡な恒星の周りを旋回している、中規模の惑星の上に生じた化学物質の浮きかすに過ぎない」

　これを念頭に置くと、『スター・ウォーズ』がさまざまな意味で、宇宙における人類の位置に関する哲学的な声明だとわかる。このシリーズは異星の種族に満ちた銀河を描く点で平凡原理を説く。彼らの技術も能力も人類のそれより優れている。人間という現象が特別で、恵まれていて、例外的で、優れているといった仮定が、『スター・ウォーズ』の出発点ではないのは確かだ。

　多くの哲学的・科学的概念と同様、平凡原理は古代ギリシャの思想を起源とする。紀元前五世紀、哲学者レウキッポスとその弟子デモクリトスは、すべての物質が原子で構成されていると推論した。[＊2]

　また、二人の「原子論者」は史上初めて、私たちの宇宙に対して真に秩序立った見識を獲得した。彼らは、不明瞭に光る天の川が遠く離れた個別の星々の光に分解できることを理解した最初の哲学者だったかもしれない。レウキッポスとデモクリトスは多くの異世界と地球外生命が存在すると考えた。二人にとって、思い描いた異星人の世界は到達不可能な場所だった。これを「はるかかなた」と言い換えてもいい。

　もう一人の原子論者であるエピクロスは、感覚を越えるが理性を越えない多数の原子から

［＊2］この考え方を「原子論」という。物質を分割していき、それ以上分割できない粒子（atom、原子）で世界が構成されているとする思想。

生じる多数の世界が存在すると提唱した。エピクロスは明らかに、これらの異世界にエイリアンが住むと考えていた。

あのすべての世界にも、動物や植物やその他われわれの世界で観察されるとおりのあらゆるものがある、と信ずべきである。というのは、動物や植物やその他われわれの世界で観察されるとおりのあらゆるものの出来るもとになるような種子が、或る世界には、包み込まれることも包み込まれないこともありえたが、他の世界には、ぜんぜん包み込まれえなかったであろう、というようなことを、なんぴとも論証しえないであろうから。[*1]

古代の論争において、一部の人々は——原子論者と異なり——天を限定することを望んだ。彼らは古い教義を守り、惑星である太陽が、ほかの惑星と一緒に、中心にある地球の軌道を回っていると信じた。しかし、原子論者は彼らの議論における創造性を展開することを望んだ。彼らの主張は、太陽は恒星の一つであり、恒星はすべて恒星であり、恒星は常に惑星を——たくさんの惑星を——伴うというものだった。

論争はまた、地球が宇宙の中心なのか、あるいは単なる惑星の一つに過ぎないのかという点をめぐっても繰り広げられた。もし地球が惑星なら、ほかの惑星も地球のような星である可能性がある。もし地球が中心でないなら、人類も中心である必然性はない。ここまでくれば、『スター・ウォーズ』の宇宙がなぜ分散的で、無限で、エイリアンに満ちているのかを理解できるだろう。

［＊1］引用は「ヘロドトス宛の手紙」『エピクロス—教説と手紙—』所収（出隆・岩崎允胤訳、岩波書店）より。

もう一人の原子論者は、ローマの詩人で哲学者のルクレーティウスだ。彼は詩『物の本質について』の中で、平凡についての考えを述べている（ジェダイの言葉のような趣も若干ある）。

最初に意識を動物へ向けよ。山をうろつく獣に、人間の子供に、声なき魚に、空を飛ぶすべてのものに、法則が当てはまることにあなたは気づくだろう。従ってあなたは、空、地球、太陽、月、海、その他が唯一の存在ではなく、むしろ無数であることを認めなくてはならない。[*2]

［＊2］引用は『物の本質について』（樋口勝彦訳、岩波書店）より。

アイ・スパイ

古代ギリシャから『スター・ウォーズ』サーガまで、二〇〇〇年以上にわたりこうした思想が堅持されてきた。

平凡原理に対する不断の信念と、宇宙の深遠における生命を育む世界という概念があった。ただし、証拠は一度も見つかっていない。

一七世紀初めに望遠鏡という革命的な発明があったにもかかわらず、真実は今なお私たちの知覚を超えたところにある。徐々に明らかになってきたのは、星々が遠大な間隔で宇宙に散らばっていることだ。これに対処するため、作家らは理性を用いて想像できないものを想像しようと試みた――望遠鏡で見える範囲の先に、どんな世界とどんな生きものが存在するかを。そして、星が予想されたとおり恒星だったという認識が広がっていった。

『スター・ウォーズ』サーガが始まる一九七七年までのほぼ一〇〇年にわたり、近代の空想科学は異星人の世界を想像してきた。空想科学は現実の科学にインスピレーションを与える存在だった。地球外生命の科学的探査に向けた現実のプログラムには、一九六〇年代に資金提供が始まった。科学者らは宇宙からの強力な無線信号を探索する活動を開始した。

『スター・ウォーズ』は科学と空想科学のこうした文化の中から生まれたのだ。

『新たなる希望』はさまざまな別世界を思い描いた。砂漠の惑星タトゥイーン。鉱山の惑星ケッセル。ガス惑星のヤヴィンと、森の月ヤヴィン4。辺境の惑星ダントゥイン。そしてハンの故郷である産業惑星コレリア。最近の作品で追加された水の惑星アク＝トゥーや砂漠の惑星ジャクーなどを含め、これまで正史に五〇以上の多様な系外惑星が登場している。

しかし、現実の系外惑星が最初に発見されたのは、サーガが始まったあとのことだ。

『新たなる希望』が公開された一九七七年、ＮＡＳＡは太陽系外縁部に無人宇宙探査機ボイジャー一号・二号を打ち上げた。以来この二機は、恒星間の宇宙に進入する最初の人工物になり、「歴史上、誰よりも何よりももっとも遠く」を航行している。探査機ボイジャーは恒星間航行の途中で、木星の第二衛星エウロパや土星の第六衛星タイタンのような、太陽系の巨大ガス惑星の衛星に独自の世界が存在する証拠を発見した。太陽系の先には、どんな別世界があるのだろう？　どんな太陽系外惑星（あるいは系外惑星）がそこにあるのだろうか？

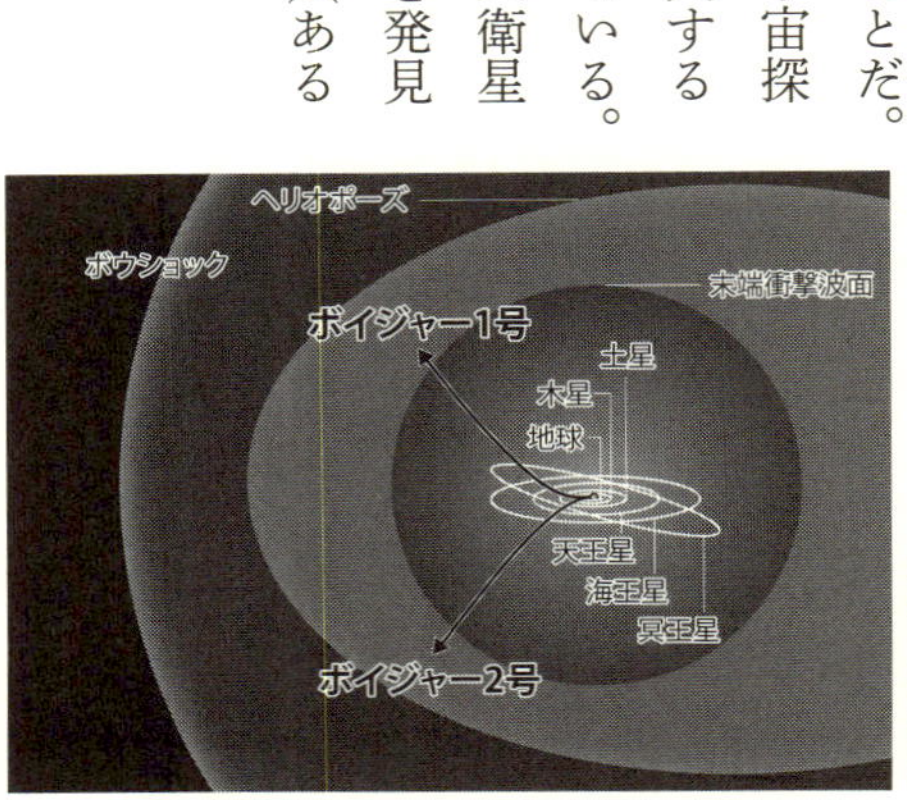

●ボイジャー一号、二号の現在地

NASA

太陽系の先に広がる世界

今日、私たちは素晴らしき発見の時代に生きている。

私たちは多くの作家や思想家が夢想することしかできなかったときに居合わせているのだ。普通の恒星を旋回している系外惑星の存在は、『新たなる希望』からほとんど二〇年近く経った一九九五年に初めて確認された。この巨大惑星は、恒星ペガスス座五一番星のごく近くの軌道を約四日で周回する。

太陽に似た恒星を周回し、生命を育む可能性を秘めた地球型惑星を探し求める天文学者らは一九九五年以降、そうした惑星は私たちの銀河系だけで何百億もあるかもしれないと考えている。欧州の科学者チームは、天の川銀河にある推定一六〇〇億個の赤色矮星《わいせい》のうち、おそらく四〇％の周回軌道に、液体の水が地表に存在しうる距離を保った「スーパー・アース」（巨大地球型惑星）があると報告した。

本当の意味で、『スター・ウォーズ』の宇宙が再び誕生したのだ。アメリカのケプラー宇宙望遠鏡は、ほかの恒星を旋回する地球型惑星を発見する目的で、二〇〇九年に打ち上げられた。これはガリレオが最初に望遠鏡を使ってから四〇〇年後の出来事であり、偉大なドイツの天文学者ヨハネス・ケプラーにちなんで命名されたのはいうまでもない。ケプラー宇宙望遠鏡の初期の調査結果に基づき、ＳＥＴＩ*研究所の上級天文学者セス・ショスタクは、「地球から一〇〇〇光年以内の距離に、生命居住可能な惑星が少なくとも三万個ある」と見積もった。

同じ調査結果に基づき、ケプラー宇宙望遠鏡チームは「天の川銀河に少なくとも五〇〇億

［＊］**ＳＥＴＩ**　Search for Extra-Terrestrial Intelligence（地球外知的生命体探査）の略語。一九六〇年のオズマ計画に端を発し、現在はおもにプエルトリコ・アレシボの電波望遠鏡を用いて、地球外からの人工的な電波を解析している。

の惑星が存在し」、そのうち「少なくとも五億個が生命居住可能だ」と推測した。NASAのジェット推進研究所（JPL）も似たような見解を示した。JPLは、私たちの銀河系に二〇億個の「地球型惑星」の存在が見込まれると報告し、さらに、およそ「五〇〇億のほかの銀河」には生命居住可能な地球型惑星が約一〇垓個存在しうると指摘した。

あなた自身の世界

『新たなる希望』の一〇年前に、SF作家アーサー・C・クラークは私たちの太陽系の先に別の世界が存在する可能性について書いていた。クラークは記す。「大空には、人類すべてに行きわたるだけの土地がほぼ確実にあり、初代の猿人にいたるまで、ひとりひとりが専用の惑星サイズの天国——あるいは地獄——を所有できるわけである。そうした仮想の天国や地獄のいくつぐらいに、いま生物が存在し、彼らはどんな形態をしているのだろうか。それをいいあてる方法はわれわれにはない」[*]。それでも、『スター・ウォーズ』は私たちが「いいあてる」のを助けてきた。このシリーズが教えてくれたのは、私たちが宇宙への冒険を続けるかぎり、距離という障壁を打ち崩せるということだ。『スター・ウォーズ』は異星人の世界を初めて想像したわけではないが、生命が棲息する銀河のありうる姿を説得力十分に描き出した。

真実は、いつものとおり、創作よりもはるかに奇妙だ。

［*］引用は『2001年宇宙の旅（決定版）』（伊藤典夫訳、早川書房）より。

『スター・ウォーズ』の系外衛星が銀河系の生命にもたらす意味

『フォースの覚醒』で、私たちは二つの新しい系外衛星に出会う。惑星ジャクーの双子の月だ。ジャクーと二つの月、三つすべてが一つの太陽を旋回している。ナブーの衛星も生命居住可能で、かつてスパイス鉱山があった場所だが、これまでの『スター・ウォーズ』シリーズでもっとも有名な系外衛星はおそらくエンドアだろう。その理由の一つとして、歴史上でもっとも重要な役割を担ったことが挙げられる。エンドアの戦いは共和国を再建する革命となった。帝国軍がここに設置したシールド発生装置は、当初は同盟軍によるデス・スターの破壊活動を阻止した。

正史によると、森の月エンドアは直径約四九〇〇キロメートルで、私たちの月よりはるかに大きい。銀河系の中心から約四万三〇〇〇光年離れたエンドアは、密生した山林に覆われ、呼吸できる大気があった。エンドアには、エンドアⅠとエンドアⅡという二つの太陽があった。

ジャクー、ナブー、エンドアそれぞれの月は、『スター・ウォーズ』で増え続ける系外衛星のリストの一部だ。しかし、人類の宇宙探査で何か似たようなものを見つけただろうか？もしそうなら、それは宇宙の生命にとって何を意味するのだろう？

天文学者レイ

レイが天文学者だったらと想像してみよう。

子供のときジャクーに置き去りにされて廃品回収業者となった彼女には、晴れた夜に星を眺める時間はたっぷりあったに違いない。ところで、レイが見上げる夜空の光景は、地球の星空とかなり違うだろう。実際、彼女が目にする月は、一つではなく二つだ。インナー・リムのウエスタン・リーチに位置するジャクーは、天の川銀河の中心から地球までの距離よりも、銀河系の中心に近い。レイの肉眼で見える星は数千個あり、さらにその先には数十億個の星が広がる。ただしレイには、自身がいるジャクー星系の外部で、『スター・ウォーズ』銀河系のほかの惑星も衛星も見ることができない。

それは、彼らの太陽に比べて、系外惑星がごく弱い光点だからだ。実際、系外惑星の明るさは一般に、その親星と比べて一〇〇万分の一程度しかない。系外衛星なら、さらに光は弱くなるだろう。レイにはまったく見えない。系外衛星を見つけようとすることは、干草の山から針を探すようなものだ（ジャクーにも干し草の山があると考えよう）。ただしコア・ワールドの科学者は、銀河系に多くの系外惑星と系外衛星が存在することを数世代にわたって把握していたはずだ。では、彼らはどうやってそれらの星を見つけたのだろうか？

古代コルサンティの惑星探し

今度は、系外惑星を探している古代のコルサンティ（コルサント人）を想像してみよう。惑星コルサントは、『スター・ウォーズ』の銀河系における政治的な活動と文化的な生活の中心になるはずだった世界だ。そして、これは単なる天体観測ではない。もし古代コルサンティが銀河系の近い場所で旋回している恒星の動きを追跡したなら、そのいくつかは多少ふらついていることに気づいたかもしれない。

恒星は巨大だが、案外不安定なところもある。たとえば恒星オルデランは、周回する惑星を伴うが（この惑星もオルデランと呼ばれる）、惑星の重力の影響を受けて自身の軌道をふらつきながら旋回する。したがって、コルサンティの惑星ハンターは、ふらつく恒星を目にしたら、そこには重力で引っ張る惑星が存在する可能性があることを知っている。また、揺れの幅を測ることによって、コルサンティは惑星の大きさを概算できる。

その昔、古代コルサンティにとって、揺れる恒星を探すことは系外惑星を見つける最良の方法だったかもしれない。少なくともそれは、地球で行われていることだ。*銀河系内の地球の近くに、これまでの数千もの系外惑星が発見された。惑星ハンターたちは、地球から約一六〇光年もの先で揺れる恒星を探す。そして、惑星を伴うすべての恒星がそうであるように、私たちの太陽もふらついている。太陽の揺れを引き起こすのはそれぞれの惑星の重力を足し合わせた力だが、とりわけ影響が大きいのは木星だ。木星の重力は残りの惑星全部の重力を足した力よりも大きい。

この「木星効果」は、コルサンティがふらつく恒星の周りを周回する非常に大きい惑星を発見する可能性があることを意味する。惑星が大きいほど揺れも大きくなるため、惑星ハンティングでもっとも有効な方法は、ベスピンのようなほかの木星型の巨大ガス惑星（ベスピンの直径は木星の約八五％）を見つけることだ。

もしかしたら、コルサンティはこの現象を「ベスピン効果」と呼んだかもしれない。ただし、その可能性はきわめて低いだろう。というのも、ベスピン星系がアウター・リム領域に

［*］この方法は視線速度法と呼ばれる。

位置し、銀河系の密集したコアを挟んだ反対側にあるため、多分コルサントからは観測できなかっただろうから。このふらつき現象がオルデランを発見するのに使われた可能性も低い。地球型惑星であるオルデランは、その親星に測定可能なふらつきをもたらすほどには大きくない。地球のような比較的小さい惑星やオルデランを探す場合、別の方法が必要になる。

そこで、コルサントの惑星ハンターは、系外惑星を見つけるために「食」を利用[*1]したかもしれない。

［＊1］惑星の食によって恒星の光量が変化することを利用した系外惑星の探査方法。トランジット法と呼ばれる。

宇宙において、ある天体が別の天体の影を通過するとき、食が起きる。たとえば、太陽が月の影の中に入るとき、日食が起きる。このとき、太陽は地球から見えなくなる。ほかの星系でも、惑星が親星の前を通過するとき、小規模な食が起きているかもしれない。もし食が起きているなら、その星系に系外惑星が見つかるかもしれない——そして、惑星があるところには、衛星もある。

ゴルディロックスゾーンと赤色矮星

古代コルサンティはまた、ゴルディロックスゾーンに興味をもっただろう。

惑星系において惑星が生命を維持するためには、このゴルディロックスゾーン〔またはハビタブルゾーン（生命居住可能領域）〕と呼ばれる範囲に位置する必要があると、大半の科学者は考えている。これは、岩石でできた惑星が恒星の周りをさまざまな距離で周回しながら、その地表で液体の水を維持できる範囲だ。もし惑星が生命居住可能領域の外側の限界を越えるなら、恒星のエネルギーを十分に得られず、水は凍ってしまう。もし惑星が生命居住可能領域の内側の限界よりも近いなら、恒星の過剰なエネルギーにさらされて、表面の水が蒸発してしまう。この熱すぎず冷たすぎずちょうどよい温度という考えから、イギリスの童話『ゴルディロックスと三匹の熊』[*2]にちなんで、生命居住可能領域がゴルディロックスゾーンとも呼ばれるようになった。

生命を探すことは、系外惑星を探すことに比べればはるかに複雑な問題だ。コルサンティはゴルディロックスゾーンを探すことに目的を絞ったかもしれない。

そしてここで、赤色矮星が私たち自身の系外衛星探しにとって重要になる。

私たちの天の川銀河には二〇〇〇億〜四〇〇〇億個の恒星があるとされる（実際には一兆個ほどにもなるかもしれないが）。これらの恒星の周回軌道に少なくとも一〇〇〇億個の惑星が存在し、その多くは地球に似た惑星だ。

ここで、推計値によると、赤色矮星が天の川銀河にある恒星の七五〜八〇%を占めるという。赤色矮星は恒星の中で圧倒的に多いタイプだ。同じことが『スター・ウォーズ』の銀河系についても推測できる。だがこれは、赤色矮星の周回軌道にある惑星の生命にとっても重要な問題となる。

赤色矮星は小さく、恒星の中では比較的低温だ。こうした恒星の質量は、太陽の半分以下しかない。赤色矮星はかつて生命居住可能な惑星を維持できないと考えられていた。ただし、現在の科学者はそうした古い理論が間違いだと考えている。赤色矮星の周りには惑星が存在するが、その軌道には奇妙な特徴がある。赤色矮星のゴルディロックスゾーンにある惑星はきわめて親星に近いため、潮汐《ちょうせき》固定の現象が見られるはずだ。ちょうど地球の周回軌道にあ

［＊2］ゴルディロックスという名の少女が、熊の親子の家に迷い込み、熱すぎず冷たすぎもしないちょうどよい温かさのスープにありつく。

る月と同じように、赤色矮星の惑星は常にその太陽に同じ面を見せている。

赤色矮星の世界は親星の重力によって固定されているのだ。惑星の半分を常に暗闇が覆い、もう半分は常に光に包まれている。それは奇妙でエキゾチックな世界だ。ダークサイドには、凍てついた荒れ地が広がる。明るい面には、海、温暖な気候、そして陸地。しかし、これら両側の中間には「トワイライトゾーン(薄明の地帯)」もある。対照的な二つの半球の中間にあるこの地帯で、奇妙なクリーチャーが食べ物と光を求めて争うかもしれない——もしこうした異界に生き物が存在すればだが。しかし、たとえ赤色矮星の系外惑星に生命がいない場合でも、その系外衛星には存在する可能性がある。

木星サイズの巨大惑星の周りを周回する、地球サイズの衛星を想像してみよう。この巨大惑星は、赤色矮星の周回軌道で潮汐固定され、両極端の気候のせいで荒廃している可能性がある。それでも、巨大惑星の周りをめぐる衛星は生命居住可能かもしれない。この衛星は、惑星に潮汐固定されることによって、恒星からの潮汐固定の問題を回避できる。なぜなら、衛星が惑星を周回するとき、昼と夜のサイクルが生まれて、熱が分散されるからだ。


エンドアがたくさん?


これこそが、系外衛星がきわめて重要かもしれない理由だ。

また、比較的目立たない赤色矮星が数のうえでは優勢なので、その軌道にある惑星と衛星も同様だろう。天の川銀河にある恒星のうち赤色矮星が四分の三を占めるので、その惑星と衛星も当たり前のように存在しているかもしれない。そして、惑星自体が生命に適さない半分世界かもしれないが、その衛星は銀河系によくある生命のすみかかもしれない。

赤色矮星の一生を考えてみよう。それは途方もない長さだ。太陽に比べて質量が半分ほどの赤色矮星なら、寿命は五六〇〇億年ほど。今のところ、赤色矮星からのエネルギーの放出が生命の発育に十分なほど安定しているかどうかははっきりしない。だが、もし文明が赤色矮星の系外衛星を開発するなら、その寿命も莫大な長さになるだろう。控え目な系外衛星の生命が銀河系の文明を相続することもありうるのだ。

エンドアは『スター・ウォーズ』の中で最高の洞察だろうか？　エンドアは住むのに適さない巨大ガス惑星の周回軌道にある生命居住可能な森の月だ。エンドアの直径は地球の四〇％程度。このような世界は私たちの天の川でどれくらい一般的だろうか？　現時点での答えは、「私たちにはわからない」というものだ。

もしかしたら明日、あるいは今から一〇年後、もしくは一〇〇年後に、人類史上もっとも驚くべき発見があるかもしれない――それは、地球外生命の繁栄した文明の発見だ。二一世紀を迎えた今、私たちはほとんど二五〇〇年も異星人の存在を想像してきたことになる。技術の現状を考慮するなら、系外衛星に文明が存在する可能性に想いをはせるのがせいぜいだ。

スターキラー基地は『フォースの覚醒』で描かれたように恒星からエネルギーを吸収できるか

スターキラー基地。機能──ファースト・オーダー軍の本部。歴史──エンドアの上空で第二デス・スターが爆発したあとに建造された。技術的な概要──未知領域の氷の惑星から転用されたスターキラー基地は、以前の戦闘基地よりも二倍以上大きく、能力の点でもはるかに勝っていた。強力な大砲を内蔵した冥王星を想像するといい。別名、第三デス・スター。

もし万一、攻撃用宇宙ステーションのこの後期モデルの威力に疑いがあるなら、『フォースの覚醒』で早々にスターキラー基地がその破壊力を証明している。一度の攻撃で、いっぺんに五つの惑星を壊滅したのだ。スターキラーという名称が暗示するように、この基地は燃えている恒星からエネルギーを取り出して動力源にしている。どうすればそんなことができるのだろう？　また、恒星から引き出したエネルギーは、どうやって保管していたのだろうか？

空の原子破壊機械

スターキラー基地は唯一の原子破壊装置ではない。宇宙にはありふれた存在だ。より知られた呼び名は、恒星。

私たちの銀河系は恒星からエネルギーを受けている。『スター・ウォーズ』の銀河系と同じように。恒星はエネルギーと光の供給源であり、宇宙全体を成り立たせている基礎単位だ。

太陽がなかったら、光もなく、生命もなく、私たちが知っているような地球もない。

太陽を含む恒星は、気体を燃やしている巨大な玉だ。大部分は水素だが、約四分の一はヘリウムを含む。その構成比は恒星の年齢による。恒星は年齢とともに進化し、それに伴って水素とヘリウムより重い気体の量が増えていく。

スターキラー基地の設計者は、太陽のような恒星の深部温度がほとんど一六〇〇万℃にもなることを熟知していた。これほどの高温なら、水素をヘリウムに変えるような核融合は十分可能だ。すべての恒星において、その途方もない高温と中核部分での圧力によって、原子破壊が起きている。より正確に書くと、それは原子破壊というよりも原子融合に近いが、ガス質の構成要素はまず互いに衝突してから融合するという流れになる。

粒子加速装置としてのスターキラー基地

スターキラー基地は、原子破壊が解き放つ莫大な量のエネルギーを利用できたはずだ。

太陽のような恒星は一秒あたり約四〇〇万トンの気体を燃やす。それは毎秒七兆回の核爆発と同程度のエネルギーだ。そう、お察しのとおり。あなたは日なたにいるとき、一秒につき七兆回の核爆発の光を浴びている。これは確かに、惑星の五個くらいは余裕で破壊できるエネルギーだ。

では実際に、アインシュタインの有名な方程式 $E=mc^2$ を使い、太陽のすべての水素を核融合させてヘリウムを生成することから得られるエネルギーの量を計算してみよう。この方程式の「m」に太陽の質量を、「c」に光の速度をそれぞれ代入すると、八億七〇〇〇万×

一兆×一兆×一兆（8.7×10^{44}）ジュールという解を得られる。これは途方もなく莫大な熱量だ。太陽から引き出すエネルギーだけで、『スター・ウォーズ』の銀河系にある四兆個の惑星すべてを攻撃できるだろう。

スターキラー基地の設計者は恒星が安定したエネルギー源であることも知っていたはずだ。太陽と同じ質量の恒星は、約一〇〇億年にわたって水素を燃やし続ける。もちろん、恒星によってサイズと質量は大きく異なる。実際、比較的小さい質量の恒星は太陽程度の恒星よりも寿命が長くなる。小型の恒星は「永遠の生」とも呼ぶべき悠久の時を過ごす。大きさが太陽の半分ほどの恒星なら、五〇〇億年間燃え続けるだろう。

フィフス・エレメント（第五の元素）

さて、恒星のエネルギー源が長もちすることはわかった。スターキラー基地はその巨大なエネルギーをどうやって利用したのだろうか？　正史によると、スターキラー基地の兵器は、宇宙全体に浸透する「クインテッセンス」と呼ばれるダークエネルギー*の一形態を利用したという。ではここで、クインテッセンスの裏話を手短に語ろう。

クインテッセンスの概念は古代にさかのぼる。考え出したのはギリシャの哲学者アリストテレスだ。古代ギリシャの哲学者たちは、すべての物質が地球の四元素——土、空気、火、水——の異なる組み合わせでできていると論じた。

わずか四つの元素しか登場しない点を除けば、これは古代の超簡略版の元素周期表といえる。各元素にはあるべき場所に向かう性質があり、土は下へ、火は上へ、空気と水は水平

［*］**ダークエネルギー**　宇宙を構成する物質のうち六八％を占める。宇宙全体に一様に満ち、宇宙膨張を引き起こしていると考えられている。

（横）へ向かうとされた。これら四つの元素は変化の担い手だった。四元素は絶えず変化し、地上界はその融合物で満ちていた。

他方の天上界は、「クインテッセンス（第五の元素）」でできているとされた。純粋かつ不変なクインテッセンスが結晶化した形態が宇宙であり、そうした宇宙が地球を中心に回っていると考える古代ギリシャの哲学者もいた。そして、地球から離れて高く舞い上がるほど、クインテッセンスはより純粋になり、宇宙の「第一動者」たる神の領域に到達するとき、クインテッセンスはもっとも純粋な形態になる。

『スター・ウォーズ』のクインテッセンスには真実味があるだろうか？　答えはイエスだ。ある程度は。『スター・ウォーズ』の正史において、クインテッセンスは宇宙に遍在するものとして描かれる。これに関して、私たちの宇宙との類似点はどの程度あるだろうか？

ダークエネルギーについて現在立てられている仮説によると、二つの形態がある。第一の形態である宇宙定数は宇宙全体に均等に浸透している。ダークエネルギーのこの第一の形態を、恒星だけから取り出そうとするのは無意味だろう。現実の科学者らが仮定したダークエネルギーの第二の形態は、クインテッセンスと名づけられた。その理由は一説によると、宇宙の質量エネルギーの総量に寄与する物質のうち、バリオン物質、放射能、冷たい暗黒物質、自己重力エネルギーに続く第五の「既知の」物質になるからだという。クインテッセンスは、宇宙定数のように宇宙全体に一様に浸透しているのではなく、空間の各点でさまざまに値を変える「スカラー場」だ。スカラー場の比較的ありふれた例には、温度や圧力などがある。

スターキラー基地の仕組み

スターキラー基地のクインテッセンス兵器を動かすために、ファースト・オーダーは恒星に無制限のエネルギーを求めた。簡単にいえば、恒星から引き出したエネルギーを大砲の動力源にしたのだ。

正史によると、スターキラー基地はエネルギー源を一つの恒星に絞っていたという。惑星の片側に配置された収集アレイを使ってクインテッセンスを段階的に蓄積してから、惑星の核に送った。このエネルギーは、惑星の磁場によって核部分に保たれ、地殻内に設置された人工の密封フィールドで増強されて、ファースト・オーダーが操作する機械で維持されていた。

これに関して、正史が非常に混乱しているのを見てとれる。基地がビーム砲をチャージするために、現実の恒星のバリオン物質（星の物質）を使ったのか、あるいはダークエネルギー（クインテッセンス）を使ったのかどうかがはっきりしない。

いくつかの場面で、スターキラー基地は通常の星の物質を取り込んで超兵器にチャージすると説明されている。ほかの場面では、基地が通常の物質ではなくダークエネルギーを取り込むということに加え、超兵器が「ダークエネルギーを発射した」（これがつまるところダークサイドだ）と続けて説明し、それは「ファントム・エネルギー」（ファントムという言葉もよく使われる）と呼ばれる状態に変換されて発射されている。正史はどちらにするか決めかねている。

星の物質が一番

議論のために、一方の肩をもって、スターキラー基地が星の物質を兵器のエネルギー源として使っていたと仮定しよう。先に示した短い計算では、「ダークエネルギー」のように特殊でとらえにくいものに頼らずとも、太陽だけで複数の惑星を粉砕するのに十分なエネルギーを確保できることが一目瞭然だった。

結局のところ、スターキラーが稼働したとき、動力源になった恒星は、ブラックホール──熱と光が渦を巻いて落ち込む重力の墓場──に限りなく近づくように見える。基地にエネルギーが取り込まれるシーンは、通常の星の物質の特徴を示している。もしそのとおりなら、ファースト・オーダーは、クインテッセンス超兵器のために取り込んだ恒星の燃料を溶かせるエンジンを利用することにより、基地の強化された重力を制御する方法を開発したと考えてよさそうだ。

スターキラー基地は恒星のエネルギーを取り込むにしたがい、徐々に輝きを奪っていく。すべてを搾り取ると、星は完全に死滅し、表面は闇に包まれる。クインテッセンス超兵器を発射するとき、基地のエンジニアは密封フィールドに裂け目をつくって蓄積されたエネルギーを核から逃がし、収集アレイの反対側にある中空のシリンダーを通過させ、開口部からビームを放った。

スターキラー基地を隠すカーテン

惑星を攻撃された恨みはおそらく、スターキラー基地を破壊することで晴らせるだろう。

この基地は、レジスタンスの部隊を指揮するパイロット、ポー・ダメロンによる攻撃で弱点をつかれ、ついに破壊された。この攻撃は、クインテッセンス超兵器がディカー上のレジスタンス基地を砲撃する三〇秒前に、スターキラー基地惑星全体の内部崩壊を引き起こした。正史の説明は「破壊されたとき、太陽から取り込まれ蓄積されていた物質が膨張し、惑星があった場所に新たな恒星が生まれた。それにより、この星系は連星系に変わった」としている。

ここで言及された「太陽からの物質」は、ダークエネルギーよりもはるかに平凡な星の物質のように聞こえる。少なくともこの説明により、大量虐殺兵器の機能はほとんどありそうにない領域に陥る。スターキラー基地が恒星をブラックホールに変えることなく、どうやってすべての質量を搾り取ったのかは、また別の問題だ。

『スター・ウォーズ』世界に似た系外惑星はあるか

ジャクー。タトゥイーン。ホス。はるかかなたの銀河系のマニアにとって、なじみ深い惑星の名前。しかしケプラー16b、ペガスス座51番星b、さらにはOGLE－2005－BLG－390Lbはどうだろう？　これらは天の川銀河の中でほかの恒星の軌道を周回しているのが見つかった系外惑星の名前だ。もちろん、『スター・ウォーズ』シリーズは先に系外惑星を描いていた。このシリーズは、生命が居住する惑星がどんな様子なのか、もっともらしい光景を想い描くのに役立った。しかしいまや科学者たちは、地球の近くの恒星を周回する多数の系外惑星を発見している。その多くは『スター・ウォーズ』の系外惑星に負けず劣らず風変わりだ。なかには、作品世界で対応する惑星にたまたま似ているという以上の共通点をもつものさえある。

天の川銀河を理解する

遠い宇宙で発見された奇妙で素晴らしい世界を見て回る前に、地球の近所から旅を始めることは役に立つ。つまるところ、私たちの太陽系は、ほかの星系を調べる際に頼れる確かな物差しになる。

太陽系には二種類の惑星がある。岩石質の惑星と、ガス質の惑星だ[*]。両者の違いを簡単に示すなら、岩石質の惑星には、ミレニアム・ファルコンが着陸できる地面がある。一方、ガ

［*］太陽系における岩石質の惑星は、水星、金星、地球、火星であり地球型惑星とも呼ばれる。一方ガス質の惑星は木星型惑星とも呼ばれ、かつてはサイズによる分類で木星、土星、天王星、海王星が含まれていたが、天王星と海王星は中心部に氷の割合が高いため巨大氷惑星と呼ばれる。

ス質の惑星には「地面」がない。ただ気体があるだけだ。したがって、ここに着陸するのは相当難しい。岩石質の惑星は、太陽の近く、ゴルディロックスゾーンの近辺に位置する。より大きいガス質の惑星はもっと遠く、凍結線の先の冷たいゾーンに位置する。

巨大ガス惑星はほかの星系にも見られる。

夜空を見渡してふらつく恒星を探す惑星ハンターにとって、惑星がより大きいほど揺れもより大きくなることはすでに知られた事実だ。大きな質量の影響で、親星の揺れもより大きく、より速くなり、そのおかげで発見もより容易になる。

それが理由で、これまでに見つかった系外惑星の圧倒的多数がいわゆる「ホット・ジュピター（熱い木星）」――あるいは、『スター・ウォーズ』の方言を使うなら「沸騰するベスピン」――になっているのだ。

「ロースター・プラネット（焼かれる惑星）」とも呼ばれるホット・ジュピターの名称は、木星に匹敵する質量をもちながら、その軌道と母星との距離が木星と太陽の距離よりもはるかに近いことに由来する。実際、一三〇〇倍も近い。親星にそれほど近いため、ホット・ジュピターのガス質の大気は熱によって表面から引きはがされてしまう。したがって、この規模の系外惑星は、『スター・ウォーズ』の居住可能な世界とはずいぶんと趣が異なる。とはいえ、検知方法が向上したことにより、科学者らが『スター・ウォーズ』スタイルにかなり近い系外惑星を見つける例も増えてきた。

ケプラー16bの検討

ここでNASAのケプラー宇宙望遠鏡ミッションを検討してみよう。二〇〇九年に打ち上げられたケプラー探査機の仕事は、地球の北半球から見えるはくちょう座とこと座にある一五万五〇〇〇個の恒星の中から地球に似た惑星を見つけることだ。

ケプラーはこれまでもっともエキサイティングな系外惑星探査ミッションだ。ケプラー宇宙望遠鏡は天空を精査し、系外惑星がその親星の前を横切っている明らかな印である小さな食を探すことによって、太陽のような恒星を旋回する地球に似た惑星を探す。ケプラーのミッションはまた、はくちょう座とこと座で得るデータに基づき、銀河系にある数十億個もの恒星のうち、地球に似た世界を含む星系がいくつくらいあるかを推計することをめざす。

ケプラーが見つけたものはかなり衝撃的だ。

ケプラー宇宙望遠鏡は二〇一二年に主要な活動目的を完了した時点で、五〇〇〇近くの系外惑星を発見していた。おそらくもっとも奇妙な発見は、密度が木星の一〇分の一しかない惑星、いわゆる「発泡スチロール惑星」だろう。そしてもっとも素晴らしい発見は、太陽系外にある岩石質の惑星を初めて確認したことだ。二〇一五年、ケプラーの科学者らは地球にもっともよく似た「双子」を見つけたと発表した。

ただしケプラー探査機は、タトゥイーンのような惑星であるケプラー16bも発見していた。タトゥイーンと同じように、ケプラー16bは二つの太陽の周りを回っているので、二重の日没を楽しめる。架空のタトゥイーンが『新たなる希望』で描かれてから実に三四年後の二〇一一年、科学者らはこれに対応する周連星惑星*を最初に発見したことを確認した。

ケプラー16bは地球から約二〇〇光年の星系に位置する。その質量は土星ほどもあり、タ

［*］**周連星惑星**　連星とは二つ以上の恒星が重力で結びつき、共通の重心の周りを回っている天体であり、その周りを回っている惑星のこと。

トゥイーンよりずっと大きい。タトゥイーンの直径が地球の八二％だ。連星ケプラー16は、太陽の質量の約六九％と二〇％で、両方とも太陽より小さい。タトゥイーンの連星はいずれもだいたい太陽の大きさだ。

ケプラー16bのストーリーは、惑星ハンティングがどのように進められるかを示す好例だ。ケプラー探査機のカメラで撮影された写真は、二つの恒星が互いの周りを旋回していることを示した。次に、一つの恒星がもう一つの前に動いたとき、食が確認された。だがさらにくわしく調べると、続いて起きる食が二つの恒星の運動だけでは説明できないという証拠が見つかったのだ。連星からの光に一滴垂らしたような小さい点――わずか一・七％の影――は、軌道を回る惑星の明らかな兆候であることが判明した。

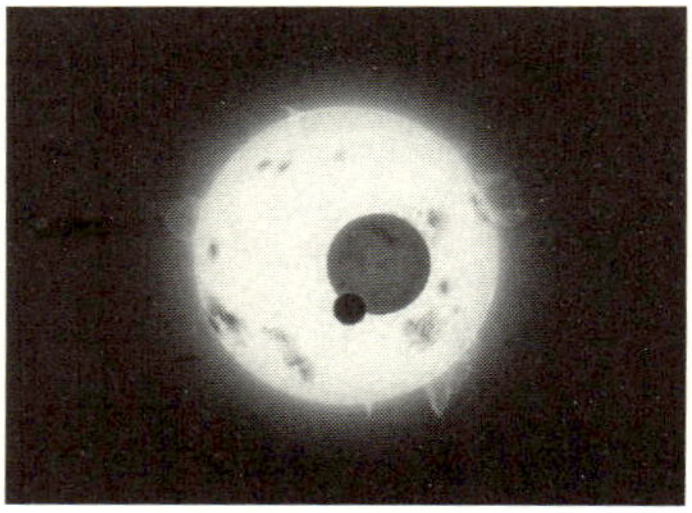
●ケプラー16b（想像図）
NASA／JPL-caltech

ケプラー16bの環境

ケプラー16bはタトゥイーンよりはるかに寒い。

この広大な凍《い》てつく地表に惑星探検家が降り立ったなら、マイナス七〇〜マイナス一〇〇℃の気温に身震いするだろう。二つの恒星の距離がきわめて近いため、冷たいケプラー16bにずっと日が差すということはない。連星は二〇・五日ごとに重なって食をつくり、それから再び離れる。二つの恒星は空で互いに距離を広げると、それぞれ異なった時間に地平線に沈むため、タトゥイーンでよく見られるような日没は決して観測できない。

ケプラー16bは生命を維持できるだろうか？

確かに、その軌道はゴルディロックスゾーンに収まっている。ケプラー16系のゴルディロックスゾーンは、連星から約五五〇〇万キロメートルから一億六〇〇〇万キロメートルの範囲に広がる。ケプラー16ｂは一億四〇〇〇万キロメートルの軌道を回っているので、生命居住可能領域の外側の限界に近い。ただし、これが凍てつく温度の巨大ガス惑星であることは留意に値する。どうやらケプラー16ｂに生命がいる望みは薄そうだ。しかし系外衛星はどうだろう？　ケプラー16ｂはその歴史のどこかで、ハビタブルゾーンの中心から地球サイズの世界を取り込むことができたかもしれない。ケプラー16系にあるほかの天体からの摂動により、この「地球」が移動し、うまい具合にケプラー16ｂの衛星軌道に落ち着くということが起きたかもしれない。

また、ケプラー16のゴルディロックスゾーンの外部にも生命が居住できる可能性がある。研究によると、この星系では約一億四〇〇〇万キロメートル離れた軌道を周回する惑星でも生命居住可能な環境を維持できるという。もしこの惑星の大気中に二酸化炭素やメタンを含む温室効果ガスの十分に厚い層があれば、水を液体の状態で表面にとどめておくのに必要な熱を保てるだろう。

周連星のスイートスポット

これらすべての可能性は魅力的で刺激的だ。天文学者が長年にわたり、このような星系では重力の影響が原因で、連星の周りに惑星が存在できないと論じたことは記憶にとどめておく価値がある。

『スター・ウォーズ』シリーズはそうした定見を完全に無視した。

タトゥイーンは確かにタトゥ星系の周連星のスイートスポット（最適の位置）にある。ケプラー16bは発見されたことにとどまらず、新たな研究により、タトゥイーン型の惑星がたまたま実在したどころか、実際はかなりありふれた存在かもしれないことが示された。ほかの星系にも似たようなスイートスポットがある気がする。

最近の研究は、岩石質の惑星や巨大ガス惑星が、連星に近い領域において、一つの恒星の周りを公転するのとほぼ同じように公転する可能性があることを示している。言い換えるなら、一つの恒星の周りに惑星があるのと同じくらい、連星の周りにも当たり前に惑星が存在しているということだ。結論は？　宇宙にはタトゥイーン型の惑星が普通にありうる、ということだ。

OGLE-2005-BLG-390Lbの事例

これまでの話は、天の川銀河の中心近くに発見された別の系外惑星に関係してくる。インナー・リム――そう呼ぶのにふさわしいだろう――にあるこの天体は、およそ一〇年ごとに親星を公転する地球型の惑星だ。地球から約二万光年離れている惑星OGLE-2005-BLG-390Lbは、質量が太陽に比べて五分の一程度の赤色矮星の周りを公転している。

ただし、OGLE-2005-BLG-390Lbは地球よりもホスに近いようだ。

宇宙空間からは、惑星ホスは厚い氷と雪に覆われているせいで、青白い球体に見える。ホスはホス星系の第六惑星。それはつまり、気温が常に凍えるほど寒く、夜間はマイナス六〇℃まで下がる可能性があるということだ。

　こうしたホスの特徴は、ＯＧＬＥ－２００５－ＢＬＧ－３９０Ｌｂに近いと思われる。低温の親星を公転し、大きな軌道を公転するこの系外惑星は、おそらく表面温度がマイナス二二〇℃で、水が液体の状態を保つには低すぎる。また、この惑星はおそらく、大気が希薄で、岩石質の地表が氷の層に凍りついた海の下に埋もれているのだろう。ホスの直径が火星と同程度であるのに対し、ＯＧＬＥ－２００５－ＢＬＧ－３９０Ｌｂの質量は地球の約五倍だ。実際、ＯＧＬＥ－２００５－ＢＬＧ－３９０Ｌｂはその星系において平均距離二・〇～四・一ＡＵ（天文単位――地球と太陽との平均距離）にある。これはつまり、私たちの太陽系において、ＯＧＬＥ－２００５－ＢＬＧ－３９０Ｌｂの軌道は火星と木星の間あたりになるということだ。

いつも影に仲間ができる場所

　系外惑星の重要性を周知させるという点で、ＮＡＳＡのマーケティングは機敏だった。

　ＮＡＳＡは二〇一五年、所属するビジュアルストラテジストのジョビー・ハリス、デイビッド・デルガド、そしてダン・グッズが作成した一連の強烈な旅行ポスターを掲出した。アールデコ調の字体、大胆な色、クラシックなデザインを採用したポスター――旅行の黄金時代を喚起する――は、最近見つかった系外惑星へと旅行者

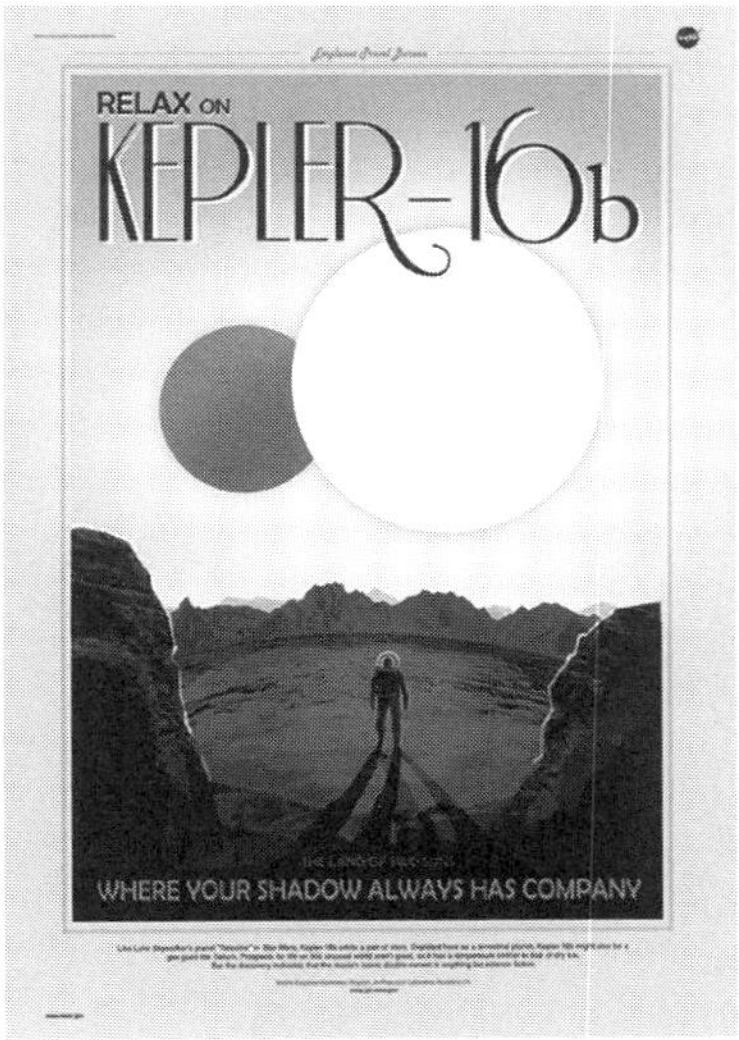

●ＮＡＳＡが作成したケプラー16ｂのポスター

ＮＡＳＡ／ＪＰＬ／Exoplanet Travel Bureau

をいざなう。このポスターには周連星惑星ケプラー16ｂに立つ一人が描かれ、小見出しの売り文句は「いつも影に仲間ができる場所」。

デイビッド・デルガドは、これほど多くの新たな系外惑星の発見によってどんなに触発されたかを説明した。「私たちが考えたのは、旅行の文脈を使って個々の惑星の特徴を探究するのは本当にクールだということだ」と、デルガドは語る。「まるで私たちが未来に生きているか、空想科学が現実になっているような感じだ」

ホスと火星の共通点
――人類がエグゾゴースのようになるかもしれない理由

宇宙の密輸船は暗く荒れ果てた小惑星の洞穴に停泊している。ミレニアム・ファルコンのコックピットは静かで、明かりは計器盤上で点滅するハイパードライブのライトのみ。レイアは独りで操縦席に座る。コックピットの窓の外で動く何かが彼女の目にとまる。計器盤のライトが窓に反射して、その正体を見定めるのは難しい。レイアはガラスに近づき、薄暗がりを凝視する。

闇はあまりにも深く、洞穴がどこまで広がっているのか見当もつかない。

洞穴群はどれくらい遠くまで続いているのだろう？

『帝国の逆襲』のようなSF映画で、地球圏外の洞穴は宇宙船が離着陸できるほど広大な地下空間として描かれる。地球上には未踏の洞穴が数千キロメートルぶんもある。だが、月のような衛星や火星などの惑星にある洞穴はどうだろう？　どれくらいの規模になりうるのだろう？　その長さは？　洞穴についてはわからないことばかりだ。太陽系のこのダークサイドは宇宙の植民地化に利用できそうか？

中継拠点としての月

月は長年にわたり人類の植民地建設のターゲットだった。地球から容易に到達できる、宇宙の手前の玄関口。

『スター・ウォーズ』の銀河系で、優位に立つ種族の多くは――人間を含め――コア・ワールドに起源をもっていた。人間の起源については相いれない説が多数あるものの、おもだった歴史家たちはコルサントが人間発祥の地としてもっとも可能性が高いと考えていた。古代のコルサンティは『スター・ウォーズ』宇宙の最初期の開拓において、私たちと同じような植民地化の試練に直面しただろう。

月がこれほど近くにあるため、そこで生活し働く入植者は、必要な物資を地球との交易で入手できるかもしれない。私たち自身の星間交易ルートの第一歩だ。月はまた、高性能の望遠鏡を設置するよい場所であり、銀河系の探査をさらに進めるための中継拠点にもなる。

一九六一年から一九七二年までのNASAのアポロ計画は、開拓の取り組みだった。これらのミッションでは合計一二名の宇宙飛行士が月面に降り立ち、月で生活するうえでのさまざまな課題をテストした。ミッションを重ねるごとに滞在時間は長くなり、月面の探査を拡大するとともに、宇宙飛行士が各種の実験をどの程度うまくこなせるかを確かめた。アポロ計画ではまた、大きな機器類や資材を宇宙空間に輸送する方法も学んだ。

エグゾゴース的ライフスタイル

月面植民地の開発中、エグゾゴース[*1]の策を採用し、好都合な洞穴に居住することが必要になるかもしれない。

月を訪れるのはいいとしても、そこに住むのは容易ではない。気温の振れ幅が激しく、正午の一三四℃から夜のマイナス一七〇℃まで変化する。地表[*2]は絶えず極小隕石と有害な宇宙

［＊1］**エグゾゴース**　『帝国の逆襲』で登場する生物。160ページも参照。

［＊2］月の地表には「レゴリス」と呼ばれる細かな粒子の砂が堆積している。

線に痛めつけられている。この石つぶての雨と放射能から生き残るために、入植者が月の地下にある「溶岩洞」に住む必要があるかもしれない。

月の地下にトンネル状に広がる溶岩洞は、大昔にマグマの流れによってできたと考えられている。月の地表を流れる熱い溶岩の表面が冷えたとき、固まって蓋を形成したが、その下では溶岩が流れ続け、トンネル状の通り道ができた。溶岩の流れが弱まると、トンネルの中身がなくなり、地下埋葬所のような空洞が残った。

エグゾゴースはこれをうまく利用した。溶岩洞は大いに役立つ居住空間だ。その多くは天然の長い洞穴で、幅は五〇〇メートルにも及ぶが、それ以上になると重力崩壊を起こしやすくなる。たとえ溶岩洞が残っていても、地震による揺れや、爆撃のような隕石の雨により、安定したトンネルが崩れる可能性がある。レイアが夜に小惑星の地下空間から聞こえてくる奇妙なきしむ音を心配したのも何ら不思議ではない。

当然、すべての月の生き物がこの巨大ナメクジの方法を模倣するわけではない。

マイノック[＊3]の方法も月での選択肢になる。実際、食料と水の入手は月を植民地化するうえで大きな試練だ。最初は食料も一緒に持ち込む必要があるだろう。もちろん、ランチ一食ぶんというわけにはいかず、相当の量になる。ただし水に関しては、科学者らは月の南極の地中に存在すると考えている。土壌から水を抽出するには特殊な装置が必要になるだろう。植物の栽培も当初は困難だ。月の夜は長くて寒い。昼の日差しはまぶしく、太陽からの放射能を減らして拡散する大気がないため有害だ。花に授粉する虫もいないので、まったく新しい作物栽培の方法を考案する必要があるだろう。これらはすべて、高度な生活環境が構築され

［＊3］**マイノック**　『帝国の逆襲』で登場するシリコン質の寄生生物。宇宙船に寄生してエネルギーを吸収する。

るまでトンネルに居住する正当な理由になる。

古代コルサンティのように、私たち人類も地球外へ駆り立てられ宇宙を探査している。

多くの国が人類を再び月に立たせることを望む。ある計画では、月の北極に農場を設置することを検討している。ここに置かれた農場は、月の夏のあいだじゅう毎日八時間の日光に照らされるだろう。この農場は、猛烈な太陽輻射から植物を保護する特別なカバーで覆われ、授粉のために昆虫が放たれる可能性がある。しかし、たとえそうだとしても、一〇〇メートル四方の農場では一〇〇人を食べさせるだけの作物を生産できないだろう。

ミッション・トゥ・マーズ

月が銀河系探査の第一の中継拠点だとすれば、次の拠点は火星だろう。

私たちは太陽系の第四惑星である火星について、地球以外のどの惑星よりもくわしく知っている。それは、火星が地球から望遠鏡で地表を観測できる惑星としてもっとも近いからだ。純粋に地球からの距離だけなら、金星*がもっとも近くにあるが、その表面は神秘的な雲のベールで覆われている。一方、「赤い惑星」とも呼ばれる火星の地表は容易に観測可能だ。地球と同じように、火星の一日は二四時間で、季節が分かれていて、極冠がある。もし人類が惑星を植民地化するなら、最初に火星を選ぶだろう。

コルサント星系には植民地建設の機が熟していた。

惑星コルサントを含む一一の惑星が、親星であるコルサント・プライムを公転していた。これらの惑星が『スター・ウォーズ』宇宙への中継拠点として利用される前、コルサントを

［*］金星の大気は九五気圧、九六・五％を二酸化炭素が占めており、平均温度は四六〇℃にもなる。

周回していた四つの衛星は、初期の植民地建設における実現可能な目標の役割を担ったのかもしれない。

人類にとって火星は途方もない可能性を秘めている。そこで、開拓移民は月を省略して直接火星へ向かうべきだと考える科学者もいる。火星には、地球と多くの共通点があるものの、温暖な気温と液体の水など、人間が生きるうえで必須の要素がいくつか欠けている。それだけではなく、火星の入植地は、惑星規模の砂塵嵐と太陽輻射をかわし、極氷を融かし深さ一二メートルの海に変え、惑星の広い範囲を覆う必要があるだろう。どれも実行するのは大仕事だ。

では、開拓者らはどうすれば火星の環境を改善し、これらの重要な課題を解決できるだろうか？　ここで再び、火星の入植地が真に実現するまで、溶岩洞を利用することに期待をかけるのは容易だ。この任務に適した火星のトンネル網は存在するだろうか？

トンネルの明らかな兆候

ＮＡＳＡの火星探査機マーズ・オデッセイは二〇〇七年、衝撃的な発見をした。

火星の火山の斜面に、洞穴への入口と思われる穴を観測したのだ。溶岩洞は時として、このような「天窓」が明白な目印となり、存在が明らかになることがある。この天窓は、洞穴の屋根の一部が崩落し、地表に円形の穴が開いたものだ。この発見は地下の住環境候補に対する関心をかき立て、火星のあちこちで洞穴を探す調査が急増した。

火星には地球の火山よりも一桁大きい巨大な火山がある。有名な火星の火山であるオリンポス山は標高二一キロメートルの威容を誇り、タルシス火山台地は二五〇〇万平方キロメートル以上の範囲に広がる。

火星上の重力は地球の約三八％なので、火星の溶岩洞も地球に比べてはるかに大きくなると予想される――ここにエグゾゴースが潜んでいる可能性は低いだろうが。

地球人が火星人になる

さて、太陽系の一部では植民地建設の機が熟した。

火星を最初のもう一つのわが家にした人類は、古代コルサンティのように惑星から惑星へ進出するべきだ。最初の打ち上げは無人の地球帰還船（ＥＲＶ）を火星に送ることになるかもしれない。ＥＲＶに搭載されそうなのは原子炉。そこからエネルギーを供給された装置が、火星の大気に含まれる物質を使って燃料を生成する。二年後、有人ミッションがＥＲＶの近くに着陸するだろう。乗組員たちは一年半滞在して火星を探査したあと、ＥＲＶ製の燃料を使って地球に帰還する。彼らは次のチームに引き継がれ、新たな探査基地が連なるように新設される。

火星の溶岩洞は本部基地の役割を担う。

洞穴には生命に必須の水がたまっている可能性があるほか、古代の氷が保存されているかもしれない。冷たい空気が溶岩洞にたまり、温度がそのまま保たれる場合があるからだ。こうした貯水池を利用できるかもしれないことは、火星で存在しうる生命の歴史に劇的な洞察

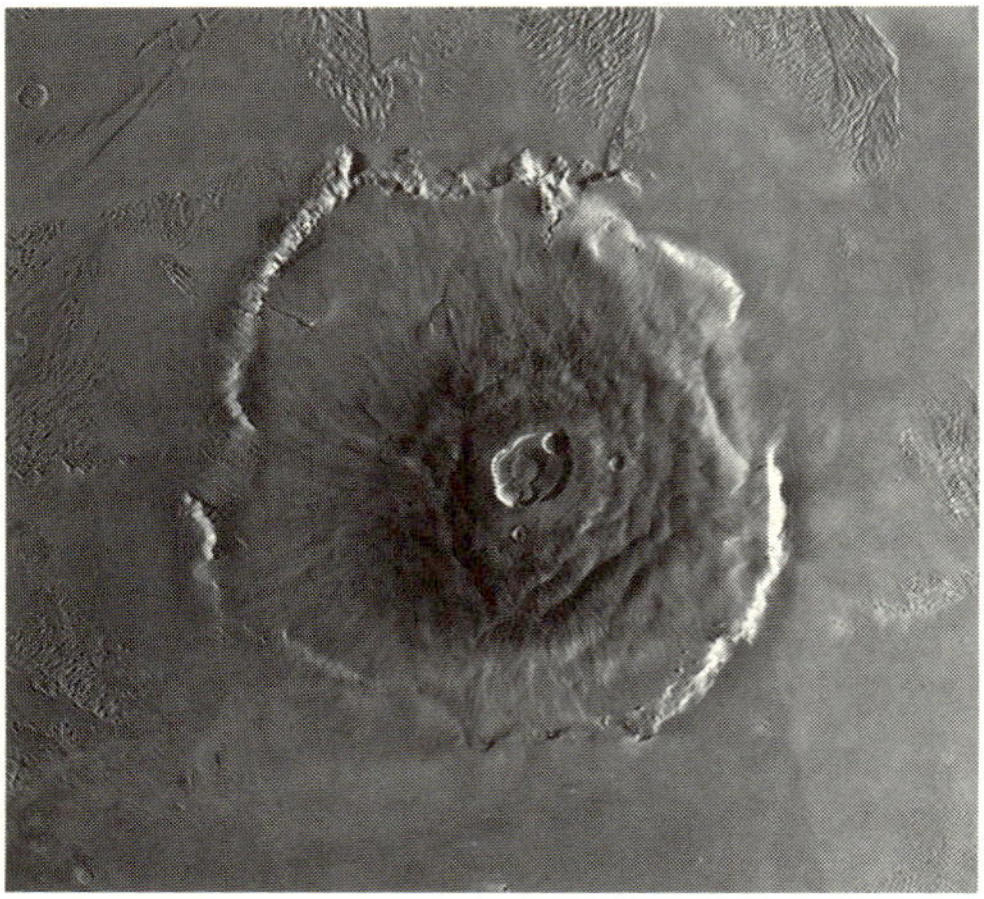
NASA／JPL

●オリンポス山

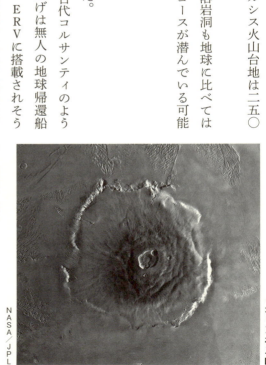

をもたらす可能性がある。

　エグゾゴースを真似て、洞穴をすみかにすることを通じ、やがて火星はテラフォーム（惑星地球化）される。数十年後、赤い惑星は地球と同じくらい青く、水をたたえた姿になっているだろう。一〇〇年以内に、火星はテラフォームされて酸素に富む環境になり、人間の入植地を支える可能性がある。入植者の一部は太陽系の辺境へ旅立つことを夢想しているかもしれない。

タトゥイーンのような砂漠の惑星で生命は誕生するか

タトゥイーンは二つの恒星を公転する日焼けした惑星だ。『スター・ウォーズ』銀河系の中心から四万三〇〇〇光年の距離に位置する。暑く乾燥した気候にもかかわらず、タトゥイーンには多種多様な生命体が生息する。ハット、人間、ローディアンなどいくつかの外来種族がここに居を定めた。ただし、ジャワやタスケン・レイダーのような在来種族もいる。

植物の深刻な欠如（ジャンドランド荒野に育つブラック・メロン*を除く）と水不足に留意したうえで、タトゥイーンのような砂漠の惑星を起源とする生命は考えられるだろうか？

［*］**ブラック・メロン** 外皮が黒く、ヒビの入った果物。タスケン・レイダーが水分補給に利用した。

地球上の生物

宇宙において生命が確かに存在することがわかっている場所は、今のところ地球だけだ。そのため、生命についての研究はすべて、地球で見つかったものに基づいている。この知識によって私たちは、生命の制約を推論し、宇宙のどこか別の場所で生命が存在するかどうかの可能性を探究することが可能になった。

既知の生物はすべて、構成材料として水のほか炭素も含むことがわかっている。炭素はほかのどんな元素よりも多くの種類の結合体をつくる。これにより、多様な炭素分子がつくられる。炭素は、生物に欠かせない有機分子すべての骨格を形成する。生物にとってほかの重要な元素は水素、酸素、窒素、リンと硫黄だ。

これらすべての化学物質がさまざまに混じり合った中のどこかで、うまい具合に生命が発生した。無生物の物質から生物が出現するこうしたプロセスは自然発生と呼ばれる。それがどのようにして起きたかは正確にはわからないが、明白だと思われることもいくつかある。

最初に登場した生命体は、ごく小さいバクテリアと古細菌だったとみられる。それらは超耐熱性細菌でもあった。これは、熱水の環境で生息し繁殖できたことを意味する。

もしタトゥイーンの生物の始まりが地球の生命と似ていたなら、それはやはり熱水に生息する微生物だったのかもしれない。

タトゥイーン

タトゥイーンのとりわけ象徴的なイメージは、砂漠の空に浮かぶ二つの太陽だ。

親星から惑星に到達する放射能の強さとタイプは、惑星の環境形成と生命の発生に重大な影響を与える。太陽輻射のレベルによって、海の惑星、雪の惑星、あるいは砂の惑星の差が生じる可能性がある。

天文学者らは二〇一一年にケプラー16bを発見し、それが二つの星の周りを公転していることからタトゥイーンというニックネームをつけた。それ以来、いわゆる周連星惑星が数多く発見されてきた。ただし、こうした周連星惑星の

●タトゥイーン

Collection Christophel／PPS通信社

多くが巨大ガス惑星であるのに対し、架空のタトゥイーンは岩石質の惑星であり、地表が砂漠で覆われ、水は見当たらない。

生命居住可能領域は惑星と恒星の距離で決まり、この領域にある惑星では水が液体として存在できる。一部の科学者の説によると、砂漠の惑星は生命居住可能な地球型惑星の良好なモデルを提供する可能性があるという。彼らの研究で、陸惑星にとっての生命居住可能領域は水惑星の場合より三倍大きくなる可能性があることが示された。水惑星なら雪や氷によってはね返されてしまうであろう熱を、陸惑星はより多く吸収できるので、恒星からさらに遠い範囲まで生命居住可能になる、という理屈だ。一方、乾燥した大気は高湿気の大気よりも熱を閉じ込める力が弱いので、恒星により近い範囲にも生命居住可能領域が拡大するだろう。

とはいえ、これはタトゥイーンについては当てはまらないかもしれない。この惑星における主要な職業は水分抽出農業であり、その従事者は大気から水を抽出する。これはつまり、大気中に含まれる水蒸気は典型的な砂漠の惑星のモデルよりも多い可能性があるということだ。

ただし、タトゥイーンといくつかの共通点をもつ砂漠タイプの惑星も存在する――火星だ。このタイプにしては、どちらかというと寒い例だとしても。

火星の地表には液体ではないものの水が存在し、大気中にも少量の水蒸気が含まれている。タトゥイーンにはきわめて危険な砂嵐があるが、これも火星にそっくりだ。そこでの砂嵐は、植物や広範にわたる水面といった地表の特徴によって抑制されることなく吹き荒れる。ただし、タトゥイーンと異なり、火星には極冠の状態で水が存在することが確認されている。

どういうわけか、タトゥイーンには水分抽出農業があるのに極冠はない。それはおそらく、氷結するほどには寒くならないせいか、湿度が低すぎるからだろう。しかしそれでも、タトゥイーンの地表には歴史上のどこかの時点で水が確かに流れていたことを示唆する特徴が数多く残っている。では、何が起きたのだろう？

水の特徴

私たちが知る限り、生物は水なしでは生きられない。

地球上でもっとも乾燥した場所はチリのアタカマ砂漠[*1]だが、ここでさえも生物は生き抜く方法を見つけた。

ブルーマーブル宇宙科学研究所[*2]のアルマンド・アズラ＝ブストス博士は、アタカマ砂漠に生息する生物を調査し、次のように述べている。「アタカマの生物は霧と露から水分を補給できるように進化した。（中略）内陸部で、生物は石膏《せっこう》や塩化ナトリウムのような吸湿性の鉱物に含まれる水を利用するよう進化してきたのだ」

それなら、タトゥイーンのわずかな湿気で微生物が生きながらえることもありえそうだが、過去はどうだっただろう？

タトゥイーンの地形は、かつて表面を覆っていた大量の液体によって洞穴や海嶺、峡谷が形成されたことを示す。峡谷の深さから判断して、歴史上の長い期間にわたって水が流れていたはずだ。アメリカのグランドキャニオンが形成されるのに数千万年かかったことを考え合わせると、それはいっそう確実に思える。

［＊1］**アタカマ砂漠**　アンデス山脈と太平洋岸のあいだに位置する、南北一〇〇〇キロメートルにおよぶ世界でもっとも降水量の少ない地域（東西は一六〇キロメートル程度）。

［＊2］**ブルーマーブル宇宙科学研究所**　ワシントン州シアトルに本拠を置く非営利の研究所。世界各国の科学者と提携し、分散型ネットワークを通じて学際的研究を行う。

これを踏まえ、また生物にとって液体の水が重要であることを考慮すると、タトゥイーンに水が豊富にあった頃に最初の生物が出現した可能性は高そうだ。そして、環境が激変したあとに、生物はできるかぎりの方法でなんとか生き残ろうとした。これは、地球上の動植物が二〇〇万種近くもいるのに比べて、タトゥイーンにはほんの数種しかいないことの説明になる。

東サハラのような砂漠は、現在の状態になってから約五〇〇〇年しか経過していない。それ以前、最長で約一万年前に、多くの動植物を維持した多雨期があった。いくつかの種は、ごくわずかしかない湿気を最大限に取り込むよう進化して、こうした砂漠環境のあちこちで生き抜いている。

アズラ＝ブストス博士は語る。「アタカマの場合、水の発見、吸収、保存、使用をきわめて効率的に行うことで、生物は生き残ることができる。ただし、生物が水を発見し吸収する方法についてはわずかなことしかわかっておらず、保存し使用する方法に至ってはまだ見当もつかない」

さて、タトゥイーンの場合、それほど大量にあった水はどこへ消えたのだろう?

宇宙線と水分損失

火星には大昔、地球の北極海よりも水量の多い海が存在した可能性が研究で示された。仮説では、火星全体を深さ一四〇〇メートルの海で覆うのに十分な水量だとしている。それ以来、八七%以上の水が宇宙へと消え去った。仮に現在の推定される全水量で火星を覆ったとすると、わずか数十メートルにしかならない。

火星の水は大気と同様に、太陽風によって引きはがされたと考えられている。地球が同じ運命にならなかったのは、磁気圏と呼ばれる広大な磁界があるおかげだ。火星の場合、地球より小さいこともあってこうした磁界がはるかに弱く、強力な磁気圏の仕組みを維持できない。火星の磁界が長い時間をかけて弱くなったのは、鉄の地核の活動が変化したせいだと推測されてきた。

タトゥイーンに太陽が二つあるということは、太陽風が大気を浸食する脅威が増すことを意味する。ただし、タトゥイーンは火星よりはるかに大きいので、より強力な磁気圏に守られている可能性がある。タトゥイーンには地球と同等の重力があるように見えることから、その質量を推計し、それをもとに平均密度も導き出せる。

重力によって惑星の表面で感じられる力は、ニュートンの万有引力の法則を使うことで算出できる。この力は、人が惑星の地表にいるときに感じる体重と同じだ。万有引力の法則の公式に、地球に等しい表面重力（九・八一メートル毎秒毎秒）とタトゥイーンの半径（五二三二・五キロメートル）を適用して、タトゥイーンの質量を算出することができる。

得られた質量を、タトゥイーンの体積（$4/3\pi r^3$）で割ると、この惑星の平均密度を導き出せるというわけだ。

以上の計算を行うと、タトゥイーンの密度が地球より約二〇％高いことがわかる。これは核にある鉄の割合がより大きいことを示す。

NASA

●太陽風を遮蔽する地球の磁気圏

したがって、タトゥイーンでは過去において、大量の鉄のおかげで地球より強い磁気圏で守られていた可能性がある。そのおかげで、二つの太陽が大気に及ぼしうる特別な悪影響が相殺され、生物の発生にとってより安全な環境になっていたかもしれない。適切な保護がなければ、タトゥイーンのあらゆる生物のＤＮＡは、太陽風と宇宙線によって損傷していたはずだ。

さらに、紫外線（ＵＶ）の脅威もある。太古の地球では、生物は当初水中の環境に生息することで紫外線の危険を避けた。水が有害な紫外線を吸収してくれるので、生命体は細胞に深刻なダメージを負うことなく成長できる。残念なことに、タトゥイーンには保護してくれる水中環境が見当たらない。ここでもまた、過去の表層水の存在が役立っただろう。

それ以外に、何がタトゥイーンの生物を紫外線から守っているのだろう？

タトゥイーンの酸素と生物発生の関係

酸素がなくても生き抜ける生命体は存在するが、これらはみな極小の微生物だ。既知の複雑な生命体の大多数は、生存するために酸素を必要とする。

地球上では昔も今も、大気中の酸素はおもにバクテリアと植物による光合成のプロセスを通じて生産される。

植物は光合成反応によってエネルギーを取り込む。二酸化炭素（CO_2）を吸収し、炭素を分離して水（H_2O）と結合。これでブドウ糖などの炭水化物を生成する。CO_2から分離された残りの酸素（O_2）は大気中に放出される。

この放出された酸素が、やがてオゾン層[*]の形成につながり、地上の生物を太陽の紫外線から守っている。オゾン層があるおかげで、地球の生物は海を離れて陸地に生息範囲を広げることができた。

タトゥイーンに酸素があることは明白だ。そうでなければ、ルークと家族は器具の補助もなく呼吸することはできない。酸素があるなら、タトゥイーンを保護するオゾン層も存在する可能性がある。ただし、タトゥイーンには植物が深刻に欠けているように見えるので、新たな疑問が生じる――酸素はどこから生じるのだろう？

惑星のどこかに酸素を生成するバクテリアの巨大なコロニーが存在する可能性を除外しても、もう一つの選択肢があるはずだ。タトゥイーンの気候が大量の植物を維持できていた過去に、酸素が生産された可能性がある。

地球上でもし光合成が突然止まり、酸素がこれ以上放出されなかったとしても、計算上は、すべての生物が呼吸で酸素を使い果たすまで三万五〇〇〇年以上かかるとされる。したがって、私たちはもしかすると、酸素生産の主役たる植物が失われてから三万五〇〇〇年以内のタトゥイーンを目にしているのかもしれない。

そうであれば、生物はタトゥイーンが砂漠の惑星になる前の過去の期間に進化した可能性がある。もしこの惑星が常に砂漠だったなら、生物がジャワ族のように複雑に進化できたとは考えにくい。とはいえ、砂漠の惑星に存在しうる生物の一般論として、アズラ＝ブストス博士はこう述べている。

[*]**オゾン層**　太陽からの紫外線を弱める働きをする。大気中のオゾンは成層圏に集中しており、なかでも高度約二〇〜二五キロメートル付近の濃度が高い。フロンガスの放出の影響によるオゾン層破壊が問題になったが、近年はその拡大に歯止めがかかってきている。

私たちは連星系に多くの惑星があることを知っている。それに、アタカマ砂漠の中心部のようにきわめて乾燥した地域にも生物が生き続けられることもわかっている。だから、もしこれらの惑星のいくつかに水を含む大気があるなら、生物が生息している可能性もあるということだ。

どれほど昔、どれくらいかなた？

「遠い昔、はるかかなたの銀河系で……」

格調高い映画の導入部がもたらす印象は、これがかつてあった世界についての物語であり、もしかすると私たちの既知の宇宙から遠く離れたどこかに今も存在するのではないか、というものだ。私たちは幸運にも、途方もなく長い時間続く巨大な宇宙に人類が生きていることを認識するようになった時代に居合わせている。

私たちが知る限り、宇宙は現在あるものから将来起きることまであらゆるものを内包する。時間も例外ではない。もし『スター・ウォーズ』の時や位置を定めようとするなら、既知の宇宙の始まりと終わりを把握することはよい出発点になるだろう。

どれほど昔？

宇宙の起源と進化を説明する現在の理論は「ビッグバン」と呼ばれる。このモデルによると、時間と宇宙は一三八億年前に始まった。それ以来一貫して、時間は流れ宇宙は広がっている。

始まりはきわめて高温だった。宇宙のすべてが英文の文末に打たれるピリオドより何倍も小さい点（「特異点」と呼ばれる）の中に凝縮された。そのためエネルギー密度は膨大だった。結果として生じる温度は非常に高かったので、原子をつくる粒子さえまだ形成されていなかった。しかし、最初の一秒までに、宇宙は膨張して温度が下がり、陽子と中性子が形成され、直後に電子ができた。これらは原子を構成する粒子で、私たちの周りの（ほぼ）すべてのものは原子でできている。

宇宙の誕生から最初の二〇分間、単純な核だけが存在した。これらの核はたった一つまたは二つの陽子を含んでいた。前者の核をもつのが水素、後者はヘリウムの核だ。宇宙の質量の約四分の三は水素原子核で、残りの四分の一はおもにヘリウム原子核だった。約三七万七〇〇〇年が経ってようやく宇宙が十分に冷え、電子と核との結合が始まり、水素、ヘリウム、それにわずかのリチウム（核に三つの陽子を含む）の原子ができた。

人体を構成する水素は、質量比でわずか九・五％にとどまる。ヘリウムは体内に含まれない。残りは六五％の酸素と一八・五％の炭素、それにさまざまな量のほかの元素五〇種以上で形成されている。これらすべての比較的重い元素は、宇宙の最初の数十万年には存在していなかった。それらはビッグバン以外のプロセスによってつくられる必要があった。こうした元素は恒星でつくられた。

星の物質

恒星は原子核を融合させ、ほかのより重い核を生成することを通して熱と光を生む。十分な時間をかけて、恒星は水素をヘリウム、炭素、酸素、鉄とほかの中間の元素に変換できる。恒星は、最初にあった元素によって三つの種族に大別される。

種族Ⅲはもっとも古いと考えられている。これはまだ仮説段階の恒星だが、おもに水素、ヘリウム、リチウムをより重い元素に変換する。終末期には爆発し、新たに合成された元素を拡散して、この元素がやがてほかのより若い恒星の誕生に利用される。

種族IIは観察可能な恒星としては最古の存在（いくつかは一三〇億年前にできた）であり、宇宙にあるほかの元素の大半を生成したと考えられている。これは銀河系にある恒星の約三九％にあたる。これらの恒星は宇宙の歴史の初期段階で形成され、金属が乏しいと考えられている。天体物理学では、陽子三個以上の元素はすべて「金属」と呼ばれる。つまり、水素やヘリウムは金属ではない。

種族Iの恒星は一〇〇億年ほど前から存在し、若く、金属を豊富に含む。太陽は銀河系の外縁にある中間世代の種族Iの恒星だ。ただし、もっとも若く金属量の大きい種族Iの恒星は、銀河系の中心のより近い位置に存在する。

もし私たちの太陽を生物のいる恒星系の成功例とみなすなら、地球外生命の探査には種族Iの恒星を探すのがいい。最古のものは太陽より約五五億年前に誕生している。太陽と太陽系惑星の年齢は一致していて、ともに四五億年。惑星とその親星の年齢がだいたい同じなのは、恒星が形成される際の材料と同じ塵とガスの雲から、惑星もほぼ同時に形成されるからだ。

太陽系の中を旋回している多くの天体のうち、生物の生息を確認できた惑星は地球しかない。地球が形成されてから生物が発生するまで約一〇億年を要した。したがって、種族Iの最初期の恒星のいくつかに、生物が似たようなタイミングで発生した可能性を想像してもいいだろう。この推論に従うと、生物は約九〇億年前には発生していたかもしれない。

とはいえ、生物の発生はゴールではない。微生物から哺乳動物まで、意思伝達を行い、協力し、星間航行技術を開発できる種が存在しなければ、『スター・ウォーズ』の世界はあり得ない。地球上では、種が進化して宇宙旅行ができるようになるまでに、生命の歴史が要した期間は半分以上。少なくとも三五億年だ！　宇宙と地球で起きたたくさんの偶然の一致が現在の生態学的状況をもたらしたことを考えると、ほかの惑星にもこれが当てはまるかどうか、今は判断のしようがない。

生物がこれまでたびたび経験してきた大惨事は、宇宙から、また地球からもたらされた。二三億年ほど前に起きた「大酸化イベント*」では、酸素を生成するバクテリアによって遊離酸素が世界規模で過剰供給され、地球上に当時存在した生命体にとって有毒な濃度に達した。私たちは今、その酸素に頼って生きている。約六六〇〇万年前に小惑星がメキシコ湾に落下した際の衝撃は、恐竜の絶滅を引き起こし、哺乳動物に繁栄の道を開き、ついには約二〇万年前の現代人の出現をもたらした。

人類は一九六〇年代に初めて地球の外に飛び出したが、恒星間を自由に航行できるようになるのはどれくらい先なのか、あるいはそもそも恒星間航行は実現可能なのか、私たちにはまだわからない。

しかしとりあえず、人類が次の一〇〇〇年以内にほかの星系へ旅する技術を開発すると想定しよう。生物に必要な条件すべてをそろえた恒星が現れてから、生物が進化して恒星間を航行できるようになるまで、ざっと三五億年を要したといえる。種族Iの恒星が早いものでは一〇〇億年前に誕生したことを考え合わせると、これはつまり、六五億年も前に恒星間航

［*］**大酸化イベント**　このときの大気中の酸素量は、現在の酸素量の一三倍にも相当する。いったんは現在よりも少ない酸素量となったが、およそ六億年前に再び急激な増加を見せ現在の水準に達したと考えられている。

行を実現した生命体が銀河系に一種類以上存在する可能性があるということだ。

つまるところ「スター・ウォーズ（星間戦争）」は、人類が唯一の軍勢なら実現しない。実現に必要なシナリオは二通り考えられる。一つは、銀河系の複数の惑星に、恒星間航行技術を開発できる種族がそれぞれ存在すること。もう一つは、大昔に恒星間航行を実現した種族が、居住に適したほかの星系に散らばって長い時代を過ごし、それぞれが徐々に進化して、『スター・ウォーズ』の宇宙で見られるような多種多様の種族となることだ。

ここで、こんな疑問を抱く人もいるかもしれない。散らばるといっても、いったいどれくらいの距離を？


どのくらいかなた？


宇宙は広い。実際とてつもなく広いので、宇宙の中の距離を要領よく伝えるために、光の速度を利用して距離を表現する方法に頼る必要がある。具体的には、ある地点から別の地点へ、光が到達するのに要する年月で、二点間の距離を表す。

光は既知の物質でもっとも速い存在だ。毎秒二九万九七九二キロメートルの速度で宇宙空間を進む。これはつまり、光が地球から月へ約一・三秒で到達できるということだ。別のいい方をすると、地球と月の距離は一・三光秒となる。

前の章で述べたように、地球と、もっとも近い恒星である太陽との平均距離は、天文単位（ＡＵ）と呼ばれる。一ＡＵは、一億四九六〇万キロメートル、あるいは四九九光秒（八・三光分）に等しい。太陽からの距離は、太陽系のもっとも遠い惑星である海王星で三〇ＡＵ。

太陽系の境界（太陽風が届く限界）であるヘリオポーズは一二〇AUを超える。これは一八〇億キロメートル、あるいは一〇〇〇光分（一六・七光時）に等しい。

ここで、光が一六・七時間かけてヘリオポーズに到達するというのは長く感じられるかもしれないが、次に太陽以外でもっとも近い恒星への距離を考えてみよう。プロキシマ・ケンタウリと命名された恒星は、四・二光年離れている。この距離になると、キロメートルとAUは役に立たなくなる。* そこで、天文学者はパーセクという単位に頼るかもしれない。パーセクは恒星間の距離を測るのに使われる単位で、一パーセクは三・二六光年に等しい。したがって、天の川銀河の直径は三万三七二六パーセクと表され、この距離を光が移動するのに一一万年を要する。

天の川は渦状銀河であり、『スター・ウォーズ』の銀河系も同じように描かれている。この宇宙にある既知の銀河のうち、三分の二以上は渦状銀河だ。天の川銀河にもっとも近いアンドロメダ大銀河でさえ、その距離は二五〇万光年という驚異的な数字になる。これは天の川銀河の幅のほぼ二三倍だ。では、『スター・ウォーズ』の銀河系に相当する位置にありそうな銀河の数はどれくらいだろう？　そこには一〇〇〇億をはるかに超える銀河が存在すると推定されてきた。

NASAは二〇〇四年、人類の宇宙観測史上でもっとも遠い宇宙の画像を公開した。ハッブル・ウルトラ・ディープフィールド（HUDF）と呼ばれるこの画像の撮影では、宇宙空間の暗い部分（大きさは月の直径の約一〇分の一）に焦点を合わせ、一〇〇万秒もの長時間露光を行った。画像の領域だけで、一万もの銀河が明らかになった。

●プロキシマ・ケンタウリまでの距離

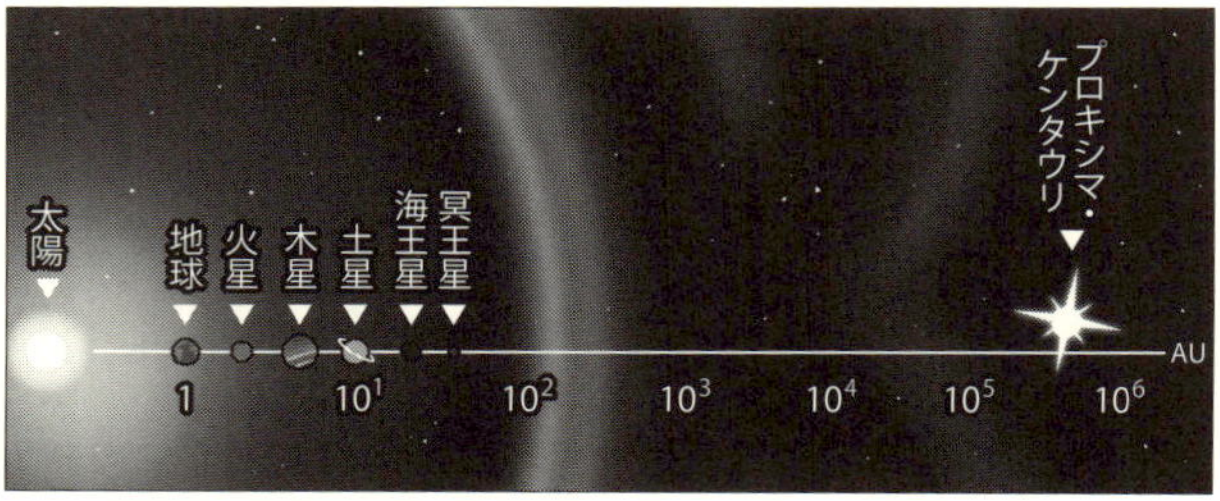

NASA

[*] それぞれ、約四〇兆キロメートル、約二七万AUである。

宇宙を調べるとき、その対象は観測できるものに限定される。これは「観測可能な宇宙」と呼ばれ、宇宙の始まり以来、光が地球まで到達できる距離によって制限される。とはいえ、銀河が互いに離れる方向に移動していることは二〇世紀初頭から知られていた。これは、アメリカの天文学者エドウィン・ハッブルの名にちなんで「ハッブル膨張」と呼ばれている。

今では、宇宙が膨張していることと、その速度が非常に速いためにもっとも遠い銀河は見かけよりずっと遠くにあることは、十分に検証されている。遠くの銀河から発せられた光が地球に到達するまでの時間に、その銀河はさらに遠くに移動している。観測可能な宇宙の真の大きさは現在、約九三〇億光年と推定されている。

生物に必要な要素を満たす恒星を探すのと似た方法が、銀河にも当てはまる。宇宙の始まりから間もなく形成された銀河もあれば、若い銀河もある。ただし、これらの初期の銀河は渦状ではなく、楕円銀河か不規則銀河だった。最初期の例は、一三四億光年先に位置すると考えられるGN-z11だ。

これまでに観測された中でもっとも遠い渦状銀河、たとえばBX442などを観測するとき、光は地球に到達するのに一七〇億年を要している。しかし、宇宙の膨張を計算に入れると、真の距離は三〇〇億光年以上になる可能性がある。

では『スター・ウォーズ』の銀河系はいったい、どれほど昔、どれくらいかなたに存在したのだろうか？　答えは、約六五億年前の昔、一三四億光年以上のかなたということになろう。

ベスピンのような巨大ガス惑星で生きるには

さて困った。ハイパードライブが故障してしまい、使えるのは亜高速エンジンのみ。手近な距離の安全な港に寄港して、しばらく身を潜める必要がある。ベストな場所は？　かつて密輸業仲間だったランド・カルリジアンが指導者になっている、巨大ガス惑星ベスピンのガス採取植民地がいいだろう。

到着するとすぐ二台のクラウド・カーに乗った厳しい警護班に行く手をさえぎられ、彼らに伴われて浮遊都市クラウド・シティへ向かう。

直径一六キロメートルにわたるこの都市の上空を飛んだあと、プラットフォーム３２７に到着。ここで下船して、ベスピンの大気を深呼吸する。ハン・ソロ、チューバッカ、レイア姫にとって幸いなことに、ベスピンの大気はこの高度で呼吸に適している。

さて、映画のこのシーンで*、ハンとチューバッカ、レイアがミレニアム・ファルコンから降りるとき、防寒着を羽織ったりはしていないようだ。そう、少し風はあるが、この浮遊都市の気候がひどく寒いようには見えない。

この場面が巨大ガス惑星の雲がある高度で起きていることを考えると、クラウド・シティの気候は少々快適すぎて真実味に欠けると思われる。ベスピンのような巨大ガス惑星での暮らしは、実際にはどんなものだろう？

［＊］このシーンは『帝国の逆襲』で見ることができる。

ベスピン

ベスピンは太陽系の木星と土星に似ている惑星だ。直径約一一万八〇〇〇キロメートルで、土星とほぼ同じ大きさ。巨大ガス惑星がこれほど大きいのは、形成されたときの太陽からの距離に起因するというのが定説だ。巨大ガス惑星の前身は形成の過程で、軌道内に漂う物質を取り込んでいった。恒星からの距離が遠くなることは、軌道を移動する距離も長くなることを意味し、したがって惑星を形成する際に取り込む物質も増える。

惑星はまた、形成のあとで、数百万年かけて公転半径を減少または拡大させる場合があり、これがベスピンにも起きていた可能性がある。

恒星に近づくと温度が上昇し、比重が軽い揮発性の分子が気化して惑星から失われる。恒星から遠くなると、こうした揮発性の分子は凍り、惑星にとらわれたままになる。巨大ガス惑星の主要な構成物質は、もっとも軽い元素である水素とヘリウムだ。

他方、太陽系の内惑星はおもに、比較的高い温度でも液体か固体の状態にとどまる、より重くて揮発性の低い分子と元素でできている。これらのより重い物質は、地球で一般に採鉱されており、将来的には小惑星や月での採鉱も見込まれている。

クラウド・シティでは、ベスピンの高層大気内に存在するティバナという価値の高い希ガスを採取している。貴重な交易資源があるおかげで、クラウド・シティは通商都市として栄えており、これは外部と行き来する交通も発達していることを意味する。この交通を使って、異なる星系から業者や客がいつも訪れている。こうした訪問者は、住民にとって必要なお金や物資をもたらす供給源でもある。

ベスピンには複数の衛星もあり、これは巨大ガス惑星に共通する特徴だ。太陽系では、両方の巨大ガス惑星にそれぞれ五〇以上の衛星が確認されていて[*1]、なかには水星より大きいものもある。衛星の特徴には、濃い大気、活火山、深海、さらには氷の火山（氷を噴出する火山）までも含まれる。

もしベスピンの衛星が土星の衛星に似たような特徴をもつなら、水や有機分子のような有用な資源が直接採取されているかもしれない。こうした資源の採取とベスピンへの輸送は地元の業者が行い、クラウド・シティのコスト削減に貢献している可能性もある。

［＊1］木星の衛星として五九個、土星の衛星として六四個が確認されている。

浮遊都市

先述のように、クラウド・シティはガス採取植民地であり、大勢の訪問者で賑わう場所でもある。『スター・ウォーズ』に登場する多くのものと同様、このメトロポリスは巨大だ！三九二の階層があり、最上位の層は高級リゾートとして使用。低位の層には従業員や労働者の居住区、それにティバナ・ガスの処理施設などがある。

これほどの高度で居住する場合、多くの問題を克服しなければならない。都市が決して空から落ちないようにするという明白な難題のほかに、適切な気圧と気温、それに呼吸に適した空気も必要だ。

SFの世界では、クラウド・シティの前にも空に浮かぶ都市が描かれてきた。ジョナサン・スウィフトは一八世紀の小説『ガリヴァー旅行記』[*2]で、空飛ぶ島ラピュータを登場させた。ラピュータは巨大な天然磁石を使って浮き続けたのに対し、クラウド・シティはリパル

［＊2］**『ガリヴァー旅行記』** *Gulliver's Travels.* 初版の刊行は一七二六年。四篇構成となっており、空飛ぶ島ラピュータは第三篇に登場する。

サーリフトエンジンとトラクター・ビーム発生装置を使って上空にとどまっているとされる。

もし重力に逆らって空中に浮かぶことを望むなら、今のところ頼れるのは、空気より軽い気体（気球など）、ダクテッドファン（玩具のドローン）、回転翼（ヘリコプター）、ジェット推進などの技術に限られる。これらの技術が有効なのは、最高高度あるいは上昇限界と呼ばれる高さまで。その高度を超えると、適切に機能するのに必要な気圧が得られないからだ。

しかし、リパルサーリフト技術の運用高度限界は気圧によって決まるものではない。これは惑星の重力に反発して作用する技術だ。したがってその運用高度限界は、重力が弱すぎてリパルサーリフトエンジンが都市の重量を支えられなくなる高度ということになる。

この反重力技術は『スター・ウォーズ』の宇宙で広く普及しているが、現実の世界にはこのようなものは存在しない。ただし近年、これを真剣に検討する組織も出てきた。これには、反重力プロジェクト「グリーングロウ」を支援したBAEシステムズ[*3]も含まれる。とはいえ、今のところ――反重力技術におけるブレイクスルーがあるまで――浮遊都市のアイデアは、実現にはほど遠いように思われる。

［＊3］**BAEシステムズ**　イギリスの航空機、防衛、電子機器を手がけるメーカー。

大気

木星と土星は、大きさも太陽からの距離も異なる。

平均雲頂温度の比較では、木星のマイナス一〇八℃に対し、土星はマイナス一八〇℃。いずれの惑星も元素組成に占める水素とヘリウムの割合が九八％を超えるが、土星のほうが水素とヘリウムの組成比の差が若干大きい。両惑星の大気に含まれる残りの物質は、おもにメタン、それにごくわずかのアンモニアや水蒸気などの気体だ。

これらの惑星の大気を降下するに従い、気圧と濃度は増加する。外側の雲層を二〇〇キロメートル降下すると、水素ガスの層に変わり、さらに一〇〇〇キロメートル降りると液体水素の海に到達する。もし宇宙船でさらに深部へ進むなら、圧力で押しつぶされてしまうだろう。これは、クラウド・シティがベスピンのコアから五万九〇〇〇キロメートル上空の高層大気に浮かんでいることの説明になる。ただし、こうした環境の温度と圧力からは別の問題も生じる。

地球の表面では、私たちは一バールの気圧を感じる。ただし、高度が高くなるほど気圧は減少する。これに伴い、人間が一回の吸気で取り込める酸素の量も減っていく。気温もまた高度の上昇に伴って急速に減少し、一キロメートルあたり約一〇℃のペースで下がっていく。山頂がしばしば雪で覆われているのはそのためだ。

登山の世界では、酸素濃度が下がって呼吸できなくなる高所を「デス・ゾーン」と呼ぶ。登山者は酸素ボンベと体温を保つ適切な服装がなければ、数分で命を落とすだろう。ベスピンの上空には逆に、デス・ゾーンと反対の特徴をもつ「ライフ・ゾーン」と呼ばれる領域がある。そこは、ベスピンの大気において人間の呼吸に適している領域だと説明されている。この領域こそ、クラウド・シティが位置している場所だ。

ライフ・ゾーン

ベスピンのような巨大ガス惑星で、十分な酸素を含む大気の層を確保できるかどうかは、重大な問題だ。地球の場合、酸素は光合成を行う生命体によって供給されている。光合成のプロセスでは、二酸化炭素（CO_2）から炭素が取り込まれ、残った酸素が大気に放出される。体積比では、酸素は人間が呼吸する空気の約二一％に過ぎない。窒素が七八％もの大きな割合を占める。[*1]

ベスピンにも、光合成してライフ・ゾーンに酸素を供給する藻類のような生命体が必要だ――もっとも、酸素を得るほかの手段があれば別だが。しかし、藻類は常に水を必要とするが、ベスピンの水は雲の中にしか存在しない。光合成には二酸化炭素の供給源も必要だが、もしベスピンに二酸化炭素が存在するなら、その比重のせいで大気のより低い層へ沈んでしまうだろう。

現在はパリのラ・マン・ア・ラ・パテ財団[*2]に所属する天体物理学者のマチュー・イルツィ博士は、土星の衛星タイタンを長期間にわたり調査してきた。彼は酸素生産のありうる選択肢として、恒星放射（親星からのエネルギー）と技術に基づく方法を提案した。「光分解（紫外線によって分子を分解すること）が選択肢になる。水分子を恒星放射によって分解し、酸素だけを確保できるかもしれない」とイルツィ博士は述べている。ただし、ベスピンはその巨大な質量によって水素を重力圏内にとどめているので、酸素はすぐに水素と結合して水になるか、さらに反応性の高い分子に変わるだろう。

技術的な選択肢として、電気を使って水の分子を分解する電気分解を利用する方法がある。「クラウド・シティは、確保した水素を燃料として利用することにより、独自のライフ・ゾーンを生み出せるかもしれない。（この方法で）環境に酸素を放出して居住適性を高めら

［＊1］地表付近の大気はこれらのほかに、アルゴン、ネオン、ヘリウム、メタン、クリプトン、一酸化二窒素、水素、オゾン、水蒸気などがある。ちなみに二酸化炭素が占める割合は、〇・〇三％。

［＊2］**ラ・マン・ア・ラ・パテ** La main à la pâte とは「手間を惜しまず」の意味。

れるだろう」

ライフ・ゾーンを酸素で満たすプロセスに関して、イルツィ博士は「タンクの中に酸素を保持して、都市の内部だけに放出するといっそう効率的だろう」と述べた。

ライフ・ゾーンは内部に大量の酸素を取り込み、酸素濃度を人間が地球で呼吸している二一％にまで高める必要がある。コアから五九キロメートル上空にあるライフ・ゾーンの深さを仮に一〇キロメートルだとすると、必要な酸素は、成層圏まで含む地球のすべての大気に比べて一七倍の体積になるだろう。

気圧の調節

土星には高度によって異なる複数の雲の層が存在する。もっとも高い層には、地球の表面に近い気圧でアンモニアの雲がある。それより低い大気には氷の雲があり、気圧は二・五〜九・五バール、気温はマイナス三℃以下。さらに思い切って気圧一〇〜二〇バールの層まで降りると、気温がマイナス三℃から五七℃の水の雲に変わる。

したがって、ベスピンの高層大気もきわめて寒いはずだ。気圧が地球の大気と一致する領域において、気温は氷点をはるかに下回るだろう。凍傷にならないような気温にまで上げるには、気圧を地球より少なくとも一〇倍は高くする必要がある。

人間の身体は、水中のダイバーで明らかなように、強い圧力には耐えられるが、そうした高い圧力において空気中の酸素と窒素は人体に有毒となる。したがって、ベスピンのライフ・ゾーンでは、呼吸に適した酸素分圧（つまり酸素濃度）にしなければならない。これはだいたい〇・一六〜一・六バールだ。しかし、繰り返しになるが、酸素は高層大気の層にとどまることなく、低い層へと沈んでしまう。

結論として、映画に登場したベスピンのような巨大ガス惑星が生命を維持している可能性は、きわめて低いように思われる。イルツィ博士は、比較的小さくて温度も低い巨大氷惑星を温めるという設定なら、真実味が若干高まったかもしれないと述べている。

Aliens

第3部　エイリアン

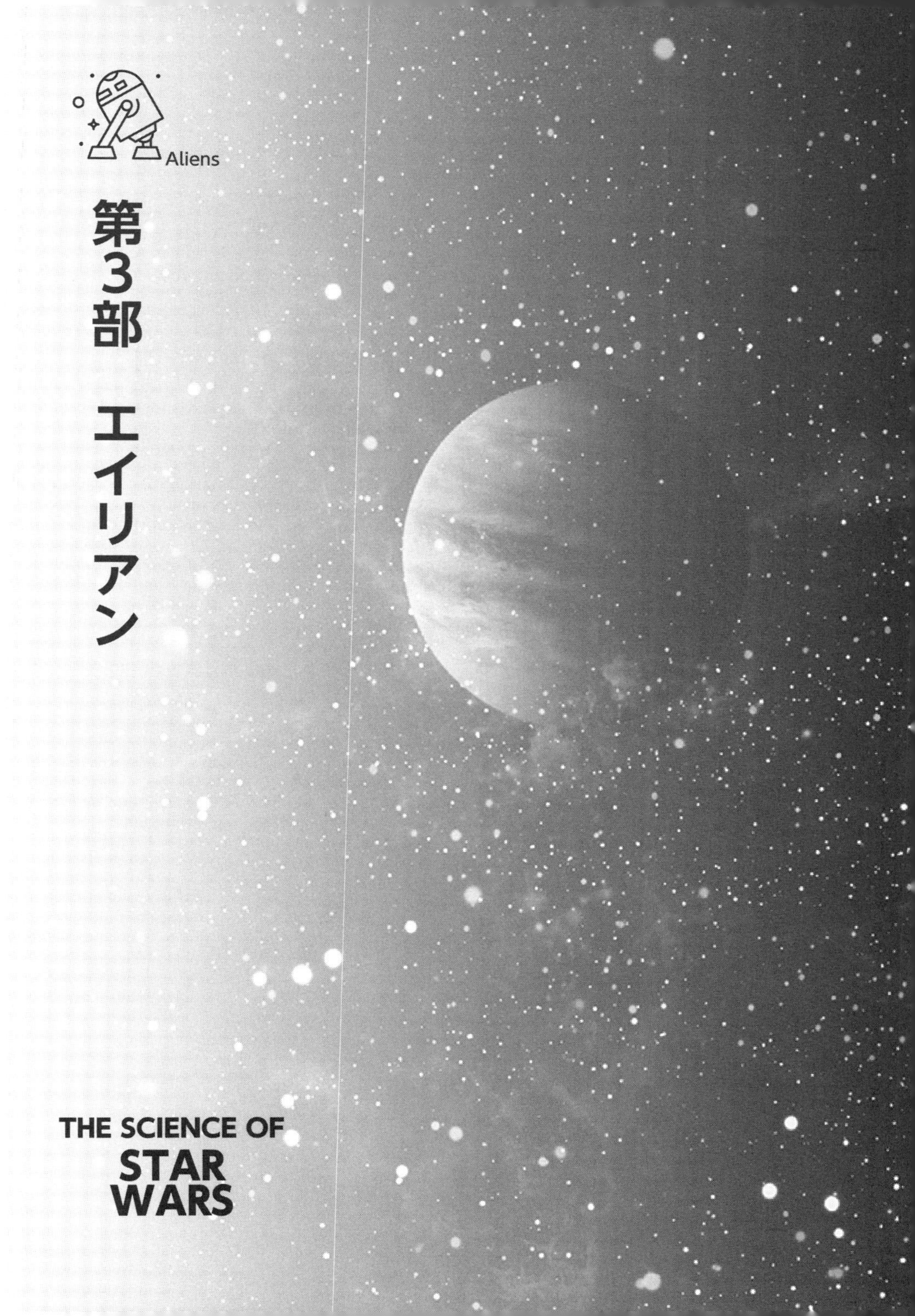

THE SCIENCE OF
STAR
WARS

小惑星でエグゾゴースは進化するか

地球外生命体をめぐる謎のおかげで、映画史に残る素晴らしいキャッチフレーズがいくつも生まれた。「宇宙では、あなたの悲鳴は誰にも聞こえない」[*1]、「宇宙にいるのはわれわれだけではない」[*2]。そしてもちろん、「遠い昔、はるかかなたの銀河系で……」。

長い歴史の中で、SF作家と、ジョージ・ルーカス[*3]やJ・J・エイブラムス[*4]のような映画監督は、異なる惑星のクリーチャーをどう描くべきかについて懸命に考えてきた。

『スター・ウォーズ』の宇宙は、検討する価値のある多種多様なエイリアンを与えてくれた。タスケン・レイダー（通称サンド・ピープル）は、人類のように二足歩行するが、タトゥイーンの砂漠を移動する邪悪なモンスターだ。ハット族は巨大な腹足類型の知覚種族[*5]。犯罪王と見なされることの多いその特徴は、短い腕、巨大な目、大きく広がる洞窟のような口——人間さえ丸呑みしそうだ。グンガン族は両生類型ヒューマノイドの知覚種族であり、ナブーの海洋に暮らしている。

それぞれのエイリアンが、生息する環境に適応しているのだ。

ダーウィンが発明したエイリアン

『スター・ウォーズ』に登場するような現代的なエイリアンを最初に思いついたのは、チャールズ・ダーウィンだった。ダーウィンの進化論は、地球と同じように別の世界でも生

[＊1]『エイリアン』

[＊2]『未知との遭遇』

[＊3] **ジョージ・ルーカス** 『スター・ウォーズ』シリーズ第一作『新たなる希望』の監督・脚本を担当。二・三作目は製作総指揮のみ務めたが、新三部作では監督・脚本・製作総指揮を兼ねた。製作会社ルーカスフィルムを二〇一二年にウォルト・ディズニー社へ売却したのを機に製作から退き、『フォースの覚醒』以降は「クリエイティブ顧問」として関わる。

[＊4] **J・J・エイブラムス** 『フォースの覚醒』の監督・共同脚本を担当。二〇一七年一二月公開予定の『最後のジェダイ』では製作総指

物が発生し進化する可能性を想像する術をフィクションにもたらした。ダーウィンよりも前の時代、地球外生命は純粋なエイリアンではなかった。彼らはほとんど人間の男女と変わらず、ただ別の惑星に住んでいるというだけだ。だが、ダーウィンによってすべてが変わった。ダーウィン以降、地球以外の宇宙に存在する生命の概念はまさしくエイリアンになり、真の地球外環境における身体的・精神的特徴と結び付けられた。ＳＦ作品、とくに『スター・ウォーズ』を通じて、エイリアンの概念は大衆の心に深く埋め込まれた。

エイリアンの類型がほどなく確立された——高度に進化した殺し屋、知性をもつ海の惑星、賢明で慈悲深い指導者としての異星人。

高度に進化した殺し屋の例は、『宇宙戦争』[*6]（二〇〇五年）の火星人、リドリー・スコット監督の『エイリアン』（一九七九年）に登場する捕食性のゼノモーフなどだ。タスケン・レイダーはこのカテゴリーに入るかもしれない。

知性をもつ海の惑星は、スタニスワフ・レムの小説『ソラリスの陽のもとに』（一九六一年）で描かれたのが有名で、一九七二年の『惑星ソラリス』と二〇〇二年の『ソラリス』の二度にわたって映画化された。ソラリスの渦巻く海は、非常に高度だが奇妙でもある知性を備える単一の生物で、人間はこれを懸命に理解しようとする。『スター・ウォーズ』に登場する独自の知覚惑星ゾナマ・セコートは、自主的に宇宙を旅することができる。

では、賢明で慈悲深い指導者としての異星人は？　まず思い出されるのは、『未知との遭遇』（一九七七年）のような映画に登場した、優れた知性を備える文明的なエイリアン。そしてもちろん、ほぼ無限の知恵を有する導師、ヨーダを忘れてはならない。

揮を務める。二〇一九年公開予定のエピソード９（題名未定）では、当初決まっていたコリン・トレヴォロウ監督の降板を受け、エイブラムスが監督・共同脚本に再び起用される。

［＊5］**知覚種族**　『スター・ウォーズ』では、知的にものごとを考える能力を「知覚」と呼ぶ。その知覚が大きさによって知覚種族、準知覚種族、非知覚種族に分類される。

［＊6］**『宇宙戦争』**　*War of the Worlds.* 原作はＨ・Ｇ・ウェルズの同名小説。邦訳は岩波書店などから刊行。一九五三年にも映画化されている。

炭素か、ケイ素か

しかし、小惑星のくぼみに生息していた巨大な宇宙ナメクジ、エグゾゴースはどうだろう？

『スター・ウォーズ』レジェンズは、エグゾゴースがケイ素（シリコン）質の種族であり、その仲間がホス小惑星帯で生息していたと伝えている。ここでしばらく立ち止まって考えてみよう。ＳＦは往々にして、ケイ素でできた生物というアイデアに魅了される。『エイリアン』シリーズのゼノモーフは見たところケイ素でできている。『スター・トレック』[*1]のソリアンや、『Ｘ－ファイル』[*2]の「地底」というエピソードに登場する生物も同様だ。ケイ素は炭素と化学的な性質が似ている。炭素は、地球の生物の組織を構成する基本的な元素だ。そこから、こんな具合に論が展開する――もし炭素とケイ素がそれほど似ていて、炭素に生命が宿るなら、ケイ素に生命が宿ってもいいではないか、と。こうしたケイ素生物論に魅了される誘惑に抵抗する人々は、しばしば「炭素至上主義者」と呼ばれる。

しかし、おそらく炭素を尊重するだけの正当な理由がある。

炭素は宇宙に遍在している。地球の生命体を構成する基本要素であると同時に、深宇宙でも見つかる。炭素が動植物の基本になっているのは、まさにその性質によるものだ。炭素は生物のほかの主要な元素（水素、酸素、窒素など）と容易に結合する。また、この元素は軽くて小さいので、生物を構成するより長く、より複雑な化学物質（タンパク質やＤＮＡなど）をつくるのに理想的だ。炭素はさらに、既知のもっとも柔らかい物質の一つであるグラファイト（黒鉛）と、既知のもっとも硬い物質の一つであるダイヤモンドをつくる。

［＊1］**『スター・トレック』** *Star Trek.* 一九六六年に放送が開始されたアメリカのＳＦテレビドラマ。「トレッキー」と呼ばれる熱心なファンも多く、小惑星やスペースシャトルの名前には本作にちなんだものもある。

［＊2］**『Ｘ－ファイル』** *X-Files.* 一九九三年から二〇〇二年にかけて放送されたアメリカのＳＦテレビドラマ。ＵＦＯやエイリアン・アブダクション、未確認生物や超常現象などをテーマにしたエピソードで人気を博した。

全体で、炭素は一〇〇〇万種もの異なる化学物質を形成することが知られている。これは地球上にあるすべての化学物質の大多数を占める。

それでもケイ素の応援団は、ケイ素が豊富にある世界を想像してみようと呼びかける。そのような環境で、ケイ素は生物に適合する元素として炭素に取って代わることはないだろうか？　実際、そのような惑星はある。地球だ。ケイ素は地球の表面で炭素よりも豊富に存在するが、それでもなお地上の生物はほぼ例外なく炭素でできている。

ケイ素の化学的性質がどうであれ、さらにエグゾゴースについて検討してみよう。ＳＦの歴史を丁寧にひもとくと、このようなクリーチャーが由緒正しい血統であることがわかる。有名な中世ドイツの天文学者、ヨハネス・ケプラーは小説も書き、そこで過酷な環境の世界に生息するクリーチャーを想像した。ケプラーは太陽系を支配する惑星の法則を最初に突き止めた人物だ。惑星を探査するＮＡＳＡのケプラー宇宙望遠鏡は彼の名にちなんでいる。

ケプラーは、空想科学小説のはしりとも呼ばれる一六三四年の著作『ケプラーの夢』[*3]で、月への旅を描いた。彼は異星の生物を想像する作家の先駆的存在だった。ケプラーの月を徘徊する地球外生命は人間ではない。異世界の環境で生き抜くことに適応したクリーチャーだ。ダーウィンの二世紀前、ケプラーは直感的に生命体と環境の間のつながりを示唆していた。

では、ケプラーは月のクリーチャーをどんなふうに想像しただろうか？　大蛇だ。ホスに近い小惑星で生息するエグゾゴースのように、ケプラーの大蛇は、暑い昼と寒い夜、両極端の厳しい環境に直面している。大蛇は日の出や日没のわずかなひとときに陽光を浴び、それから這《は》い進んで漆黒の闇に消える。ただし、ケプラーは月面に何らかの大気があると推測して

［＊3］**『ケプラーの夢』**　原題は *Somnium.* 邦訳は講談社より刊行された。

いた。一方で『スター・ウォーズ』の有名な小惑星には、大気はまず存在しそうにない。

エグゾゴースの生息環境

エグゾゴースは小惑星の環境に適応して進化しているはずだ。どんな方法で生き抜くのだろう?

『スター・ウォーズ』レジェンズによると、エグゾゴースは完全に成熟すると体長一〇メートルに達し、それから二つに分裂して、より小さい別々の個体になることで繁殖する。エグゾゴースが分裂できない場合、その成長はさえぎられることなく続き、最大で九〇〇メートルもの体長に達する可能性がある。この大きさのエグゾゴースは、宇宙船を丸呑みしたことがあり、体内に生態系を抱える場合もあると伝えられている。

見たところ、エグゾゴースは小惑星帯の中に潜んでいることが多いようだ。彼らは小惑星の中に全身をもぐらせて、完全に隠れる。暗闇の奥から、恒星のエネルギー放射、小惑星内の鉱物を豊富に含む土壌、浮遊する宇宙ゴミなどを食べる。多くの時間を寝て過ごすご都合主義の捕食者は、通り過ぎる宇宙船に襲いかかることもある。そうするとエネルギーを使い果たし、消耗してしまうのではないかという気もするが。

地球にも、地下の環境に生息し、岩と水の食事で生き延びる生物がいる。一部の小惑星は、永久凍土の表層に覆われ、過去に内部が溶けた時期もあったと考えられている。ただし、生物が発生するのに十分なほど小惑星の内部が長い間融けたままだったかは疑わしい。

小惑星帯に突入したハン・ソロは命知らずとみなされたが、おそらくそこには一面の真実があるのだろう。潜んでいたエグゾゴースに丸呑《の》みされた犠牲者が過去にいたことが、民間伝承として広まっていた可能性はある。さらには、過去に小惑星帯を通過しようとしたほかの宇宙船が大破して宇宙ゴミになり、エグゾゴースの餌食になった可能性さえある――ちょうど、天空のクジラが宇宙プランクトンを食べるようなものだ。

しかし、宇宙プランクトンが常食なら、エグゾゴースが驚ろくほどがっしりした歯を獲得することはないだろう。

その強力な歯は確かに、マイノックのようなほかのケイ素質生物をむしゃむしゃ食べるエグゾゴースの「日常的な」餌のたまものだろう。そうした餌とは、宇宙船の電力ケーブルをかんだコウモリ似のケイ素質の寄生種であり、エグゾゴースのように宇宙の真空状態で生存できた。

最強のクマムシ

地球にも、宇宙の真空を生き抜くことができる生物がいる。緩歩《かんぽ》動物、またの名をクマムシ。

緩歩動物は本質的に破壊できない。ただし、見た目はぱっとしない。ソファーのような胴体に、四対の太くて短い、不完全な関節の脚が付いている。確かにサイズの点ではエグゾゴースに遠く及ばず、マイノックにすらかなわない。緩歩動物の体長は〇・三〜〇・五ミリメートルだが、最大の種で一・二ミリメートルに達することもある。科学者らが緩歩動物を見つけてきた場所は、エベレスト山の頂上、温泉の中、固い氷層の下、海底の堆積物。

●クマムシ

Schokraie E, Warnken U, Hotz-Wagenblatt A, Grohme MA, Hengher S, et al. (2012)

ほぼすべての動物が死んでしまうもっとも過酷な環境でも、クマムシは生き抜くことが可能だ。生存できる温度は、一五一℃からマイナス二七二℃まで。水なしで一〇年間もちこたえることができる。放射能には、ほかの動物に比べて一〇〇〇倍も耐性がある。さらに、宇宙の真空を生き抜くことでも知られている。二〇〇七年の「フォトンＭ３」ミッションで、緩歩動物は地球低軌道に運ばれ、そこで外宇宙の過酷な真空に一〇日間さらされた。何か問題が起きただろうか？　いや、これっぽっちも。地球に戻されて、水分を与えられたあと、大半のクマムシは三〇分以内に回復した。

したがって、エグゾゴースを非現実的と決めつけないことは賢明かもしれない。

作家と映画監督、それに科学者も、宇宙で生物がどのように発生し生存するかについての限界を広げている。惑星ゾナマ・セコートが自由に宇宙を旅することができる世界なら、岩や金属を食べて生き抜く有歯の腹足類がいても不思議ではない。

レイが砂漠の惑星ジャクーで生き抜くには

ジャクー。

捨てられた宇宙船の金属ハッチが開くと、廃品集めの青く照らされたミイラのような顔が現れる。目の部分が飛び出たゴーグル、顔を覆うカフィエ、そして手袋をまとった姿。カメラが引くと、全身が見えるようになる。相当な重装備だ。遠征用バックパックには各種の武器と道具がくくりつけられている。このクリーチャーはあらゆる仕事に備えて道具を携行しているようだ。逆さまの傾いた通路が映る。廃品集めは貴重な部品を見つけ、それを肩かけカバンの中に放り込む。肩かけカバンを背後に回すと、廃品集めはロープを伝い、機械がまばらに並ぶ壁に挟まれた場所を降りる。

横倒しになった難破船の巨大な空間で、たった一人の小さな廃品集めは六〇メートルのロープで下降し、さびた金属の上に乱暴に飛び降り、鉄まじりのほこりの中を遠くから差し込む陽光に向かって進む。

機械の影から現れた廃品集めはゴーグルを外す。すると、若く美しい人間の女性の、血色のいい意志の強そうな顔があらわになる。彼女は水筒を唇にもっていき、水の最後の数滴を口の中に落とす。

レイ。

ワイドショットに切り替わり、破壊されたスター・デストロイヤーの巨大なエンジンと対照的にレイの姿がごく小さく映し出される。レイは砂丘を降りて下方の塩類平原に向かう。彼女が文明から遠く離れた居留地へ急ぐとき、彼女のスピーダーは難破した宇宙船の墓地に対してちっぽけに見える。[*1]

［＊1］このシーンは『フォースの覚醒』で見ることができる。

ジャクー

ジャクーは『スター・ウォーズ』銀河系のウエスタン・リーチに位置する孤立した砂漠の世界。レイが生き抜いてきた過酷な惑星だ。砂漠は極端な気候の環境で、熱射病は現実の脅威となり、年間雨量は二五センチメートル未満のことが多い。ジャクーのような砂漠の惑星は厳しい環境であり、特別に丈夫な人間にしか生存できない。そして、レイにその資質があることは明白だ。

では、このジャクーという惑星——乾燥した砂だらけの地形、焼けるような空、ひどく高い気温という、典型的な砂漠の世界——は、今日私たちが知っているどんな場所と比較になるだろう？

地球上では、このような風景は北アフリカのサハラに存在する。サハラを含む砂漠地帯は、中東を通って南・中央アジアまで伸びている。ただし、地球上でもっとも乾燥した場所は、南アメリカのアタカマ砂漠[*2]だ。アタカマには雨が降ったことが一度もない地域もある。高い山々がアマゾンのジャングルから砂漠を隔てる障害となり、雨雲を阻む。雨はすべて山に降り注ぎ、アタカマには雨が及ばない。

［＊2］**アタカマ砂漠**　137ページ参照。

地球には砂丘もある。私たちが住むこの惑星には、沿岸の砂丘と陸地に囲まれた砂漠の砂丘がきれいなパターンを成して分布している。火星にも砂丘がある。どちらの惑星にも、レイが塩類平原に向けて降りていった巨大な砂丘と同じ地形がある。

砂は岩の浸食からできる。長い年月にわたり風の力を受けて、砂丘は高さ三〇〇メートルもの山になることもある。砂でできた摩天楼。砂丘は、生命のない二酸化ケイ素の荒れ果てた山とはまるで異なる。それはダイナミックな自然の建造物だ。砂漠が移動し、成長して、旅をする。砂丘はそこに暮らす生物相と一緒に移動する。

ジャクーには歌う砂丘さえあったかもしれない。

地球には歌う砂丘が実在する。モロッコとチリとネバダで、盛り上がった砂丘が低いうなり音で歌い、数分にわたって共鳴する。メロディーは滑り落ちる砂から生じ、乾燥した砂がなだれのように滑るとき不気味な音が反響する。レイは、砂丘の斜面を滑り降りることによって砂を歌わせたことさえあったかもしれない。砂が振動し始めたとき、彼女は砂丘が歌うのを聴いたはずだ。

レイがジャクーで乗るサンドボードは、地球や火星の砂丘で行ったとしても同じようなものだろう。サンドボードはスノーボードに似ている。板に乗るのは同じだが、何の上に乗るかが異なる。砂は雪より軽いので、ボーダーは雪上よりも軽快なライドを楽しめる。スノーボード用の板でサンドボードをすることもできるし、サンドボード専用の板も販売されている。サンドボード板の底はスノーボード板よりもはるかに硬い。レイは板金で代用した。それは砂丘を降りる賢い方法だ。

砂丘が人間を丸呑みすることもある。だからレイにとっては、サンドボードに乗るのは単なるスポーツではなかっただろう。

緩い砂は命取りになりうる。老朽化した砂丘は不安定で、不意に崩れることがある。たいていの場合、果てしない砂丘を何キロメートルも安全に渡ることができる。だがジャクーでは常に、十分に装備を整え、旅の計画を誰かに伝えておくことが望ましい。ゴアゾン荒地でシンキング・フィールドを通り抜けるつもりならなおさらだ。シンキング・フィールドは、レイが住むAT－AT[*]の残骸の北に位置し、ポー・ダメロンがファースト・オーダーの旗艦ファイナライザーから逃れたあとで不時着した場所でもある。墜落の直後、シンキング・フィールドがポーのTIEファイターを丸呑みして、フィンは肝を冷やした。

[*] **AT-AT** 『フォースの覚醒』のほか、『帝国の逆襲』『ジェダイの帰還』でも登場する銀河帝国軍の兵器。

砂漠を生き抜く

レイが砂漠で生き抜く可能性は限られていた。

彼女にとって大きな試練は過酷な熱であり、手に入る天然資源もわずかしかない。シェルターになる場所も水も不足していた。植物はほとんど見当たらず、多くの生物は日中の熱から身を隠した。植物が茂った地域（地球ではオアシスと呼ばれる）、草が生えた平地、それに高地は、生存の見込みが高くなる場所だ。オアシスは雨水を長期間保つ。高地は一般に気温が比較的低く、良好な視点と視界も得られる。しかし、最大の危険をもたらすのは脱水症と熱射病だ。レイは常に水を携行した。

また、リッパー＝ラプターやアルコーナン・ナイト・テラーのような捕食動物に遭遇する危険もあった。

くわしく説明されていないリッパー＝ラプターは、皮の翼で空を飛ぶ爬《は》虫類で、その優れた視力はジャクーの広大な平野にうってつけだ。リッパー＝ラプターは肉食で、ケルヴィン峡谷にある砂漠の奥から上昇気流に乗り、トゥアナルの居住区の住民を捕食しようとした。ナイトウォッチャー・ワームとも呼ばれるアルコーナン・ナイト・テラーは、砂漠に生息し、大きな赤い目をもつ種だ。体長は最大で二〇メートルに達するが、それ以上大きくなるという噂《うわさ》もあった。ジャクーの廃品集めの言い伝えによると、ナイトウォッチャー・ワームは砂の下でじっと身を潜め、地表のごくわずかな振動で獲物を察知し、飛び出して襲いかかったという。だからこそ、レイはしっかり武装して攻撃に備える必要があったのだ。

あるものでやりくりする

レイはスチールペッカーを欲しがったはずだ。

『フォースの覚醒』の序盤のシーンで、レイのスピーダーが砂漠を疾走しているときに登場するスチールペッカーは、非知覚種族の鳥類であり、鉄でできた鋭いくちばしとかぎづめを備える。主食は金属で、砂嚢《さのう》に蓄えたバナジウム、オスミリジウム、コランダムを利用して金属を消化した。このような特徴から、死体や遺物を回収したレイのような廃品集めにとって、スチールペッカーは非常に有益な商品だった。

だがレイには、あるものでやりくりするという、より洗練されたやり方があったのだ。

宇宙の辺境におけるジャクーの位置は、この惑星が西の未知領域に向かう軍艦のために出発点として利用できることを意味した。銀河内戦のような最盛期には、往来が増加し、廃品集めの運がよければ、破壊されて墜落する宇宙船も増えた。たとえ残骸が見つかった場所がトゥアナル、クレータータウン、リーストキィといった入植地から離れていたとしても、ラガビーストを使って物資を運び、砂漠をわたって交易所のニーマ・アウトポストにもち込むことができた。ニーマはジャクーで唯一の大規模な入植地でもある。

故障して捨てられたエンジンの部品からは、新しいものを容易に生み出すことができる。その証拠に、アナキンはジャンク品だけを使ってポッドレーサーを一台丸ごと組み立てることができた。そんなわけで、レイはその日の回収品をきれいに磨き、物々交換のためにボスのアンカー・プラット（手下が陰で呼ぶあだ名はブロブフィッシュ*）に渡した。回収品は査定されたあと、乾燥した緑の肉の密封パックや粉末のパンと交換された。

砂漠の惑星の研究

まとめに、二つの疑問を検討してみよう。第一に、惑星全体が砂でできているということは現実にありえるだろうか？　第二に、そうした惑星における生存という問題は、多少なりとも学術的な要素を含むとはいえないか？

二〇一一年の研究で示されたのは、生物を維持する砂漠の惑星がありうるというだけでなく、地球型の惑星よりありふれた存在かもしれないということだ。この研究で科学者がつくったモデルは、砂漠の惑星のゴルディロックスゾーンが、水の惑星のそれよりもはるかに広範囲に及ぶことを示した。この研究はまた、金星が一〇億年ほど前まで生命居住可能な砂漠の惑星だったかもしれないことと、太陽が光度を増すせいで一〇億年以内に地球が砂漠の

［*］**ブロブフィッシュ**　*blob-fish* は「ブヨブヨ魚」といった語感で、カサゴ目に属する底生魚ニュウドウカジカの英名でもある。イギリスの「醜い動物保存協会」が二〇一三年に実施した投票では、世界で最も醜い動物に選ばれた。キモカワな外見が人気のニュウドウカジカは、実際アンカー・プラットにもよく似ている。

NOAA Alaska Fisheries Science Center

惑星になる可能性があることを示唆した。
おそらく、私たちはレイのサバイバル術にもっと関心を払うべきなのだ。

『フォースの覚醒』はエイリアン人口調査に合格するか

ミレニアム・ファルコンは光速航行を解除し、豊かな水と生い茂る緑の惑星タコダナに降り立つ。インナー・リムとアウター・リムを結ぶ交易ルート上に位置するタコダナは、人気の高い出発地であり、銀河の外縁部をめざす者が最後に文明を味わうのに最適な場所だった。城の奇妙な広い壁で囲まれたサロンは、当然ながらちょっとしたホラーショップのようで、粗野なエイリアンの旅行者たちが大勢、ばくちを打ち、酒を飲み、交渉や悪だくみを進めている。アメリカの映画評論家ロジャー・エバートは、『新たなる希望』に登場した、タトゥイーンにあるチャルマンの酒場にたむろした多様なエイリアンたちに言及し、「バーに並んだ地球外生命のアルコール中毒者と丸い目をしたマティーニ飲みの素晴らしいコレクション」が「普遍的な人間らしい特徴」を表しているので、「私は感嘆と歓喜の入り交じった感情を覚えた」と書いた。

『フォースの覚醒』のシーンに戻ると、サロンの中を移動するショットの行き着く先に、一〇〇〇歳の小柄な女性エイリアンがいる。度を調節できる大きなゴーグルをつけたその姿は、『スリーピー・ホロウ』[*1]のイカボッド・クレーン刑事と『アンツ』[*2]の働きアリZ《ズィー》の交雑種のようにも見える。丸い目の海賊女王マズ・カナタは、この奇妙なサロンのオーナーだ。

タコダナのマズ・カナタの城にあるサロンは、生物で『スター・ウォーズ』の銀河系がどれほど多様なエイリアンの種族で満ちているかを思い出させる。レジェンズによれば最大二

［＊1］**『スリーピー・ホロウ』** *Sleepy Hollow.* ワシントン・アーヴィングの小説『スリーピー・ホロウの伝説』を原作とし、一九九九年に公開されたホラー映画。

［＊2］**『アンツ』** *Antz.* 一九九八年に公開されたアメリカのアニメ映画。

〇〇〇万種の知覚種族が存在するというが、一方の正史は銀河系の種族の数に関して沈黙を保っている。

『スター・ウォーズ』は宇宙における生物多様性について楽観的すぎるだろうか？　一方で、現実の銀河系に存在しそうな生物の数を推計する方法はあるのか？　科学者が提示する最良の「エイリアン人口調査」に、『フォースの覚醒』は合格するだろうか？

ドレイクの方程式

科学者が知る「エイリアン人口調査」は、ドレイクの方程式と呼ばれる。

この方程式は、アメリカの天文学者、フランク・ドレイクにちなんで命名された。ドレイクは一九六〇年、太陽系に近い二つの恒星に約二六メートルの電波望遠鏡を向けて、史上初の地球外生命探査を実施している。この方程式は一九六一年に書かれ、ウエストバージニア州グリーンバンクにあるアメリカ国立電波天文台での会合で発表された。この会合にはフランクのほかにも、アメリカの伝説的な天文学者にして多作のＳＦ作家カール・セーガン、ノーベル賞を受賞した化学者メルヴィン・カルヴィン、著名な電波天文学者オットー・シュトルーベ、先見の明のある神経科学者ジョン・Ｃ・リリー、マンハッタン計画の物理学者フィリップ・モリソンを含む第一線の科学者たちが参加。計一〇名の出席者は、イルカの意思疎通に関するリリーの研究のあと、自分たちを「イルカの騎士団」と呼ぶことにした。

数学が得意な人のために、方程式を示しておこう。

$$N = R_* \cdot f_p \cdot n_e \cdot f_l \cdot f_i \cdot f_c \cdot L$$

各変数は次の意味を表している。

N……私たちの銀河系における意思疎通可能な文明の数
R_*……私たちの銀河系において恒星ができる平均率
f_p……それらの恒星に惑星がある割合
n_e……生物を維持する可能性がある惑星の平均数
f_l……実際に生物を発生させる惑星の割合
f_i……進化して知性を獲得する（文明を築く）生物がいる惑星の割合
f_c……探知可能な意思疎通の合図を開発する文明の割合
L……そうした文明が銀河系内に意思疎通可能な信号を送る時間の長さ

考え方はこうだ。銀河系内の恒星間で通信しているかもしれないエイリアン文明の数（n）を算出するには、各要素の推定値を得て、これらを掛け合わせればいい。簡単だ！

エイリアンを数える

この方程式は事実とフィクションの境界に切り込む。

おおざっぱにいって、ドレイク方程式における右辺の要素のうち最初から五つまで（R_*、f_p、n_e、f_l、f_i）は、おもに量と科学の問題だ。残る二つの要素（f_cとL）は、人間の政治と人類学の質に関係が深い。

ドレイク方程式における最後の二要素へのかかわりは、科学よりも『スター・ウォーズ』のフィクションのほうが多い。銀河の文明の興隆と没落はＳＦシリーズの定番ネタだが、天体物理学や進化生物学の関心事ではない。

最初の五要素については、専門家らは以前にも増して当てはめるべき数字の精度を高めている。一九七七年まで、科学はほかの恒星を公転する惑星を確認していなかった。私たちの太陽系の外縁部にある巨大ガス惑星についてさえ、よくわかっていなかったのだ。『スター・ウォーズ』の最初のプリクエル（前日譚）『ファントム・メナス』が劇場公開された一九九九年になってもまだ、ほかの恒星を公転する巨大ガス惑星はごくわずかしか見つかっていなかった。だが専門家らは今日、ＮＡＳＡのケプラー宇宙探査機のおかげで、この銀河系にある赤色矮星だけに絞っても、その周りを公転する地球型惑星は四億〜五億個存在する可能性があるとみている。

しかしまだ、ドレイク方程式における科学的な五要素には問題がある。

二人の科学者が、ともに同じデータセットを使い、ともに論理的な不具合に気づかないまま、大きく異なる結論に達する可能性がある。二つの結論の差は、たとえばこんな感じだ。第一の科学者は、そのデータセットが『スター・ウォーズ』の正しさを示したと考えるだろう。私たちの銀河系はまさしく、通信を行う文明に満ちている。たまたま今まで出会えていないのだ。あるいは、銀河系の反対側にいるのかもしれない。それに対して、第二の科学者はこう結論づける――宇宙にいるのは私たちだけだ!

空間と時間におけるエイリアン

このように、ドレイク方程式の変数の一部は計算できるようになったが、ほかの要素はまだまだフィクションの当て推量に近い。

だが、科学者らが実際に意見の一致をみるとき、『スター・ウォーズ』の銀河系におけるエイリアン人口調査の問題にとって非常に興味深い、素晴らしいものが現れる。つまり、こういうことだ。すべての「最良の推測」データをドレイク方程式に代入すると、銀河系において通信を行う文明の数(N)は、諸文明の平均寿命にほぼ等しいという結果になる。

たとえば、典型的なエイリアンの社会がわずか一〇〇年間しか持続しないとすると、銀河系にはおよそ一〇〇の文明が存在するということだ。その場合、バロサー*やマイノック、丸い目のモンスターたちに出会う確率はかなり低い。他方、もし地球外生命の文明が優に一万年間続くなら、統計値は約一万の文明が存在することを示唆し、エイリアンと接触する可能性ははるかに高くなる。

このあたりで、推論の焦点を空間から時間へと移すべきだろう。

『スター・ウォーズ』の銀河系の果てしなく広大な宇宙に最大で二〇〇〇万種が存在するということは、単純に『スター・ウォーズ』におけるエイリアン文明の平均寿命が二〇〇〇万年であることを意味する。一三〇億年の時を刻む宇宙において、二〇〇〇万年という時間

[*] **バロサー** コア・ワールドに属する惑星バロサー出身の知覚種族。頭には、伸び縮みするアンテナパルプが生えている。

は長すぎるようには思えない。

『スター・ウォーズ』の銀河系における生物の描写で過度の楽観主義があるとすれば、二つ指摘できる。第一に、ドレイク方程式の科学的要素（R_*、f_p、n_e、f_l、f_i）を『スター・ウォーズ』に当てはめると、許容値の上限になっているのは明らかだ。言い換えるなら、『スター・ウォーズ』の銀河系には、ほかの星系と意思疎通できる知覚種族がいる惑星を伴う恒星が多すぎる。第二に、『スター・ウォーズ』は地球外生命の知性に信頼を置いている。惑星を窮地に追いやる貪欲な政治や、自らを破滅させる好戦的な政治を、そうした「知性」が克服できるという信念があるのだ。

ドレイク方程式の別テイク

ドレイク方程式に問題があるという結論は、これが最初というわけではない。

フランク・ドレイクはもともと、その七つの変数が地球外知的生命体探査の範囲を把握しやすくする手段だと説明していた。しかし、ロチェスター大学とワシントン大学による二〇一六年の新たな研究は、ドレイクの概算を補正しようと試みた。この研究はまた、宇宙に人間しかいない可能性を正確に算出することを試みた。

研究の結果、地球外知的生命体の見込みが一〇〇垓《がい》分の一未満、数字で表すと一〇、〇〇〇、〇〇〇、〇〇〇、〇〇〇、〇〇〇、〇〇〇、〇〇〇分の一未満である場合に限り、宇宙にいるのは人間だけになることがわかった。手短にいうと、宇宙のどこか別のところに知的生命体が存在する、あるいは存在したことがある可能性はきわめて高いということだ。

まあ確かに、この新たな研究は『スター・ウォーズ』のエイリアン人口調査の役に立たないし、エイリアンの存在に関して「真実はそこにある」かどうかという永年の問題にも答えない。しかし、この研究はそれ自体の結論に達している——エイリアンは存在してきた、と。

そして、そうしたエイリアンが存在したのはおそらく、遠い昔、はるかかなたの銀河系で……。

『スター・ウォーズ』の多くの惑星に呼吸できる大気がある理由

宇宙で迷う。人間の入植者の一団は故郷の惑星グリズマルトを去り、別の星系をめざして出発した。彼らの旅は、アウター・リム・テリトリーの境界に近いミッド・リムで頓挫《とんざ》した。だが幸運なことに、彼らが不時着したのは緑豊かな惑星の小さな田園世界で、その地表は驚くほど多様な地形で構成されていた。なだらかに起伏する平野、うねって連なる草深い丘、惑星の一部を常に薄暗がりで覆う雲の下の沼沢地。

ナブーだ。

グリズマルトからきた人間の入植者らは、ナブーのギャロ山脈へ進み、ディージャ・ピークに定住して農業のコミュニティーを築いた。

『スター・ウォーズ』の銀河系でほかの惑星に入植するのは朝飯前だったように思われる。バイオドーム*は必要ない。長い年月をかけて環境に順応することもない。呼吸用の装置さえ必要ない。たまたま不時着したら、申し分ない景観の惑星に大当たり。気づけば農場を切り盛りしている。現地の珍味を食べることさえできる。

『スター・ウォーズ』の銀河系で生存することは本当にそれほどシンプルで簡単なのだろうか？　なぜこれほど多くの惑星に、きれいな空気と呼吸に適した大気があるのだろう？いったいどうなっている？

[*] **バイオドーム**　アウター・リムに位置する惑星マンダロアに築かれたドーム型の都市。惑星が長年の戦争で荒廃したため居住に適さなくなり、住民は巨大なドームの中で生活するようになった。

呼吸に適した大気ができるプロセス

現在の地球の呼吸に適した大気には、さまざまな要素が影響を及ぼしている。重力、日光、海、地形、生物相（地球の動物と植物）。これらの要素のいくつかは局所的で、残りは地球規模だ。これほど多くの複雑な影響があるのだから、地域によっては天候の予想が難しい理由も容易に理解できる。大気――異星の「空気」と言い換えてもいい――の構成がなぜ、人間の呼吸に適した地球の空気とかけ離れたものになる可能性があるのかも、やはり容易に想像がつく。

私たちの地球と、『スター・ウォーズ』の銀河系における異世界の両方にとって、空気の話ははるか遠い昔に始まる。

四六億年前に誕生した地球はおもに微粒子でできていて、原初の太陽の周りに広がるガスの星雲から徐々に形成されたと考えられている。時が流れ、ガスは凝縮して液体と固体になった。冷えた液体は海になり、まとまった固体は陸地になった。だが地球の中心核は高温を保ち続け、この熱が地球を温めている。

これらすべての上に、空気の層がある。生命に満ちた球体の表面をくるむソックスのように。

科学者らは、原始の地球にあった最初の大気が宇宙に散逸したと考えている。今日の呼吸に適した空気に比べ、この最初の大気は有毒で、アンモニア、ネオン、水蒸気、メタンを大量に含んでいた。この空気には呼吸に適した酸素が欠けていた。それにもかかわらず、単細胞生物が誕生し、次に酸素を空気中に排出したことで、地球の大気に革命的な変化がもたらされる。この大気が何万年もの時間をかけて進化し、私たちが今日呼吸する空気になった。

惑星がどこで誕生しようとも、同じプロセスが展開する。大気は進化する。

そのことを知っていれば、ナブーのような田園の惑星にある空気は、ジャクーのような砂漠の世界やホスのような氷で覆われた惑星にある大気と少しは異なるはずだと考えるかもしれない――地形が異なり、生物相が異なり、さらに重力もおそらく異なるのだから。また、母星からの相対的な距離によって、それぞれの惑星に到達する日光の量が異なるという点も重要だ。海も重要な役割を担う。地球の表面の七一％を海が占めるのに対し、エンドアの海はわずか八％。一方で、カミーノ――銀河共和国のクローン軍団がつくられた場所――は、全体が水に覆われた惑星だった。

惑星の統計

それでも、『スター・ウォーズ』はその銀河系にあるすべての惑星に人間の呼吸に適した大気があるとしているわけではない。

観客はただ、有毒な大気を伴う膨大な数の（実際には圧倒的多数の）惑星を見ていないだけなのだ。惑星がテラフォームされていなければ、そもそもそこには人類の文明が発展しないので、ハンとレイアのような人間はそうした過酷な世界を訪問しない。もしナブーが呼吸に適していなかったなら、人間の入植者が体験を語り継ぐこともなかっただろう。彼はあっさりと有毒な大気の中で絶命し、この惑星をグンガンに委ねたはずだ。とはいえ、巨大ガス惑星のエンドアやヤヴィンのように、呼吸に適さない惑星の奇妙な世界も宇宙から観測されている。

だが、『スター・ウォーズ』の銀河系に調べるべき惑星はいくつあるのだろう？

ここでもまた、目安として天の川銀河が使える。この銀河系には最大で四〇〇〇億個の恒星があり、これらの恒星の周りを少なくとも一〇〇〇億の惑星が公転し、その多くが地球型だと専門家らは考えている。天の川より巨大な銀河もある。太陽系のごく近くにあるアンドロメダ銀河には、約一兆個の恒星と相応な数の惑星がある。正史の引用によると、『スター・ウォーズ』の銀河系の大きさは、単に直径「一〇万光年以上」とされている。天の川銀河の直径は最大で一八万光年にもなる可能性があるが、アンドロメダ銀河はそれより二〇％大きいかもしれない。とはいえ、『スター・ウォーズ』の銀河系が恒星と惑星に関して、私たちの天の川銀河と意図的に同等にされた可能性は高そうだ。

それなら、おそらく一〇〇〇億もの惑星がある銀河系に、呼吸に適した有名な惑星が数十個あることは、それほど誇張しているようには思えない。

銀河系のハビタブルゾーン

『スター・ウォーズ』の正史によると、人間の種族はコルサンティから始まったという。

故郷である惑星コルサントは銀河系の中心にあり、銀河系の恒星がもっとも密集している領域を探検するのにうってつけの場所だった。現実の天の川銀河では、銀河系の中心部には私たちの太陽の近辺よりも五〇〇倍もの恒星が密集している。太陽はこの銀河系の中心部から約二万六〇〇〇光年離れている。コルサンティが銀河の変数内で自由に惑星を選べるかどうかは、議論の余地が若干ある。

一部の科学者は銀河系のハビタブルゾーン（ＧＨＺ）という考え方を提唱した。

このGHZは、銀河系で生物が繁栄する可能性がもっとも高い領域だ。ＧＨＺの概念に含まれる具体的な要素は、まず、生命の脅威となりうる主要な宇宙の事象（超新星*など）が起きる割合。それに、金属量――水素とヘリウムを除く化学元素の割合――と呼ばれる考えだ。専門家らはこうした要素のおかげで、地球型の惑星を形成したり、生命にふさわしい環境に発展させたりするのにもっとも適した銀河系の領域を割り出せるようになる。

だが最近では、ＧＨＺが特定の空間と時間に制限される居住領域ではなく、銀河系全体に及ぶのではないかと考える科学者もいる。

［*］**超新星**　太陽の質量よりも八倍以上重い星が寿命を迎える際に起こす爆発現象。この爆発でさまざまな元素をまき散らして次の恒星や惑星の材料となるが、中心部には中性子だけからできた中性子星や、星の重さによってはブラックホールが形成されると考えられている。

入植するコルサンティ

故郷の惑星から、コルサンティは宇宙船に乗ってやってきた。

コルサンティはコア・ワールドの領域にあり、当時の人間はほかの恒星がたくさんある『スター・ウォーズ』の銀河系に入植する星系を見つけることができて幸運だった。それらの恒星の周りを公転する惑星も多数あった。そうした惑星のうち、生命居住可能だったのは何個くらいだろう？

二〇一三年一一月四日、科学者はケプラー宇宙ミッションのデータに基づき、天の川銀河において恒星の生命居住可能領域で公転している地球サイズの惑星が四〇〇億個も存在する可能性があると発表した。いくつかの推計値は、太陽系から一〇〇光年以内に太陽に似た恒星が約五〇〇個あり、銀河系の中心にある特定の領域には恒星が五〇〇倍密集していることを示唆した。『スター・ウォーズ』銀河系のコア領域には、植民地化の候補になる惑星が大量に存在するだろう。

コルサンティが高度な宇宙船を一〇〇〇年以上にわたって維持していたと想定すれば、船に搭載したリモート検知装置を使って、遠く離れた候補の惑星のサンプルを入手できたことだろう。もちろん、多くの惑星にはすでにほかの多様な生物が生息しているはずだ。さらに多くの惑星――人間にとって有毒な環境であるか、発展途上の銀河系の惑星ネットワークを発展させる戦略上の将来性がある場所――はテラフォームされたかもしれない。

テラフォームは「地球化する」を意味する。『スター・ウォーズ』のケースでは「コルサント化する」といった言葉になるかもしれない。どちらの場合も、衛星、惑星、あるいはほかの天体の気温、大気、地形学、生態学を計算して制御するプロセスであり、地球――あるいはコルサント――に似た環境に進化させ、人間や地球型の生物が居住できるようにする取り組みだ。

モス・アイズリー酒場

『スター・ウォーズ』が示唆しているのは、固有の生物を失うことなく惑星をテラフォームできるかもしれないということだ。

『スター・ウォーズ』の銀河系に進歩した技術が存在するのは一目瞭然なので、惑星に固有の種族を維持したまま人類が居住できる環境にテラフォームすることが可能になった、との推測が成り立つ。当然ながら、地球の科学者はこれに懐疑的だ。彼らは確かに、ある程度高度な方法により居住に適さない惑星をテラフォームすると、居住できるようになるかもしれないということには同意する。けれども、サンド・ピープル（タスケン・レイダー）を窒息させずにタトゥイーンをテラフォームできると考えるかどうかという点で、地球の科学者は一線を画する。

そろそろ、「アーサー・C・クラークの三法則」を呼び出すよい頃合いのようだ。かのイギリスのSF作家は、予測の内容を検討する際に役立つ三つの法則を提唱した。

クラークの第一法則：

著名で年配の科学者があることについて可能だというとき、彼はほぼ確実に正しい。彼があることについて不可能だというとき、彼はほぼ確実に間違っている。

クラークの第二法則：

可能性の限界を見つける唯一の方法は、不可能とされる領域へ少し踏み込んでみることだ。

クラークの第三法則：

十分に進歩した技術は、魔術と見分けがつかない。

そんなわけで、件のモス・アイズリー酒場を思い出し、クラークの茶目っ気を添えるなら、『スター・ウォーズ』の銀河系には、不可能とされる領域へ踏み込んで、魔術と見分けがつかないほど高度に進歩したテラフォーミング技術が使われていると結論づけてもいいだろう。

『スター・ウォーズ』の銀河系でもDNAは複製子になるか

ウーキーの遺伝的素質はどんなものだろう？　ヨーダの静脈にはどんな種類の血が流れていたのか？　ハット族は歴史の中でどのように進化したのだろう？

物理学の法則は宇宙にあまねく通じる真理だ。私たちの太陽系や天の川と同じように、惑星、恒星、銀河が生まれては消えていく。だが、地球の生物学の原理で、『スター・ウォーズ』にも通用するものがあるだろうか？　生物学のどの部分が地球に特有で、どの部分が宇宙の別の場所にも当てはまるのだろう？

『スター・ウォーズ』の銀河系でエイリアンの生命体を思い返すと、人間に似た体型のクリーチャーが多いことに気づく。その一方で、想像を絶するほど現実離れした種族もたびたび登場する。しかし、宇宙に存在するすべての生物に共通する原理のようなものはあるのだろうか？　もし別の惑星の生物が炭素ではなくケイ素でできていて、水よりもアンモニア溶液などを好むなら、あらゆる生物にとって根本的な共通の要素は存在するのだろうか？

進化

進化はそれ自体が生命の源だ。

進化論は、私たちの科学に歴史観をもたらしたように、『スター・ウォーズ』の種族の歴史を理解するうえでも完璧な理論となる。ダーウィンは『種の起源』の中で、「過去から経過してきた時間は広大無辺であることを認めない読者は、即刻本書を閉じてもらってさしつかえない」[*]と書いた。地球上や『スター・ウォーズ』の世界で種が進化するには、ダーウィンの時代に考えられていた約六〇〇〇年よりもはるかに長い年月を要した。ビクトリア朝時代の生物学と地質学は、地球に長い歴史があることを推測したが、証明はできなかった。

しかし、ダーウィンの進化論はまた、『スター・ウォーズ』の物理学と宇宙論を理解するための歴史的な暗号でもある。

生物学における進化から、ほかの進化が派生した。ダーウィンの進化論の精神は、物理学者に受け継がれた。物理学者もまた、地球の年齢と太陽の年齢の問題に取り組んだ。彼らは最初に、物理学のうち熱エネルギーの力学に関係する熱力学を適用した。そして一九世紀後期に、核の時代が幕を開けたのだ。放射年代測定――自然に生じる放射性同位元素を使って遺物の年代を特定する手法――は、地質学、天体物理学、宇宙科学など多様な分野に年代の情報を提供した。私たちも、『スター・ウォーズ』銀河の惑星系が同様の進化を経験してきたことを学んだ。

そして、進化による変化という考え方は、宇宙の本質を理解する鍵になる。

人類の歴史が複雑かつ壮大な進化によって明らかになったように、『スター・ウォーズ』銀河の歴史は長く続いてきたに違いない。私たちは、地球が老いていることを理解し、すべてが変化の長い過程によってつくられてきたことを理解するなら、この地球の物語がさらに昔の物語の一部を成していることに気づき始める。そして、進化の物質主義的な基礎は、万物に対する認識に影響を与えた――文化、言語、人間が居住する社会、科学そのものに対す

［＊］引用は『種の起源』（渡辺政隆訳、光文社）より。

るルールに影響を及ぼした。したがって、これは『スター・ウォーズ』でも同じだろう。『スター・ウォーズ』のさまざまなシーンで、進化論的な変化を果たした体系を見てきたはずだ。初期の恒星のガス星雲とほこりが舞う円盤は銀河系の星系を生んだ——星雲から成長し、若い恒星を周回しながら進化したジャクー、イリーニウム、エンドアのような惑星だ。電子の雲は絶えず銀河系の水素およびヘリウム原子の中心に集まり、恒星の中でさらに重い元素を育み、銀河系に進化する化学的性質をもたらした。

地球上で、進化論は宇宙科学もとらえた。

アインシュタインは一般相対性理論を確立したころ、宇宙が静的だと想定していた。まもなく、エドウィン・ハッブルらの科学者が望遠鏡で観測した赤方偏移*の証拠により、時空の膨張と進化が確実になった。ささやかで静的な地球を中心とする宇宙観がガリレオに破壊されたことで、広大な宇宙があまねく進化しているという考え方がもたらされた。宇宙は非常に広大なので、外部から到達する光が地球の望遠鏡や周囲の銀河へ到達するまで、地球の年齢の二倍以上かかることになる。

[*] **赤方偏移**　光の波長が伸びて観測される現象。波長が短くなる場合は青方偏移という。遠くの銀河の赤方偏移は天の川銀河から遠ざかっていることを意味し、宇宙が膨張していることを示す。

複製

このように、宇宙の進化に対する考え方は、宇宙そのものと同じくらい急速に変化している。

私たちはこれまでに、異なる惑星の生物のどんな面が地球上の生物と共通しているかをいえるほど学んだだろうか？　この問題を検討した科学者らは、もっとも見込みが高い共通の要素は複製だろうと考えてきた。地球のあらゆる生物は、複製された存在（「複製子」とも呼ばれる）の差異が生き残ることによって進化する。私たちの地球では、その仕事をする複製子はデオキシリボ核酸（ＤＮＡ）の分子だ。

ＤＮＡは地球上でもっとも非凡な分子と呼ばれてきた。

ＤＮＡは単純に、さらに多くのＤＮＡをつくるために存在している。ほぼすべてのヒト細胞の中に二メートル近いＤＮＡが詰め込まれている。各ＤＮＡの遺伝暗号は約三二億の文字（塩基対）を含む。考えられる組み合わせは一三四〇億八〇〇〇万通り。それは莫大な可能性だ。もし『スター・ウォーズ』の銀河系にＤＮＡのようなものが存在するなら――このテーマはすぐあとで論じる――、ＤＮＡのような複製子における可能性が意味するのは、ルーク・スカイウォーカーと同じように人間でありながら、タトゥ星系以外の惑星に存在する人の数が、ジャクーの砂粒よりも多いかもしれないということだ。このように生まれてこなかった存在には、ヨーダより偉大な哲学者、ハン・ソロより優れたパイロットが含まれる。なぜなら、ＤＮＡのような複製子からつくられる可能性のある人の数は、実際に生まれた人の数をはるかに上回るからだ。

鏡に向かって立っているレイア姫を想像してみよう。もしレイアの生物学的特徴が私たち人間と似ているなら、彼女は一京もの細胞の反射を見つめているのかもしれない。ほぼすべての細胞には二メートルの折り畳まれたＤＮＡか、何か別の複製子が含まれている。もしそれらすべてをつないで一本の糸にしたら、それだけで地球と月を何往復もできるほど長くなるだろう。人間の細胞内に折り畳まれたＤＮＡをつなげると、総延長は二〇〇〇万キロメー

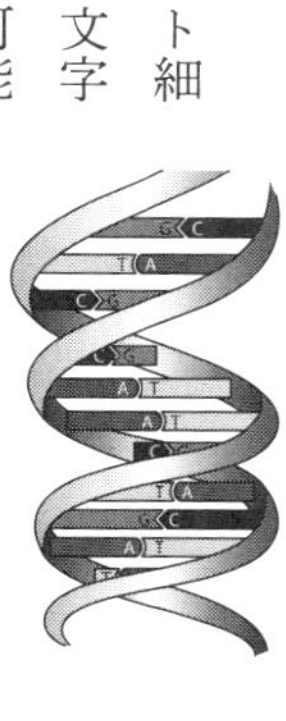

●ＤＮＡの構造

トルほどにもなる。人間はＤＮＡの乗り物だ。私たちの遺伝子であるＤＮＡという寄生者から見て、人間は宿主なのだ。いろんな意味で、生物の実際の機能――地球の生息環境で最大限に実行されている機能――は、ＤＮＡの生存に尽きる。ただし、ＤＮＡは自由に漂っているわけではなく、生体の中に閉じ込められている。そして、生物はＤＮＡなしで生きられなかったが、ＤＮＡも単独では生きられない。実際、ＤＮＡは自然界でもっとも化学的に不活性な分子の部類に入る。だからこそ、殺人現場の科学捜査でＤＮＡを鑑定したり、有史以前のケルト人戦士の骨からＤＮＡを取り出したりできるのだ。これほど不活性なものが地球上の生物のまさしく核心に存在しているのは、なんとも奇妙ではある。

生命の暗号

ＤＮＡの川は悠久の時を流れる。

この川に流れているのは、血と骨というよりも、暗号化された情報だ。実際、ＤＮＡの大部分――約九七％――が冗長とされる。[*] しかし、ＤＮＡの役割を担う遺伝子は、中枢機能を制御し調和させる短い部分だ。それぞれがただ一つの音だけを鳴らすことから、遺伝子はピアノの鍵盤と比較されてきた。そして、遺伝子の組み合わせは、ピアノの鍵盤の組み合わせに似て、和音と多様な旋律を生み出す。遺伝子の貢献はまとまって、ヒトゲノムの組織化をもたらす。

ヒトゲノムは身体の取扱説明書のようなものだと考えられている。遺伝子は単にタンパク質をつくる指示書だ。指示が書かれる文字は塩基と呼ばれ、遺伝子の鍵となる。塩基は四種

［＊］この冗長な部分は、非コードＤＮＡ領域と呼ばれ遺伝情報を伝えない。

のヌクレオチド、アデニン、チミン、グアニン、シトシンで構成される。

『スター・ウォーズ』の銀河系では何が暗号だろうか？　どんな成分が複製子のはたらきをするのだろう？

地球での研究結果はエイリアンの暗号に希望を抱かせるものだ。これまでの実験は、ＤＮＡシステムのほぼすべての機能が微調整できることを示している。言い換えるなら、ＤＮＡ分子が果たす役割は宇宙で共通かもしれないが、地球に実在するＤＮＡ分子は地域限定ということだ。

科学者はまた、ＤＮＡの代替物が単に存在するというだけでなく、塩基の範囲を延長する可能性もあると考えている。それは遺伝暗号に新しい文字を加えることで達成可能だ。実際、これらの新しい塩基には、そのアルファベットを四文字から二四文字まで増やしてＤＮＡに挿入できる！　結果として生じる複製子――「スター・ウォーズＤＮＡ」と呼んでもいい――は、斬新で非常に異なるタンパク質をつくっただろう。

私たちは解答を得た。あまねく存在するＤＮＡというタンパク質の特定要素は、実に偏狭だ。この化学的性質は、情報を運ぶ基本的な活動と生物の複製を間違えることなく、プロセスのたいていのレベルで変化する可能性がある。ＤＮＡと遺伝暗号に神聖不可侵なものなど何もないのだ。

『スター・ウォーズ』の化学

『スター・ウォーズ』の生化学は、大半の細部で現在の地球のそれと異なっているはずだ。

ただし、両者の生化学が完全に同じだというありそうもない見込みにおいてさえ、地球上の生物の多様さは、ダントゥイン、カミーノ、サラスト、そのほか『スター・ウォーズ』銀河系のどの惑星でも見られないだろう。このことは、たとえ別の地球型惑星においてさえ、進化と生物が互いに違う道に分かれる理由として正しい。進化において、文脈はすべてだ。だからこそ、ディカーには恐竜が存在せず、ナブーにはネアンデルタール人がいない。彼らは地球から運ばれなかっただろうし、『スター・ウォーズ』の遠い未来のエピソードに登場しそうもない。ただし、『スター・ウォーズ』の惑星における生物の始まりは、地球と多くの共通点があるかもしれない。とくに、それが水の惑星ならなおさらだ——初期に降り注いだ彗星や小惑星と、荒れ狂う生化学のスープのように焼けつく海は、きわめて似たものになるだろう。

DNAは明らかに地球上で有効だった。したがって、十分に近いものが、『スター・ウォーズ』の銀河系か別のどこかで機能した可能性はある。地球上で複製に対する選択肢について現在わかっていることを考慮するなら、DNAが自己複製の唯一の方法と考えるのは実に愚かだといえるだろう。

ダーウィン説の力学――『スター・ウォーズ』の宇宙における進化論の適合性

もし『フォースの覚醒』から進化論の適応の考え方を想起させる描写を一つ挙げるなら、ジャクーの過酷な環境で家族の支えもなく懸命に生き抜くレイの姿ということになるだろうか。

ただしダーウィンの時代から、生物学における科学研究は、進化が単なる適応よりもさらに複雑であることを示してきた。そのような複雑さは、こうした従来のダーウィン説による、種が生き残るための適応的競争のレベルに対して上にも下にも見られる。それはブラスターを扱うハット族だけにとどまらない。

従来のレベルを下回る例は、遺伝物質のランダムな突然変異*が、求められていないのに思いがけず幸運な変化につながるというもの。反対に従来のレベルを上回る例は、影響の大きな事象、つまり宇宙の大惨事が地球上の生物の進化を閉ざし、地質学年代にもその存在を記録するというものだ。この地球という惑星に生きる私たち人間は、進化的な変更の三段階すべてから逃れられない。生物学は研究対象が地球だけに限定されるため明らかに偏狭だが、もし進化が普遍的だと仮定するなら、『スター・ウォーズ』の銀河系もまた進化の変化におけるこうしたレベルに従うことにほとんど疑いの余地はない。

[*] **突然変異**　一九〇一年に、オランダのド・フリースによって提唱された。遺伝子や染色体の変化が原因となって起こり、人為的にも発生させることができる。なお、原義には「突然」の意味がないため、名称の変更が検討されている。

自然淘汰・初級編

ダーウィンは自著『種の起源』で最初に進化の事例を詳細に説明した。この理論を構成する概念は三つある。第一の概念は「差異」。差異は、どんな種でもすべての個体が異なっているという観察に基づく。ウーキーはすべて同じように見えるかもしれないが、それぞれに癖と特徴の唯一無二の組み合わせがある。

第二の概念は「多様性」。生物は、エイリアンの種族を含め、より多くの子孫を生み、環境が維持できるよりも多くの子をつくる傾向がある。イギリスの詩人アルフレッド・テニスン卿《きょう》は、「自然は　牙を　その爪を」「血に真赤に染めて」*と書いたが——これは私たちの銀河系と、おそらくは、はるかかなたの銀河系でも同じだろう。ある世界では、誕生したイウォークとエグゾゴースの一握りだけが、実際に生き残ったり、どうにか捕食者から逃れて交尾したりしているのかもしれない。

第三の概念は「自然淘汰」。環境の影響と結びついた種の中の個体差により、十分長く生存すると特定の個体から子孫へその特徴が引き継がれる可能性が生まれる。ダーウィンは、「もっとも適応する個体」の生存について、他者に対する何らかの先天的な優越を意味したのではない。むしろ、望まれない利点、風変わりな変化による純粋な幸運の結果だ。それらはたまたま、環境によりよく「適応」した。時が流れ環境が変わるなら、過去に良好に順応していた生物は、たちまち適応できなくなるかもしれない。逆にそれまで変わり者だったほかの生物は、ほどなく銀河を引き継ぐことになるかもしれないのだ。

[＊] 引用は『イン・メモリアム』（入江直祐訳、岩波書店）より。

木から杉林へ？

絶えざる変化の世界にようこそ。地球だろうとエンドアだろうと、自然淘汰は新種をつくる原動力だ。自然は多様性を好み、地理的な拡散を志向する。種がより遠くに散らばるほど、生存可能性が単一の環境に依存する程度がより低くなる。それでは、イウォークが彼らの有名な森から離れなかったのはなぜか？　彼らが環境に適応した先祖から進化したのは、代々生き抜いてきた歴史を語ることからも明らかだ。しかし、イウォークは環境の力にどの程度影響を受けて進化してきたのだろう？　エンドアという想像上の生息地にどれくらい適応しているのだろうか？

イウォークについてさらにくわしく検討してみよう。毛深く直立二足歩行のこの種族は、平均身長が約一メートルと小柄だ。親指がほかの指と向かい合っているため、槍や投石器のような武器と道具を使うことができる。イウォークは物覚えが早い種族だが、何らかの発育停止の要素があったようだ。銀河帝国から発見されたとき、彼らの進歩はまだ石器時代レベルの技術にとどまっていた。それにもかかわらず、森で生き抜く術を磨き、原始的な技術で建設し、さらには乗り物としてハンググライダーを利用するほどだった。

イウォークは狩猟採集民の段階に進化していたのだ。火を扱い、陶器をつくり、狩猟を行い、原始的な飛行技術も獲得した。彼らは近接した木々の間に村を築き、樹上で多くの時間を過ごしたが、時折林床に降り、食料を求めて狩りを行った。

イウォークの発育停止は環境の力によるものだろうか？

地球での人類の進歩における主要因は、金属の扱いを極めることだった。製錬を発明し、錫《すず》と銅の合金をつくって青銅器時代の文明の先駆けとなり、やがて鉄器時代に移行したことは、人間の進化において重要な転機となる。木炭の使用は、飛躍的な進歩をもたらした。木炭は一一〇〇℃で燃えるので、岩から金属を融かして取り出すことが可能になったのだ。

石器時代の「聖なる月」

エンドアでは金属の時代が始まっていないように思える。自然環境において、金と少量の銅を除くほとんどの金属は、素材の状態で見つかることはない。だからこそ、古代の人間は初期の装飾や宝飾にごく少量の金と銅しか使わなかったのだ。イウォーク族にはこのような金属の装飾は見当たらない。すべてより糸と革でできている。手つかずの森林の状態からも、木炭を使って金属を製錬しなかったことがうかがわれる。有史以前、イギリスはほぼ全土が森に覆われていた。しかし、一六世紀末までに古代の森林の九〇%が冶金によって失われた。イウォークの森は健在だ。

あるいは、「聖なる月」には金属が存在しないのかもしれない。

ただし、もしエンドア星系が太陽系に似ているなら、金属が存在する可能性はかなり高くなる。太陽やエンドアⅠ・Ⅱのような恒星が形成されたとき、内側の原始惑星では、星雲で優勢な揮発性のガスが凝結するには温度が高すぎた。鉄やケイ酸塩岩のように融解点の高い物質だけが安定していた。このような経緯により、岩石惑星（地球型惑星）はおもに金属の核とケイ酸塩岩のマントル、それに薄い大気（ない場合もあるが）で構成されている。巨大ガス惑星エンドアはエンドア星系の外側にあるが、「聖なる月」のような衛星はやはり鉄とケイ酸塩岩で構成される可能性が高い。

太陽系の惑星と衛星を見てみよう。月における金属元素の集中度は地球に引けを取らない。実際、月の高地と低地には地球より多くの鉄が存在し、月の構成は地球のマントルに似ている[*]。しかしエンドアでは、金属を採掘できる濃度にするような事象が起きただろうか？　鉱石の凝縮は、熱水作用、マグマ作用、巨大隕石の衝突によってもたらされる。これら三つのうち、後者の二つがエンドアで起きた可能性はより高そうだ。エンドアを最初に訪れた銀河帝国の前哨部隊が貴金属を発見したが、濃度が低すぎて役に立たなかった可能性もある。

［*］**月の元素構成**　鉄のほかに、酸素、ケイ素、アルミニウム、カルシウム、ナトリウム、カリウム、マグネシウム、チタン、水素などがあり、酸素の構成比がもっとも多い。

コルサントに宇宙の大災害が起きた？

すべてを考慮に入れると、石器時代のイウォーク族は理にかなっているように思われる。『スター・ウォーズ』の銀河系で隕石衝突はどんな扱いだろう？　地球がたびたび経験した宇宙の大災害は、太陽系の別の惑星や、ほかの恒星系ではどの程度起きるものだろうか？　地球の誕生は今から約四五億年前。地球上で最初の生物は、約三五億年前には間違いなく存在していた。ただし、生物起源の黒鉛に存在する生命の物的証拠は三七億年前まで、岩石中に見つかった生物の痕跡は四一億年前までさかのぼる。地球が誕生してから五億年ほどは、太陽系の形成期に衝突や融合によって大量の宇宙ゴミが降り注ぎ、結果として生物は発生しなかった。

生物が地球上に足場を築いたあとでさえ、彗星や小惑星がもたらす宇宙の大災害が歴史上で大きな役割を果たした。隕石衝突は、最近の五億年だけで十数回も記録が残っている大量絶滅の重要な要因だったのかもしれない。未来に目を向けても、地球に隕石衝突が起き続けることは明らかだ。

彗星は太陽系の外にも存在する。このような太陽系外彗星は太陽以外の恒星を公転している。最初の太陽系外彗星は、ごく若い恒星である、がか座ベータ星を公転するものが一九八七年に発見された。これまで銀河系で一一個の恒星について、周回軌道に太陽系外彗星が確認されたか、あるいは存在することが推測されている。

だが、たとえばコルサントに、似たような彗星や隕石衝突があっただろうか?

おそらく、その可能性は高い。クローン戦争中、アストロメク・ドロイドのD分隊を伴う共和国宇宙軍の特務隊は、アウター・リム・テリトリーに位置する遠い砂漠の惑星アバファーの近くで彗星嵐に遭遇した。さらに、エンドアの戦いのはるか昔、彗星キンロがコア・ワールドの惑星複数を破壊すると予測され、ミッド・リムに到達する前に破壊された。この劇的な出来事は、団結して彗星を粉砕することを望んだジェダイ・オーダー[*1]によって決行され、多くのジェダイが命や心を失った。

しかし、この説明には何か間違いがある。コア・ワールド（別名コルサント・コア）に含まれるのは、オルデラン（その最期は封印された）、コレリア、ホズニアン・プライム、コルサントなど。一方のミッド・リムは、拡張領域とアウター・リム・テリトリーの中間に位置する『スター・ウォーズ』銀河系の領域だ。言い換えると、ミッド・リムは——控えめにいっても——数光年はコア・ワールドから離れている。『スター・ウォーズ』正史で示唆されているように、恒星間を行き来する彗星はありうるだろうか?

［*1］**ジェダイ・オーダー**　フォースのライトサイドを信奉する組織。組織の長をグランド・マスターと呼び、そのほかの階級に、ジェダイ・ナイト、パダワンなどがある。フォースのダークサイドを信奉するのがシスである。

どうやら存在するようだ。一つの恒星の重力に縛られない星間の彗星が明確に観測されたわけではないが、そうした彗星は存在すると考えられる。それらが本来の星系から放り出されたのは、近くの惑星によって重力が散乱したか、恒星の側を通過したからかもしれない。キンロは、ミッド・リムからそれが破壊されるところまで進行する途中、重大な恒星間の力に影響を受けたはずなので、ここでは宇宙斥力[*2]が関係していたと想定しよう。

『スター・ウォーズ』銀河系では明らかに、さまざまなレベルの進化的変化が起きた。私たちがもし自由な心でよりくわしく検討するなら、目にするものの科学的な意味を理解できる。『スター・ウォーズ』における遺伝物質の無作為な突然変異とミディ＝クロリアンの可能性については、別項で取り上げる。

［＊2］**宇宙斥力**　宇宙空間で互いに押し合う力。

『スター・ウォーズ』銀河系に人間がいる理由

人間。『スター・ウォーズ』の銀河系で人間から逃れることはできない。ナブー、オルデラン、タトゥイーンなど、いたる惑星にいる。しかし、疑問が生じる。人間はどうやってそこにたどり着いたのか？

正史によると、人間は惑星コルサントの出身だという。『スター・ウォーズ』が遠い昔、はるかかなたの銀河系で起きたことを考慮すると、人間の進化の理論に関して問題が生じる。

まず私たちは、地球上に現存する多数の種につながる変化と適応の一貫したプロセスを特定できる。絶滅した生物の化石記録は、ほとんど四〇億年の地質時代に及ぶ。それから、古代の種と同様、現存する種のＤＮＡの中にも遺伝学的証拠がある。

では、何が問題なのか？　私たちは何らかの形で遠い銀河系の人間と関係があるのか、それとも、いっそうばかげた話だが、人間とまったく同じ種が個別に進化することがありうるだろうか？

コルサントからの出発

『スター・ウォーズ』の銀河系には、都市惑星コルサントの出身である人間が大勢いる。『スター・ウォーズ』銀河系のコアに近いこの故郷の惑星から、人間は多くの星系へ移って植民地化し、現在はそうした星系に定住している。地球上でも、星系と大陸の違いはあれど、似たようなことが起きたと考えられる。

主流の考え方は、現代の人間がアフリカで進化し、その後ほかの大陸に広がって植民地化したというものだ。これらの現代人は、すでに世界各地に住み始めていたホモ・エレクトゥスやネアンデルタール人のような先行するホミニン*に取って代わった。これは「アフリカ単一起源説」と呼ばれる。

別の現代人類起源の理論は、ミルフォード・ウォルポフ、アラン・ソーン、呉新智によって提唱された「多地域進化説」だ。このモデルにおいては、大昔にアフリカを去って異なった世界各地を占拠していたホミニンから、それぞれの地域で現代の人間へ進化したとされる。だが、多地域進化説はアフリカ単一起源説ほど広く支持されているわけではない。

ただし、もし人間の多地域進化が『スター・ウォーズ』の銀河系で起きていたなら、それはつまり、初期の人間がさまざまな星系に移住して定着し、そのあとで多様な惑星で見られるような現代の人間に進化したということだ。だがこの場合、私たちは映画で目にするよりもいっそうの多様さを人間に期待するだろう。したがって、『スター・ウォーズ』の人間はおそらく「コルサント単一起源説」モデルのあとに銀河系に移り住んだのだろう。

しかし、地球に縛られた私たち人間はどうだろう？　私たちの起源はどこにある？　人間が、あるいは地球上の生物も、『スター・ウォーズ』の銀河系に起源をもつことはありうるだろうか？

［*］**ホミニン**　ヒトを含まない類人猿を指す。

進化する人間

地球上の生物が宇宙のどこか別の場所からやってきたという考え方は、パンスペルミア説（胚種広布説）と呼ばれる。[*] この説は紀元前五世紀から何度か提唱されてきた。理論の最近の提唱者には、フレッド・ホイル卿とチャンドラ・ウィクラマシンジ教授がいる。ウィクラマシンジ教授によると、パンスペルミアは、生物は宇宙全体に存在し、流星体、小惑星、彗星、微惑星によって運ばれるという仮説だ。

ただしこの理論の趣旨は、進歩した生命体には関係がない。おもに扱うのは、ウイルス、細菌、古細菌のような微生物と、生物の構造的基礎を担いうる分子だ。さらに、ウィクラマシンジ教授は、「生命がどのように始まったかを扱う意図はなく、種の維持につながりうる伝播《でんぱ》の方法に関するものだ」と述べている。

生物は最初に登場して以来、次第に分岐し、多くの異なる種に進化して地球を占めるようになった。遺伝子の存在が知られる前でさえ、地球上の過去と現在の生命体の間に共通の特徴があることがわかっていた。こうした生命体の間の関連度はしばしば、進化の過程を木の枝分かれに似せた系統樹として描かれる。

地球の生物の系統樹において、人間は霊長類、哺乳動物、脊椎動物とさまざまなレベルでかかわりがある。ただし『スター・ウォーズ』には、人間の進化の前歴と関係がありそうな動物はほとんど登場しない。実際、コルサントは惑星の全面に広がる巨大な世界都市であり、自然の地表はまったく存在しないように見える。コルサントではおそらく、遠い昔に建造物によって自然が消滅し、居住する人間だけが唯一の原生種となったのだろう。

［*］パンスペルミア説の提唱者として、後述されるフランシス・クリックのほかにも、ギリシャの哲学者アナクサゴラス、イギリスの物理学者ウィリアム・トムソン（ケルビン卿）、ドイツの物理学者ヘルマン・フォン・ヘルムホルツ、スウェーデンの科学者スヴァンテ・アレニウスなどが知られている。

それでは、コルサントで人間はどのように進化し、なおかつ惑星で唯一の原生種たりえたのだろう――地球にはこれほどたくさんの原生種が存在するのに？

考えられるのは、コルサントの人間がほかの原生種を圧倒するほど高度に進化し、やがて惑星の全域に広がり、丸ごと都市化した可能性だ。ただし、人間が現在の形で存在することを可能にするために地球で起きた無作為事象の天文学的な確率を考慮するなら、コルサントの住民が遺伝学的に人間に似ることは不可能だ。コルサンティと地球の人間が同じ種族であるためには、系統樹の同じ枝を共有していなければならない。

私たちホモ・サピエンスの枝は、約二〇万年前にほかのホミニンから分岐した。これが地球上における人間の起源に関して信頼できる説明だという前提に立つと、過去二〇万年間のうちのどこかで人類は二つの異なる銀河にどうにかたどり着いたということになる。さて、人間が地球上で進化した証拠が多数ある状況で、次にこんな疑問が生じる――ヒトゲノムはどのように地球から『スター・ウォーズ』の銀河系まで伝播できたのか？

そろそろまとめよう。二つの独立した進化の道筋が同一の種に至る可能性はきわめて低いので、地球の人間とコルサントの人間は遠い祖先でつながっているはずだ。地球には人間の進化の証拠が多数あるが、コルサントにはそうした証拠はほとんどない。したがって、地球で種が進化して人間が誕生した可能性がより高いように思われる。

人間が『スター・ウォーズ』の銀河系にも存在する理由

前述のパンスペルミア説は、宇宙の岩石によって運ばれる微生物をおもに考慮する。ただし、フランシス・クリックとレスリー・オーゲルは一九七二年、「意図的パンスペルミア」を提唱した。この理論は、別の惑星の知的生命体が意図的に生体を地球に送り込んだ可能性を説く。

この考え方を拡張して、何らかの知的生命体が、すでに進化した人間の種を地球からコルサントに運んだ可能性はあるだろうか？

『スター・ウォーズ』の冒頭では、「遠い昔、はるかかなたの銀河系で」起きた出来事であることが語られる。正確な時代は特定されないが、遠い昔はわずか一〇〇〇年ほど前かもしれないし、数十億年もの前の途方もない過去かもしれない。現代人がたかだか二〇万年ほど前に出現したことを考えると、これは人類が地球を出発した最初期の時点になりうる。したがって、「遠い昔」は二〇万年前よりもあとということになる。

『スター・ウォーズ』の銀河系の記録された歴史は数千年前までさかのぼる。ヤヴィンの戦い（初代デス・スターを爆破した戦闘）の数千年前、祖先の知覚種族がハイパースペースの秘密を解き明かした。彼らは、ハイパースペースを通って旅をするパーギルというクジラに似た巨大生物を観測することにより、独自のハイパードライブ技術を発明したとされる。

『スター・ウォーズ』の銀河系にハイパースペース航行は欠かせない。銀河のほぼ半分ほども移動する旅が日常的に行われ、所要時間はものの数時間か、数日、長くてもせいぜい数週間だ。銀河系外ではハイパースペースが乱れるという理由を別にして、歴史ある知的文明はなぜ銀河系を離れずにいるのだろうか？

銀河間の種まき

一〇万光年の距離（『スター・ウォーズ』銀河系の直径）を四週間かけて移動する穏当な行程を想像してみよう。理論上、一年で一三〇万光年を移動できることになる――燃料が障害にならないとすればだが。

さらに一〇〇年をかければ、一億三〇〇〇万光年も離れた銀河系、つまり私たちの銀河系にも到達する可能性があるということだ。

参考までに、天の川銀河から一億光年の範囲内に約二五〇〇の大型銀河と五万の矮小銀河がある。さて、これらの知覚種族のアプローチが干渉型か不干渉型かによって、地球から人間を誘拐する方法に二つの選択肢がある。干渉型の場合、人間をカーボン凍結*して長期間の航行のあいだ冬眠状態にしておくか、人間を宇宙船内で居住させて子供を産ませることが考えられる。不干渉のアプローチはより少ないリソースで済む。ただし、人間はコルサントに到着したとき、初歩的な知識だけで環境に対処しなければならないだろう。そのあとは惑星全体に移住することを委ねられ、時折は知的エイリアンの繁殖者から技術的支援を得られたのかもしれない。

干渉型アプローチの場合、人間は先進技術を利用し新たなものを生み出す方法を教わった可能性がある。数世代が宇宙船内で成長し、地球上と似たような方法で学ぶはずだ。人間は何も知らずに出発し、教育を受けてから移住先の作業部隊に合流して、そのあとで独自の技術を発明するだろう。すべての人間は白紙の状態でスタートし、世界の役に立つ人物になる。

［*］**カーボン凍結**　30
4ページ参照。

こうした人間たちがコルサントに到着したのは、やはり今からほぼ二〇万年前の可能性がある。五万年の技術と繁殖で、コルサントの人口は——ほかの惑星への移住で失われた分を差し引いても——容易に六八〇〇億人に達しただろう。

私たちはジェダイになれるか

正史によると、暗黒の時代と銀河帝国の前、ジェダイの騎士は昔の銀河共和国における平和と正義の守護者だった。彼らはいわば、恒星間の国際連合のような役割を務めたのだ。最盛期には、約一万人のジェダイが銀河系全体を常に監視していたという。彼らは一〇〇〇世代以上も活動を続けた。

ジェダイはフォースに感応し、人々の考えを読んで操ったり、遠くの物を動かしたり、さらには未来を察知することさえできる。彼らは「秘技」により同族のほかの仲間から際立っている一方、ジェダイ・オーダーは宗教の一派と見なされることも多かった。

誰もがジェダイになれるわけではない。生まれつき備わっている能力ではないが、能力の強い家系に生まれることは役に立つ。ジェダイになるために、献身的な訓練と修行は重要だ。

ジェダイは架空の創作物だが、国勢調査の宗教欄にジェダイの騎士と書き込む人が大勢いる。多くの人は冗談のつもりでそう書いたのかもしれないが、なかには実際にジェダイ・コード*に従って生きようとする人もいる。さて、現実のジェダイは存在しうるだろうか？

[*] **ジェダイ・コード** ジェダイ・オーダーのメンバーが守るべき掟。

ジェダイの資質

ジェダイになるのに必要なものは何か？

初期三部作は、ヨーダのような未知の種族と同様、人間もジェダイになる可能性があることを示した。それ以来、ジェダイ・オーダーが実にさまざまな種族で構成され、『スター・ウォーズ』銀河系のあらゆる場所から代表的な種族が加わっていることが見てとれた。アンクス[*1]からザブラク[*2]まで、多彩な顔ぶれだ。アクバー提督[*3]の水陸両棲種族モン・カラマリ、ヘビのようなズィスピアジアン[*4]。二つの脳をもつケルミアン[*5]、四本の腕をもつベサリスク[*6]。

これほどまちまちな体形にもかかわらず、彼らは全員、フォースを感知し利用する能力を有する。この能力をもつ存在が「フォース感応者」と呼ばれた。こうした技能が生まれてすぐ明らかになることも多い。ジェダイはフォース・ベビーに特別な関心を抱き、銀河系全体を網羅するデータベースでその居場所を把握していた。

さらに、「ジェダイの資質」と呼ばれる特別な技能と能力を備えていることから、ジェダイの候補が発見された。そうした素質には、平均より優れた知性や素早い反射能力が含まれるかもしれない。両方とも、若きアナキン・スカイウォーカーが示したものだ。もっとも、こうした資質は『スター・ウォーズ』の銀河系に限定されるものではない。地球はこのような驚異に満ちている。

フォースが強い

地球の人口がほぼ七〇億人、一日あたりの出生数が三五万人という状況なら、傑出した才能を伸ばす人がいるのも当然だろう。わかりやすい例は算術、芸術、運動に特別の能力を発揮する個人だ。彼らの多くは早い年齢で才能を示し、学校で特定の科目に秀でる。

［＊1］**アンクス**　身長の高い知覚種族。頭のトサカが特徴。『ファントム・メナス』『クローンの攻撃』『シスの復讐』に登場する。

［＊2］**ザブラク**　人間に近い知覚種族。頭には角が生えている。ダース・モールはザブラクである。『ファントム・メナス』『クローンの攻撃』『シスの復讐』に登場する。

［＊3］**アクバー提督**　モン・カラマリ（惑星ダックに住んでいる知覚種族）の艦隊の司令官。『ジェダイの帰還』に登場する。

［＊4］**ズィスピアジアン**　惑星ズィスピアズ出身の知覚種族。下半身はヘビのようだが上半身は人間に似ている。『ファントム・メナス』『クローンの攻撃』に登場する。

才能がある若者は往々にしてスポーツアカデミーからヘッドハントされ、他方メンサ[*7]のような組織は、とくに優秀な若者向けに知性と才能を支援するプログラムを設置している。メンサの核となる目的は、人間の知性を明らかにして育成することだ。アメリカには五万七〇〇〇人以上のメンサ会員がいて、年齢は二歳から一〇二歳まで。

アナキンは見いだされたとき、すでにロボットとポッドレーサーをつくっていた。『ファントム・メナス』で描かれているように、幼いスカイウォーカーは自作のポッドレーサーでレースに出ることを熱望していた。九歳の子供が週末にオートバイをつくって、それでレースすることを想像してみよう。クワイ＝ガン・ジンはアナキンの才能を見抜き、「あの子は異常なまでにフォースが強い」と評した。アナキンはフォースを通じて、物事が起きる前に察知できる。反射神経が卓越しているのはそのためだ。

反射と反応時間の速さは、刺激に反応する人によって変わる。これは各自の認知処理速度に依存する。とくにスポーツの分野では、速い反射能力に頼る人が大勢いる。日本の剣術家・町井勲[*8]のように、一部の人々はとてつもなく速い反応を示す。その処理能力は、心理学の教授らから常人とはまったく異なる知覚のレベルだと評されてきた。

そう、超人は実在する。ただし、『スター・ウォーズ』においてジェダイを常人から際立たせているのは、フォースに対する感応能力だ。フォースにつながることにより、彼らは普通の人間が気づかない刺激を認識できるようになる。『ファントム・メナス』の中で、良かれ悪しかれ、フォースの意思が「ミディ＝クロリアン」と呼ばれる存在を介して伝えられることが明らかになった。

［＊5］**ケルミアン**　惑星ケルミア出身の知覚種族。白い肌と細長い首も特徴。『ファントム・メナス』に登場する。

［＊6］**ベサリスク**　惑星オジョム出身の知覚種族。トサカと大きく垂れた顎の皮が特徴。『クローンの攻撃』に登場する。

［＊7］**メンサ**　一九四六年にイギリスで創設され、全人口の上位二％の知能指数をもつ人が参加できる国際組織。会員数は世界で一二万人、日本には一八〇〇人程度がいる（JAPAN MENSA ホームページより）。

［＊8］**町井勲**　２９３ページ参照。

ミディ＝クロリアン

クワイ＝ガン・ジンによると、「ミディ＝クロリアンはあらゆる生きた細胞の中に存在し、フォースの意思を伝える微小生命体だ。（中略）われわれはミディ＝クロリアンと共生関係にある。（中略）ミディ＝クロリアンなしでは生命は存在できないし、われわれはフォースの知識を手に入れることもできない」

クワイ＝ガン・ジンによると、ミディ＝クロリアンはすべての生命体の中に存在しているというが、残念ながら人間の中には存在しない。ただし、ジョージ・ルーカスがミディ＝クロリアンを考案したときにヒントになったのは、人体内の細胞のほぼすべてに実在する微小な細胞小器官だ。それはミトコンドリアと呼ばれる。

ミトコンドリアは人体の細胞にとって発電所の役割を担う。体内のミトコンドリアが多いほど、持久運動能力は向上する。それは酸素を呼吸する生命体の塩基で、食料からエネルギーを生み出す。ミトコンドリアがなければ、既知の生物の大多数は存在していないだろう。

人間もそれぞれの母親からミトコンドリアを受け継いでいる。もしミディ＝クロリアンがミトコンドリアのように遺伝するなら、アナキンは彼の母親からミディ＝クロリアンを受け継いだはずだ。ただし、彼女がフォース感応能力の兆候を示したことはなかった。ミディ＝クロリアンが父親から遺伝するという逆の主張も、カイロ・レンの能力を考慮するとき、あっさり否定される。可能性としては、ミディ＝クロリアンが優性遺伝形質[＊1]であり、フォースが強いほうの親がどちらであれその子にミディ＝クロリアンを受け渡すということはありうる。

●ミトコンドリアの顕微鏡写真

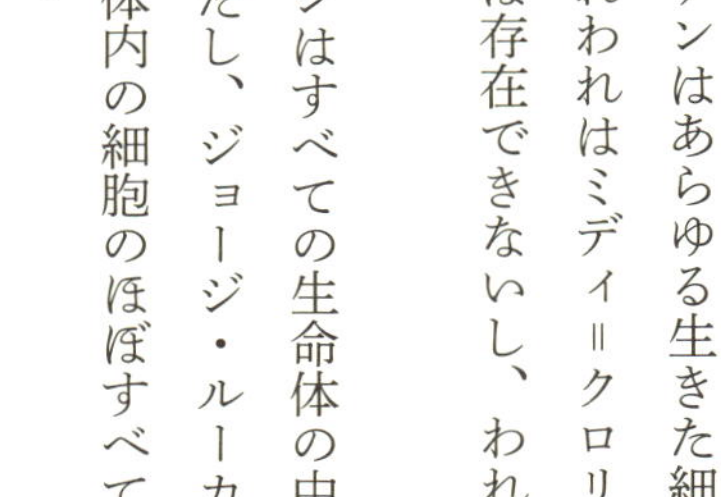

Louisa Howard

［＊1］**優性遺伝**　ある遺伝子座に遺伝子が共存している場合に、特徴があらわれやすいほうが優性、あらわれにくいほうが劣性となる。長年、優性、劣性が使われてきたが、遺伝子の優劣と誤解を与えかねないため「顕性」「潜性」への変更が提案されている。

アナキンの場合、フォースそのものから生み出されたと噂された。このことは、アナキンのミディ＝クロリアン値が並外れて高かったという話を補強する。しかし、別の説明があるかもしれない。

ミトコンドリアは、エネルギーの需要に応じて、細胞周期[*2]とは無関係に増殖する。したがって、人の運動量が増えるほど、それだけ多くのミトコンドリアが細胞内につくり出される。ミトコンドリアは本質的に需要に反応するのだ。もしミディ＝クロリアンが似たように振る舞うなら、その量も需要に応じて増えるかもしれない。つまり、フォースにさらされて増加する可能性があるということだ。

［＊2］**細胞周期**　細胞分裂で新しく生まれた細胞から次の分裂で細胞が生まれるまでの周期。

ジェダイの訓練

ジェダイの騎士になるには能力と訓練が必要だ。彼らの旅と中世騎士のヨーロッパ遍歴には類似点がある。

ジェダイの候補はフォース感応能力に基づき幼い頃に見いだされて訓練を受けるが、現実の若き騎士は高貴な家系の生まれであることが必須だった。彼らは七歳で騎士見習いになることができ、城の貴族に預けられた。これは、コルサントのジェダイ聖堂に連れて行かれてジェダイ訓練生（イニシエイト）になることに等しい。

ジェダイ訓練生は極寒の惑星イラムで通過儀礼「ギャザリング」に臨む。そこで各自、最初のライトセーバーの核になるカイバー・クリスタルを探し求める。イニシエイトの試練を修了すると、彼らはパダワン[*3]になり、ジェダイの騎士に仕える。

［＊3］**パダワン**　ジェダイ・マスターに弟子入りしている訓練生。『ファントム・メナス』で初めて出てきた言葉。オビ＝ワン・ケノービはパダワンとしてクワイ＝ガン・ジンに師事した。

中世の騎士見習いも、騎士に伴われて戦場に赴き、騎士道を学び、一五歳で従騎士になった。従騎士になると、自前の甲冑をもつことが認められた。

従騎士は二一歳のとき、式典で騎士に叙任された。他方、パダワンはジェダイの試練に合格したあとでジェダイの騎士になる。ジェダイの騎士はジェダイ・コードに従う。他方、中世の騎士にもこれに似た騎士道規範があった。

騎士はしばしば崇拝の対象となり、またイギリスでは今日に至るまで騎士の叙任が行われている。ただし、中世の騎士が訓練された兵士だったのに対し、現代の騎士は異なる意味合いをもつ。

中世においては、キリスト教徒の巡礼者の保護を託されたテンプル騎士団と呼ばれる騎士の修道会もあった。騎士団長はグランド・マスターと呼ばれた。この用語はまた、グランド・マスター・ヨーダで知られるように、ジェダイの最高指導者の称号でもある。

ジェダイの階級が現実の慣例に似ていることは意外ではない。事実がしばしばフィクションに影響を与える。おそらくそれ以上に興味深いのは、後追いのフィクションが現実になっている状況だろう。

フォースと共にあれ

ジェダイはフォース感応能力をもつ個人が集まる排他的な組織だが、フォースの要素を排除すると、現実における組織と個人の関係に多くの類似点が見いだせる。

組織は私たち自身を越える何かを達成するという希望を表す。それは超人的な力であれ、何らかの存在とのつながりであれ、私たちよりも大きく、それでもやはり私たちすべての中にあるようなものだ。

ジョージ・ルーカスはこう語っている。「私が映画にフォースを取り入れたのは、若者たちにある種の精神性を呼び起こすためだった。特定の宗教に対する信仰ではなく、普遍的な神への信仰に近いものだ」

二〇〇一年のイギリスの国勢調査で、三九万人以上が宗教欄にジェダイと書き込んだ。二〇一一年の国勢調査の時点で、その数は一七万六六三二人に減ったものの、イギリスはやはり世界最多のジェダイを抱える国だった。

これに応えて、あるイギリス国教会の司教は、ジェダイがまじめな宗教とみなされる前に、数十年の期間にわたって活動が有効に継続しなければならないだろうと述べた。

私たちが真のジェダイになることは不可能だとしても、将来的に正式なジェダイの名を目にする可能性はありそうだ。希望はまだある。

ウーキーが人間より毛深い理由

巨大で、毛深く、ハグしたくなるハン・ソロの相棒。猟犬の顔に、黒熊の声。冒険のときも窮地のときも常にハン・ソロと行動をともにするが、ハンの単なる親友をはるかに超える存在。

彼の名はチューバッカ、二〇〇歳のウーキーだ。

ジョージ・ルーカスの愛犬インディアナに着想を得た、二足歩行し、「会話して」、けんかっぱやいテディベア似のチューバッカは、あいまいな概念であるサスクワッチやビッグフット[*1]にごく近い存在だと想像される。しかし、彼の姿はむしろ、私たち霊長類の祖先ではなく、犬の遠い先祖が二足歩行するよう進化していたら起きたであろうことに対する、『スター・ウォーズ』流の予測のように見える。

人が毛深い祖先から進化し、二足歩行者になったあとで徐々に体毛を失ったのに対し、なぜウーキーに同じことが起こらないのだろう?

体毛に覆われて

たいていの哺乳動物の体表は濃い体毛に覆われていて、それが体温を保持する断熱材のはたらきをする。ただし、象、豚、ハダカデバネズミなど、濃い体毛のない哺乳類もわずかながら存在する。

●チューバッカとハン・ソロ

Collection Christophel／PPS通信社

［*1］**サスクワッチとビッグフット**　ロッキー山脈一帯で目撃される未確認動物の一種。全身に体毛が密生し、身長は二～三メートルほどもある。ただし実在は確認されていない。

クジラのような水生の哺乳動物は、厚い脂肪の層を発達させて、体温の調節に役立てている。象のような大型の哺乳動物は、ゆっくりと体温調節を行うので、環境の気温変化に対する耐性が高い。ただし、より寒冷な気候においては、長い体毛のマンモス[*2]に見られるように、濃い体毛が役に立っていた。

成人の人体には約五〇〇万の毛包があり、体全体にごく均等に分散している。この数と密度は、人間にもっとも近い霊長類であるチンパンジーに似ている。おもな相違点は体毛の厚さ、長さ、色の濃さだ。

人間の毛包の大部分からは、頭皮に生える毛髪のような濃くて色素の多い硬毛ではなく、短くて色素の薄い軟毛が生える。そのせいで人間は、実際には体毛で覆われているにもかかわらず、大部分の皮膚が露出しているように見える。

人間が思春期を迎えると、腋の下と陰部の軟毛は硬毛に変わるのが一般的だ。しかし、ごくまれに、こうした変化が体のほかの部分に生えている軟毛にも起きることがある。これは多毛症として知られ、俗に狼男症候群とも呼ばれる。

それでは、ウーキーが狼男症候群に悩まされる種族である可能性はあるだろうか？　もっとも、彼らが標準で人間が異端なら話は別だが。

体毛と生存

体表を覆う濃い体毛が薄い体毛に移行した要因は、それに先立って二足歩行になったことだと考えられてきた。こうした移行は一〇〇万年以上前、アフリカのサバンナに暮らす私た

［＊2］**マンモス**　かつては世界中に生息していたが一万年前頃に絶滅した。

ちの祖先であるホモ・エレクトゥス[*1]に起きた。

科学者のグレイム・ラクストンとデイビッド・ウィルキンソンは、暑くて広大なアフリカのサバンナで進化する人間にとって、より涼しい夜間に身体活動を行うほうが熱による消耗が少なかったと強調する。体毛が減少し発汗が向上するに従い、人間は日中に活動する時間を延長できるようになった。これにより、食料、水、そのほか生存に必要なものを手に入れる点で有利になった。

キャッシークはウーキーの故郷の温暖な惑星だ。陸地は森と沼に覆われ、そびえ立つカルスト山地が景観を占めている。

惑星の地域ごとに異なる環境の圧力によって、おそらくウーキー族は長期間の進化の過程で分岐したのだろう。

やがては、もっとも成功したウーキーが環境を支配することになる。劣勢の一族は、ちょうど地球のホミニンに起きたのと同じように、異種交配させられるか、排除されてしまっただろう。これは結局、毛深いウーキーがおそらくほかの体毛の薄い種族よりも、キャッシークでの生存能力に優れていたことを意味する。

必要十分な毛皮

現存する霊長類すべての中で、人間は体毛という厚いコートを失った唯一の種。霊長類としてはアブノーマルな存在だ。もしウーキーが霊長類に近いなら、その毛深さはノーマルであり、おそらく予想どおりの特質だろう。彼らの体毛も濃い硬毛が主になっているはずだ。

［＊1］**ホモ・エレクトゥス** Homo erectus は「直立するヒト」を意味する。

ただし、ウーキーは霊長類ではないのかもしれない。『スター・ウォーズ』のパロディー映画『スペースボール』[*2]（一九八七年）に登場する半人半犬キャラ、バーフォロミューのように、人間型の犬種である可能性がある。この場合、ウーキーの体毛の層は霊長類の硬毛ではなく、毛皮に近いかもしれない。

毛皮には「下毛」と呼ばれる下地の層がある。このタイプの毛は短く、おもに断熱材のはたらきをする。外側の目に見える体毛の層はより長い「粗毛」（保護毛）でできている。粗毛は雨と日光の紫外線から身を守るのに役立つ。加えて、中間の長さの「芒毛《ぼうもう》」もある。これは断熱材と下毛保護の中間のはたらきをする。

犬も霊長類と同様、チューバッカのように極端に長い体毛で覆われている種から、人類のように肌を露出しているような外見の種までさまざまだ。

犬の毛皮には摩滅と昆虫によるかみ傷から身を守るはたらきもあるが、毛皮のない犬種は一般により清潔で、体臭と寄生虫が少ないことを意味する。無毛の犬種は、比較的暑い気候の地域を原産とする傾向がある。これがウーキーと人間の進化における要因だった可能性はあるだろうか？

［＊2］『スペースボール』 *Spaceballs.* 『スター・ウォーズ』のほかにもさまざまな映画のパロディを盛り込んだSFコメディ。

体温の調節

暑いアフリカのサバンナにおいて、断熱する体毛の少ない二足歩行動物はより効果的に熱を体外に放出できた。これに加え、人間の脳が大型化するに伴い、過熱する危険がいっそう高まった。

人類学教授のニーナ・ヤブロンスキーは、人間が体毛を失うことが脳のこうした熱負荷を減らすのに役立った可能性を示した。ヤブロンスキーは、いくつかの要因の中で、「体毛を落とすことが知能を高めるうえで確かに重要なステップだった」と説明する。

発汗は体温を下げるのに役立つが、体毛が濃い場合は、エクリン汗腺からの分泌物によって体毛がすぐにからみつき、熱の放出が妨げられてしまう。したがって、体毛をもたないことによる恩恵は増すことになる。

また、乾燥した環境では発汗によりいっそう効果的に熱を放出するが、高湿度の環境では発汗による熱の放出が妨げられる。ウーキー族の故郷であるキャッシークは、森で覆われた温帯気候の惑星だった。キャッシークに季節があるかどうかにもよるが、年間の大部分で比較的低い気温が続いた可能性はある。これはウーキーが濃い体毛を必要とした要因かもしれない。ちょうど、地球の寒冷地に生息したマンモスが毛深かったように。無毛の体温調節モデルに対し、ウーキーの毛皮がなくならないのは、故郷の惑星がそれほど暑くなく日当たりもよくないからかもしれない。ただし、働いたり走ったりする際の激しい活動により、これほど長い毛で覆われた体の中はおそらくオーバーヒートしてしまうはずだ。犬はあえぐことで体内の熱をある程度放出できるが、そうした行動はチューバッカやほかのウーキーたちには見られない。

それなら、ウーキー族の脳のサイズが異なるという可能性はあるだろうか？

人間の脳の体積は平均で一四〇〇立方センチメートルだ。人間のもっとも早いホミニンの祖先であるホモ・ハビリスは、脳の体積が人間の半分以下だった。彼らは最初の家族単位を形成し、男性が狩猟に出て母親が住居にとどまっていたのではないかと考えられている。さらに、ホモ・ハビリスは単純な言語を使っていたかもしれない。この点はウーキー族に似ている。

ただし、仮に一人のホモ・ハビリスが現代社会に連れてこられたとしても、『スター・ウォーズ』のウーキーと同じように活躍できるかどうかは、判断のしようがない。それでも、ホモ・ハビリスが活躍できたとするなら、こう推論できるだろう。つまり、ウーキーの脳もホモ・ハビリスと同じようなサイズだったので、より大型の脳をもつ人間より過熱の問題が少なかったのだ、と。このような理由で、ウーキーは過剰な熱と戦うために長い体毛をなくす必要がなかったのかもしれない。

外部寄生虫と無毛化

マーク・ペイゲルとウォルター・ボードマーが外部寄生虫と無毛の進化について提唱した説では、体毛をもつ動物に比べて、無毛であることが寄生生物の減少につながり、これが人間により有利にはたらいた可能性があるという。

血を吸う昆虫から感染する致死性疾患が早期死亡につながることがある。まばらな体毛をもたらす遺伝子突然変異が動物の生存確率を高め、結果的に無毛の突然変異種が生き残って優勢になったのかもしれない。これが数千年、数万年にわたって続き、体毛のないヒト科動物の個体数増加につながった可能性がある。

研究者らはこれを、約一八〇万年前に狭い住居で暮らすことが人間における外部寄生虫の活動の増加につながった可能性があるという説と結びつけている。初期のホミニンは約一二〇万年前までに体毛を失い始めたかもしれない。

ペイゲルとボードマーいわく、彼らの仮説はまた、女性が男性ほど毛深くない理由を説明できるという。女性は住居でより長い時間を過ごした可能性が高く、したがって外部寄生虫による感染症のリスクがより高かったというのだ。こうして、無毛の女性はより高い生存確率を得て、同じ利点のおかげでより多くの子を出産した可能性がある。

ウーキーはキャッシークの陸地を覆う巨大なロシュア・ツリーに家を建てる群居性の種族だ。彼らの共同生活のマイナス面は密接な接触で、これにより感染症を運ぶ寄生虫がいっそう蔓延しやすくなる。ペイゲルは「われわれの予想では、同じように集団で生息しているチンパンジーやゴリラのような大型の猿と同レベルの外部寄生虫がいたはずだ」と述べている。チンパンジーやゴリラのように、ウーキーたちは毛づくろいをし合うことを好む。それは見たところ、敬意を示す最高の方法のようだ。ウーキーほどの体毛の濃さなら、彼らが天然の駆虫剤か、ノミ・ダニ駆除用首輪のようなはたらきをする技術をもっているのでないかぎり、毛づくろいに相当長い時間を費やす必要があると想像できる。

もしミレニアム・ファルコンの船内にウーキーが運んだ寄生生物が常にはびこっていたなら、ハンとチューバッカの関係はかなり違っていたかもしれない。

まとめに入ろう。ウーキーを覆うのが体毛であれ毛皮であれ、暑い環境は無毛に向かわせるおもな要因だろう。アフリカのサバンナと異なり、森が豊富で砂漠がないキャッシークは高温・乾燥の惑星ではないことを示唆する。こうした環境では、体温調節の手段として発汗はさほど効率的ではない。キャッシークの気候がほぼいつも比較的寒冷なら、ウーキーにとって断熱効果のある毛皮は、無毛化して発汗を改善するより、いっそう有利だったのかもしれない。また、ウーキー族の脳が比較的小さいため、露出した肌からの発汗を介して熱の放出を改善する必要性が少なかった可能性もある。ただし、外部寄生虫に対処する問題は残っている。たとえこれが無毛化を促す強い要因になるとしても、ウーキーが依然として毛深いのは、外部寄生虫を駆除する効果的な方法があるからだろう。

ワトーが不自然に小さい翼でホバリングできる理由

ギリシャ神話には空を飛ぶ馬、ペガサスが登場した。一方『スター・ウォーズ』は、トイダリアン[*1]のジャンク商ワトーの姿で、神話的な存在の現代版を示している。

ワトーが最初に登場するのは、砂漠の惑星タトゥイーンにある宇宙港都市モス・エスパ。クワイ＝ガン・ジンはT－14ハイパードライブ発生装置を探している。それを提供できるのが、飛びながら話すエイリアンのスクラップ商人、ワトーだ。

ここで、古いアデュナトン[*2]「豚が空を飛ぶとき」というフレーズを思い浮かべる人がいるかもしれない。あらゆるアデュナトンと同様、このフレーズが意図するのは、まったくありえない発想と比較して、起こりそうもない出来事を強調することだ。

この場合、ワトーはほぼ豚と同じで、その不格好な外見にもかかわらず、飛んでいる。この豚が飛ぶのに必要とされるものについて、さらにくわしく検討してみよう。

マルハナバチは飛べないはず？

ワトーの外見の特徴は、イノシシの口と腹、バクの鼻、そして、肩甲骨の近くから生えた妙に小さな翼。その翼のサイズと配置にもかかわらず、肉眼で見えるペースではばたく。一

●ワトー

Collection Christophel／PPS通信社

［＊1］**トイダリアン**　惑星トイダリア出身の知覚種族。『ファントム・メナス』で初登場した。

［＊2］**アデュナトン**　誇張表現の一形式で、名状不能を意味する。

秒あたり四回か五回程度のはばたきだ。これで十分にホバリングできるらしい。
ここに問題がありそうなのは、専門家でなくても明白だ。
ただし、たびたびもち出される民間伝承に、「マルハナバチは科学的には飛べないはずだが、現実には飛んでいる」という主張がある。けれども、これは真の科学的な主張ではなかった。このような考え方を最初に示したのは、フランスの動物学者で航空技師のアントワーヌ・マニャンだとされている。彼はこう書いた。

私はまず航空学的になされていることに関心をもち、空気抵抗の法則をマルハナバチに適用し、サン＝ラグ氏[*3]の協力を得て、その飛行が不可能であるという結論に至った。

［＊3］フランスの数学者アンドレ・サン＝ラグのこと。

彼らの計算にもかかわらず、春の公園を散歩すれば、マルハナバチがほかの虫たちに交じって実際に飛んでいることを確認できる。私たちが航空機の飛行を可能にする理屈を知っているからといって、その理屈を自然界における飛行の説明にそのまま適用できるとはかぎらない。
したがって、ワトーの飛行の可能性を検討するとき、理論と同様、自然からの手がかりも考慮すべきだ。

空を飛ぶ

ワトーが飛ぶためには、体重を感じさせる力である引力に打ち勝つ必要がある。そのために、対抗する力、この場合は上方への力を生み出す必要がある。

航空力学において、この力は揚力と呼ばれる。揚力と重力のバランスは、物体が上昇するか、下降するか、あるいは同じ高度でホバリングするかに影響を与える。

次の方程式は揚力（L）の発生にかかわる主要素の関係性を表す。

$$L = C_L \cdot 1/2 \cdot \rho \cdot V^2 \cdot S$$

複雑そうに見えても心配しなくていい。これは単に、左辺の揚力が右辺の諸要素によって決まると述べているだけだ。この式で、ρ《ロー》は空気密度、Vは空気を通る翼の速度、Sは翼面積を表す。

C_Lは翼の形状をほかの要素すべてに関連づける値で、揚力係数と呼ばれる。ここでの議論のために理解すべきはただ一つ、右辺のいずれかの要素を増やせるなら、得られる揚力も大きくなるということだ。

したがって（トイダリアンを含む）すべての動物は、飛ぶためには揚力を生み出し制御する手段を発達させなければならない。動物の飛行の本質を突き詰めると、揚力を生み出すために必要な要素——つまり方程式の右辺にある変数——のせめぎ合いということになるだろう。

空飛ぶ動物

論考はまだ動物がどうやって飛ぶ能力を最初に発達させたかにとどまるが、この能力は一般に、滑空または自力での飛行という二通りの方法によって達成される。滑空はトビウオ、トビガエル、ムササビを含むさまざまな種に見られる。ただし、これらの動物の飛行距離はかぎられていて、めざす方向に進みながら落下するという状態にかなり近い。動物が本格的な高度まで上昇したり、ワトーのように空中に浮かんだりするためには、自力での飛行を身につける必要がある。

生物はさまざまな状況で、自力での飛行を通じて揚力を生み出す能力を偶然見つけてきた。それは常に翼を伴う。翼をはばたかせて、空気を通る翼の速度（V）を増すことによって、揚力が生み出される。

約三億五〇〇〇万年前、無脊椎動物の昆虫が進化の過程で最初に翅《はね》を獲得した。その後、脊椎動物の三つの異なるグループが別々に翼を生やすことになる。

約二億二五〇〇万年前に翼竜が出現し、それから数百万年後に鳥類が続いた。最後に、哺乳類のコウモリが飛行能力を得た。脊椎動物の内骨格は一般に昆虫の外骨格よりも重く、翼（翅）と飛翔筋の配置も異なる。さて、ワトーはどちらに近いだろうか？

ワトー対自然

ワトーの翼は昆虫のように背中とつながっている。ただし昆虫は、六本の脚をもつことを意味する六脚類に属する。昆虫は外骨格で軽量という傾向もある。肺の代わりに、気管と呼ばれる腹部に沿った穴を介して呼吸する。体内に循環させる十分な酸素を確保する必要から、昆虫が成長できるサイズにはかぎりがある。

現在までに生息が確認された中で最大の昆虫は、すでに絶滅したオオトンボ目だ。[*1] これはトンボに近い昆虫で、翼幅が七〇センチメートル以上、体重は五〇〇グラムほどもあったと推定される。『スター・ウォーズ』にはジオノージアン[*2]など、いわゆるインセクトイドの種族が登場する。ジオノージアンは外骨格で身長約一八〇センチメートルだが、手足が四本の四肢動物だ。これは、地球の生物の分類上は昆虫に属さないことを意味する。昆虫はすべて六脚だ。

トイダリアンも四肢の種族であり、へそがあることからコウモリのような飛行する哺乳動物に近いと考えられる。ただし、トイダリアンの翼の配置はコウモリと異なる。

コウモリを含め既知の飛行する脊椎動物種はすべて、上肢を翼と一体化させている。トイダリアンは違う。その翼は昆虫と同様に背中につながっている一方で、上肢は腕として使われるだけだ。トイダリアンは進化して飛行能力を得た無脊椎動物と脊椎動物の構造のごた混ぜであり、生物の分類のどこに収めるべきかを決める際に問題となる。

昆虫の硬い翅や繊細な翅は、外骨格の内側とつながる筋肉によって動かされる。他方、ワトーの翼は繊細でも硬くもない。飛行に使っていないときは、だらりと伸びた象の耳のような外見だ。また、脊椎動物の決定的な特徴である内骨格によって支えられているように見える。

ワトーは翼を動かすために、翼の付け根につながる強力な筋肉を必要とするだろう。これ

［＊1］酸素濃度が三五％程度まで上昇した、古生代石炭紀（約三億年前）に生息していた「メガネウラ」の化石が見つかっている。なお現在の酸素濃度は二一％。

［＊2］**ジオノージアン**　惑星ジオノーシス出身の知覚種族。『クローンの攻撃』『シスの復讐』に登場する。

は脊椎動物が自力で飛行する方法と関係する。飛行する脊椎動物は竜骨突起（胸骨）とつながった大型の胸筋を備える傾向がある。ワトーの翼は肩甲骨の間にあるので、同じように大きな筋肉をその部位に備えている必要があるだろう。このことは、飛行中の肩と腕の可動性に悪影響を及ぼすおそれがある。

対気速度[*3]とはばたき

動物の体重が重くなると、それだけ翼面荷重——翼の大きさに基づいて生み出す必要がある揚力の量——も大きくなる。これは動物が大型化すると、体重が翼面積よりも速く増加するからだ。

増加した体重を埋め合わせるために、動物はより速く空中を進むか、移動速度を上げないなら翼をより速くはばたかせる必要がある。いずれの方法も揚力方程式において、空気を通る翼の速度（V）を増やす。

大きな翼がより速くはばたくのにいっそう多くのエネルギーを必要とするため、比較的大型の動物にとって過度にはばたくよりも速く飛ぶほうがはるかに経済的だ。それが理由で、大型の鳥類はたいていホバリングせず、高く舞い上がってから滑空している。

さて、もしワトーの体重が見た目どおりに重いなら、ホバリングを実現するには極度に速いペースではばたかなければならないだろう。これは筋肉、関節、翼に多大な負荷をかけるはずだ。自然界では、軽量の飛行動物にこの制約が厳密にはたらき、蚊の場合は毎秒六〇〇回以上の頻度ではばたく。他方はるかに大きいアンデス山脈のコンドルは、一秒あたりわず

［＊3］**対気速度**　飛行体と空気との相対速度。

か一回から三回ほどしかはばたかない。
ワトーは一秒あたり四回か五回ほどのペースではばたいているのが確認できる。このペースは、高速で飛行する大型の鳥類に近いが、ホバリングを維持するにはまるで足りない。ホバリングする動物が一秒あたりにはばたく回数は、ハチドリで約五〇回、コウモリで約一〇回だ。

以上の要素をすべて検討したあとで、ワトー――それに彼の仲間のトイダリアン族――は飛行動物としては非現実的だと結論づけて問題ないだろう。自然界の動物の飛行に見られる特徴をことごとく無視しているように思える。それなら、豚が空を飛ぶ確率だって高くなるというものだ。

しかし、何かを見落としたかもしれない。重力が小さく大気の密度が高い惑星なら、ワトーが飛行できる可能性は高くなる。揚力の方程式が示すとおり、重力が小さくなると、飛行に必要な揚力の値も減る。他方、大気の密度が高くなると、一回のはばたきで生み出せる揚力の値も大きくなる。候補の場所は土星最大の衛星タイタンだ。これらの特徴を両方とも備えている。ただし、ワトーは酸素マスクをしなければならないが。

●ハチドリ
Mdf

Tech

第4部 テクノロジー

THE SCIENCE OF STAR WARS

『スター・ウォーズ』のスピーダーが実現するのは何年後か

あなたも想像したはずだ。『スター・ウォーズ』のスピーダーに乗って飛ぶ自分を。空想の中で、おそらくは、エンドアの深い森を抜けて。あるいは多分、レイのように、寄せ集めの部品でつくった巨大なスピーダーでジャクーの砂漠を越えて。『スター・ウォーズ』のスピーダーはロケットエンジンを搭載したホバースクーターのようだ。最高速度は時速約五〇〇キロメートルに達する。スピーダーは乗員の保護を犠牲にして高い速度と操縦性を実現しているので、パイロットは熟練している必要がある。

ところで、スピーダーの仕組みはどうなっているのだろう?

もし地球のホバークラフトのようにホバリングするなら、操縦は比較的単純だ。その場合、長円形（または大まかな長方形）の基礎部、モーターで動くファン、クラフト（船）の下に空気を閉じ込めるための大きなスカート部を必要とするだろう。ホバークラフトの下のエアクッション（プレナムチェンバー）は空気の環をつくり、これがスカートのベース部分の周囲を循環する。エアクッションはスカートによって外部のより低圧の空気からさえぎられる。言い換えると、空気の環はクラフトの下から空気が漏れることを阻止する。

浮揚できれば、ほかに必要なのは推進力と操舵だけだ。

ルークのX‐34ランドスピーダーで操舵と推進力を担ったのは空冷式推進タービン三基で、これらはスピーダー後方の両脇と上部に設置されていた。だが、スカート部が存在しないの

●X‐34ランドスピーダー

Collection Christophel／PPS通信社

は一目瞭然だ。もう一つの例が614−AvAスピーダーで、銀河帝国軍が惑星ロザルで使ったことから「ロザル・スピーダー・バイク」の別名もある。あるいは、エンドアの戦いで使われた74−Zスピーダー・バイク。スピーダー・バイクはスリムな運転席と操舵シャフト、小型方向翼とフットペダルでシンプルに構成されているようだ。やはりホバリング向きの構造ではない。

また、磁気浮上が採用されている可能性も低い。

磁石で遊んだことがある人なら、反対の磁極どうしが反発することを知っているだろう。それが磁気浮上を支える基本的なアイデアだ。リニアモーターカーを例にとると、強力な電磁石を使い、車両と線路の間に発生させた磁場の上に浮かぶ。だが、エンドアの森に軌道はなく、ジャクーの砂漠にもレールは見当たらない。

『帝国の逆襲』で、カーボン凍結されたハン・ソロがクラウド・シティの廊下を浮かんだ状態で運ばれたシーンを覚えているだろうか？　おそらくこのシーンはスピーダーの動力の謎を解く鍵だ。飛行、浮揚、推進力の物理学を検討するのもいい。磁気浮上を熟考するのも悪くないだろう。だが、『スター・ウォーズ』の科学には特別な何かが起こっている。ルークがランドスピーダーを停めて、エンジンのスイッチを切っても、カーボン凍結されたハンとまったく同じように浮き続けたのを思い出そう。

『スター・ウォーズ』の秘密はリパルサーリフト技術だ。

リパルサーリフトは、重力に反発し推進力を生み出すことによって、惑星の地表の上をホバリングしたり、飛行したりできるようにする。大勢がこのリパルサーリフトエンジンの設

［＊］**614−AVAスピーダー**　『スター・ウォーズ　反乱者たち』などのテレビアニメ作品に登場。74−Zスピーダー・バイクは後継機にあたる。

計を引き合いに出し、スピーダーが反重力装置を利用していると結論づけた。

反重力

反重力はＳＦの大きな夢の一つだ。

重力に反発する力のアイデアは一九世紀末に登場した。作家らはたいてい、人間や物体を浮揚させたり、上昇させたりできる装置を想像した。「アパジー」と呼ばれる反重力のエネルギーが、初期のＳＦ小説の中で宇宙船を火星へ送るのに使われた。ロマンチックさで少々劣るが、別の初期の小説では、反重力軟膏がヒーローの宇宙船に塗られていた。

そして当然、もっとも有名な反重力装置はＨ・Ｇ・ウェルズが創作している。『月世界最初の人間』[*1]では、重力を遮断する物質「ケイヴァーリット」で反重力シャッターがつくられ、これを搭載したロケットが月に到達するという独創的なストーリーが展開する。フィリップ・フランシス・ノーランの『キャプテン・ロジャース』[*2]には、反重力ベルトまで登場した。

『スター・ウォーズ』を注意深く見ていくと、反重力が広く行き渡っているのがわかる。タトゥイーンでルークが「ホバリング」させたスピーダーや、エンドアのスリムなスピーダーでだけではなく、乗員二六名、乗客五〇〇名を誇るジャバ・ザ・ハットの巨大なセール・バージ（遊覧帆船）ケタンナ号もそうだ。ほかに、カーボン凍結されて浮かんだハンや、バトル・ドロイドが単体で操縦するシングル・トルーパー・エアリアル・プラットフォーム（ＳＴＡＰ）もお忘れなく。[*3]

『スター・ウォーズ』に登場する大小さまざまな乗り物や装置に使われたリパルサーリフ

［＊1］**『月世界最初の人間』** *The First Men in the Moon.* 初版は一九〇一年に刊行された。邦訳は早川書房などから刊行。

［＊2］**『キャプテン・ロジャース』** *Buck Rogers in the 25th Century.* フランシスの長編小説 *Armageddon 2419 A.D.* の登場人物、バック・ロジャースが主人公となって活躍するＳＦドラマ。一九七九年から一九八一年にかけて放映された。

［＊3］ケタンナ号は『ジェダイの帰還』で、ＳＴＡＰは『ファントム・メナス』でそれぞれ見ることができる。

トは、まさにテクノロジーの王様だ。

リパルサーリフト

それではここで、昔のSF小説と同じように、『スター・ウォーズ』の乗り物もある種の反重力場を利用して空中に浮くと想定しよう。

リパルサーリフトはまた、取り扱いが簡単なように見える。ルークが停めたスピーダーや、カーボン凍結されて浮かんだソロを思い出そう。あるいは、『ファントム・メナス』でポッドレースの出走地点にずらりと並んだリパルサークラフトの一群。それらは労せず浮かび、やすやすと惑星の重力場に反発する。そのように惑星表面上の一定の高さで浮揚するためには、スピーダーであれほかの乗り物であれ、惑星の重力と等しく反対向きの力を適用する必要がある（「互いに力を及ぼし合う二物体間のそれぞれの力は、向きが反対で大きさが等しい」という考えは、もちろんイギリスの科学者アイザック・ニュートンの「作用・反作用の法則」だ）。惑星の上空に向かって加速する場合、さらに大きな力を適用する必要があるだろう（これも「ニュートンの運動方程式」と呼ばれる別の法則に基づく）。

アインシュタインによると、重力は歪んだ空間にすぎないので、反重力をつくるためには別の方法で空間を曲げるだけでいい。もし空間幾何学が思い通りに曲げられるなら、反重力を手に入れて、自由自在に浮揚できるだけでなく、はるか上空へ舞い上がることだって可能になる。

でも、ちょっと待った。

質量をもつ物体すべてが重力を生むのに対し、反重力を生む物質を手に入れることは容易ではない。けれども、既知の物質で、都合のいい候補になりそうなものがある――エキゾチック物質だ。理論上、エキゾチック物質は負のエネルギーまたは負の質量をもつ（その質量を表す場合、通常の物質の質量にマイナスの符号を付けて、たとえば－２kg などと記述される）。したがって、エキゾチック物質は重力の逆向きの作用を生むはずであり、スピーダーを含めリパルサーリフト技術を使うあらゆる乗り物の重量を相殺できそうだ。

スピーダーをつくろう

自分が神童アナキン・スカイウォーカーのようなエンジニアリングの天才だったら、と想像してみよう。すでにポッドレースをマスターし、次に着手するのは、長年温めてきた計画であるスピーダーの自作だ。車体の設計は、『禁断の惑星』[*1]をはじめとする一九五〇年代のSF映画から抜け出したようなスマートでレトロなデザインに決めた。それを『スター・ウォーズ』の世界にもち込むのだ。イメージが浮かぶだろう――レトロフューチャー、アクリル樹脂製の風防、後部のとがったテールフィン。

ただし、設計の肝はリパルサーリフトだ。エキゾチック物質はどれくらい加えたらいいだろう？　答えは簡単。スピーダーの質量を計測して、それに釣り合うエキゾチック物質を放り込めばいい。その瞬間、スピーダーの質量は相殺されてゼロになる。いまや有効質量がゼロの状態で、スピーダーは惑星に引きずり下ろされることもなく、反発されることもない。スピーダーを停めたら、ルークのときとまったく同じように、離れる際の高さにずっととど

［＊1］『**禁断の惑星**』*Forbidden Planet*. 一九五六年に公開されたアメリカ映画。

まるだろう。スラスターも搭載すれば、銀河系だって自由に飛び回れる！

より大がかりで複雑な装置も思い出そう――セブルバ[＊2]の巨大なポッドレーサー、ジャバ・ザ・ハットのケタンナ号、銀河元老院の議員たちが使用する浮遊式バルコニー「リパルサーポッド[＊3]」。どの場合も、あらゆる追加の質量（搭乗者の体重も含む）を相殺するために、一致する量のエキゾチック物質を追加する必要がある。これは、ケタンナ号が砂の中に沈んだり、議員を乗せたリパルサーポッドが議場に素早く降下したりすることの妨げになるはずだ。

最後にもう一つ、具体的に説明されていない専門用語がある――エキゾチック物質とはいったいどんなものか？　困ったことに、誰もはっきりとは知らない。エキゾチック物質の大まかな定義は「重粒子でできていないすべての物質」だ。通常の物質は陽子や中性子などの重粒子（亜原子粒子）でできている。エキゾチック物質はまったく異なるものからつくられている。それがどんなものかは、まるでわかっていないのだ。今のところは。

［＊2］**セブルバ**　惑星マラステア出身のポッドレーサー・パイロット。『ファントム・メナス』に登場する。

［＊3］**リパルサーポッド**　『ファントム・メナス』『クローンの攻撃』『シスの復讐』に登場する。

現実版が登場？

それにもかかわらず、『スター・ウォーズ』のスピーダーに多少近い乗り物がまもなく登場するかもしれない。

多くの会社が現在ホバーバイクの現実版をつくり出そうとしている。「エアロX」ホバーバイクは、エアロフェックス（ロサンゼルスに本拠を置く航空宇宙分野の新興企業）によって開発され、最大で二人乗りの設計だ。近くリリース予定とされるエアロXは、地面から約三メートル上昇し、最高速度は時速七二キロメートル。予定される仕様は、重量三五六キログラム、全長四・五メートルとなっている。燃料満タンで約七五分飛行し、ジャクーの砂漠やエンドアの森を抜けるような短い移動には十分だ。

ホバーバイクはダクテッドファンの役割を担う水平なホイール二基を備える。ホイールは炭素繊維のブレードでできていて、操縦はダクトのない回転翼のヘリコプターと似ているが、はるかに厳密な制御が求められる。エアロXは、回転翼のブレードが短いためエネルギー効率でヘリコプターに劣るが、サイズがはるかに小さいので周囲の人にはより安全だ。ホバーバイクはヘリコプターの「ブラウンアウト[*1]（無視界状態）」を発生させない。大量の土埃を吹き飛ばすことなく、人の近くで運転できるよう設計されているからだ。

もしダース・モールに追われていて、さらにスピードを求めるなら、イギリスに本拠を置くマロイ・エアロノーティックスの「ホバーバイク」がいい。ヘリコプターと同じ高度で時速二七〇キロメートル以上に達すると説明されている。

エアロフェックスとマロイ・エアロノーティックス両社のホバーバイクは通常のガソリンを使うが、環境意識の高い『スター・ウォーズ』マニアなら、別の未来的な乗り物をまもなく手にするかもしれない。ハンガリーの国営応用研究機関バイ・ゾルターン・ノンプロフィットは、電池から電力供給されるトライコプター[*2]「フライク」を開発した。

エアロX、ホバーバイク、フライク。三種の乗り物はすべて、設計段階のまっただ中だ。

［＊1］**ブラウンアウト**　離着陸時に吹き上げられた大量の砂塵などに機体が覆われ、視界が遮断される状態。

［＊2］**トライコプター**　回転翼が三つある航空機。

ストームトルーパーの装甲服で悪戦苦闘——だから射撃が下手なのか

『スター・ウォーズ』シリーズは独創的な衣装デザインでしばしば称賛を得ている。CG全盛の今日にあって、かなりの部分を特殊メイクと衣装で実現しているといっていい。では、具体的に何が『スター・ウォーズ』のワードローブ部門を特別な存在にしているのだろう？批評家たちに聞いてみようか。彼らは、騎兵とカウボーイを融合させたハン・ソロのスタイルを絶賛する。また、C－3POのロボットデザインに恍惚とする。これは、フリッツ・ラング監督による一九二七年の名作SF映画、『メトロポリス』に登場する機械人間マリアからインスピレーションを得たものだ。そして、いつまでも歓喜してやまないのが、ルーカス監督が供するメイン料理、ダース・ベイダー。顔が見えないヘルメットの匿名性と神秘性によって、なおさら恐ろしく計り知れない悪の存在だ。

以上のような衣装デザインの偉業にもかかわらず、記事に掲載される写真や称賛の対象には、ストームトルーパーが選ばれることが多い。

アメリカのファッション・ライフスタイル誌『VOGUE』でさえ、『スター・ウォーズ』とクロスオーバーしたファッションのベストテン企画にストームトルーパーのスーツを選んだ。二〇一五年秋のサンパウロ・ファッションウィークで、ブラジルのブランド「トリトン」がお馴染みのストームトルーパーのデザインをアップデートしたスーツを出品し、『VOGUE』

●ストームトルーパー

Ronald Grant Archive／PPS通信社

が証拠の写真を掲載している。

しかし、これらのファッションマニア、映画評論家、ジャーナリストといった連中は、実際にストームトルーパーのアーマー（装甲服）を着ようとしただろうか？　そろそろ暴露すべきときだ。このアーマーに身を包むのがどういうことか、それを着用した状態での作業、休憩、戦闘がどれだけ大変か、その知られざる実態を明らかにする必要がある。

バケツを頭に頂いて

第一に、映画の中でストームトルーパーは実際に何をまとっているのだろう？　正式なストームトルーパー・アーマーは、銀河帝国の兵士が着用した標準的な装甲服で、黒いボディースーツ（スパンデックス製のぴったりしたスーツに似ているが、はるかに頑丈な素材）の上に白いプラストイド複合材が装着されている。このアーマーは銀河帝国で選り抜きの兵士たちを表し、反乱軍の自由の戦士から恐れられている。

アーマーを構成しているのは、一八点からなる重なり合ったプラストイドのプレートと、可動性に優れた合成皮革ブーツ。もものプレートの前面は合金の隆起で補強されている（具体的な仕組みや効果は「製造業者のガイドライン」に記されていないが）。すべてのストームトルーパーが右利きの射撃手だと想定すると、着用者が狙撃の姿勢でかがむとき、左ひざの保護プレートが精度向上に役立つ。ただし、狙撃用プレートは右ひざに付け替え可能だと推測するのが無難だろう。アーマーはまた、「エネルギーを拡散させる」のに役立ち、かすめる程度のブラスター弾から保護してくれる。「かすめる」という言葉は改めて言及するので留意しておこう。

人類以外の種族もまた、ストームトルーパー・アーマーの楽しみから逃れられない。アーマーの大多数が人間の体形に合わせて製造される一方、ほかの体形に適した仕様のものもつくられる。ヨーダが専用のアーマーをまとった姿を想像するとなかなか愉快だ。そして間違いなく、ジャバ・ザ・ハットの途方もない体重は、あらゆるプラストイド混合材にとって限界への挑戦になるだろう。

着用するのが誰であれ、柔らかいクリック音が適切にアーマーを装着できているかどうかを知らせてくれる。この点は、少なくとも若干の気休めにはなる。アーマーが飛び道具や爆発の破片を通さない、という製造業者の保証も心強い（これは、かなり硬いプラストイド混合材の役割だ）。ただし、製造業者が認める弱点もある。まず、プレートを張り合わせた構造により、着用して走るのが困難なこと。そして、サイクラー（固体の弾丸を発射するライフル銃で、雑なつくりだが信頼性が高い）やブラスターからの被弾が、「かすめる」のではなく直撃するような場合、脆弱《ぜいじゃく》なことだ。

残念なことに、製造業者は問題含みの股間のプレートに一切言及していない。これのせいで、急いでトイレを使わなければならないときや、不意の自然発生的なロマンスの際に、悲惨な状況になるおそれがある。その下の黒いボディースーツも脱がなければならないので、なおさら絶望的だ。

戦場のバケツ頭

ひとたび戦場に出ると、一兵卒のストームトルーパーはその装甲服に信頼を寄せる。

驚くべきことに、たいていの極限環境で新兵はアーマーに守られるのだ。そうした環境には、エンドアの森、タトゥイーンの砂漠、氷の惑星ホス、さらには宇宙の真空への限られた露出さえも含まれる。もし万が一、新兵がはぐれて迷ったり、デス・スターから急降下して「聖なる月」の森の中に落ちたりしても大丈夫だ。もっとも、これほどの高度から衛星に落ちたとき、アーマーが衝撃に耐えるかどうかは定かではない。ジャバ用アーマーをつくるなら、これが耐久テストの難関になるのは確かだ。

アーマーの可変性の秘密は胴の中央部にある。胴体プレートには中央部に環境制御装置が含まれる。内側の黒いボディースーツは真空密封され、新兵の体温だけでなく外部温度にも適応するスマートな素材で製造されている。

ストームトルーパー・アーマーは現実の船外活動用宇宙服（EMU）からそれほど遠く離れているわけではない。EMUスーツはNASAのスペースシャトル乗組員や国際宇宙ステーションのメンバーが着用した。EMUは、スパンデックス、ゴアテックス、ケブラーといった高性能の素材を含む約一五の異なる層をもつスーツで、宇宙飛行士を地球以外の宇宙と世界の危険から守る。EMUは宇宙ゴミとの接触、極小流星体、放射能から宇宙飛行士の体を保護する。ストームトルーパー・アーマーのように、EMUはさまざまなパーツが一緒に組み合わされてできた。

類似点は以上で出尽くしたようだ。EMUは自由な運動と最大の快適さを実現するが（平均的なストームトルーパー・アーマーに丸ごと欠けているものだ）、それだけではなく、排泄の際に必要な液体を回収する「最高の吸収性の衣類（ＭＡＧ）」も備える。

おそらく、ストームトルーパー・アーマーに同等のＭＡＧが欠けていることは、銀河帝国の新兵の働きぶりがしばしば不規則である理由かもしれない。

バケツ頭、応答せよ

ＮＡＳＡのＥＭＵは一着一二〇〇万ドルでちょっとしたお宝だ。付属品と追加装備を一式揃えたストームトルーパー・アーマーは、アメリカの貨幣価値でいくらするだろう？

「相当な値段」は控えめな表現だ。なぜか。まず、強化された戦闘ヘルメットがある。その機能は、内蔵されたコムリンク（トランシーバー）、音声マイク、人工空気供給ホース、電池一個で駆動する広帯域通信アンテナに加え、汚染された惑星の大気から呼吸に適した空気を抽出する濾過《ろか》システムも搭載する。ヘルメットのビジュアルプロセッサは、暗闇、まぶしい光、煙の中で視覚を補助する――着用者の視界を制限するのが難点だが。このことは、多くのトルーパーがごく平凡な射撃手であることの説明になるかもしれない。ブラスターを発砲する際、ヘルメットの偏光バイザーがまぶしい光を低減するが、射撃精度の向上には役立っていないようだ。

ヘルメットの複雑さに加えて、内蔵のヘッドアップディスプレイが、ターゲティング診断、エネルギーレベル、環境解析情報を視界の隅に表示する。新兵はまた、ヘルメットのディスプレイ上で、各種の軍事データや民間組織のデータにアクセスできる。「グーグル・グラス*」

［＊］**グーグル・グラス**　アメリカのグーグルが開発しているウェアラブルコンピュータ。目の前の小型ディスプレイにさまざまな情報が表示される。

と「オキュラス・リフト*」の帝国流ハイブリッドとでも呼べそうな戦闘ヘルメットの内部は、一見混沌とした航空管制にいくぶん近いように思える。普通のバケツ頭は、自分が向かっている先も、ダークサイドに落ちつつあることも、わかっていない可能性がある。

帝国司令部はもしかすると、戦闘ヘルメットの耳障りな内部を承知のうえで、任務中に固く禁じられている無駄な会話を意図的に妨げているのかもしれない。ストームトルーパーのヘルメットは装着した人の発言をすべて録音し、アーマーのデータバンクからダウンロードしたあとで、レビューのために司令部へ録音データを送信する。まったくの憶測だが、帝国司令部の上官たちは、戦闘中のストームトルーパーの失敗動画を眺めて愉快な時間を過ごしているのではないか。

［*］**オキュラス・リフト** アメリカのオキュラスVRが開発しているヴァーチャル・リアリティ用ヘッドアップディスプレイ。オキュラスVRは二〇一四年にフェイスブックに買収された。

ストームトルーパーが凡庸な理由

さらに興味深い二つの補足情報により、ストームトルーパーの戦闘能力の低さをめぐる謎がいくらか説明可能になるかもしれない。

私たちはすでに、プラストイドのプレートによって走りづらくなり、戦闘ヘルメットの限られた視界が確実に射撃精度を妨げるという製造業者の告白を暴露した。

さらに二つの可能性が考えられる。

第一に、アーマーは悪臭を放っているに違いない。ストームトルーパーは常に均一であることを求められる。銀河帝国の臣民を脅威の下に置き、いつでも帝国の力を表すようにしておくために、この指令は重要だと考えられる。兵はアーマーを着用することにより、個人ではなく、帝国を代表する。だが、すべてのアーマーが悪臭を放っているなら、臭い新兵集団の仲間たちから逃げることは、激戦地にとどまるよりも有望な行動指針になるに違いない。

第二に、アーマーの便利なベルトは、マクロバイノキュラー、引っ掛け錨、サーマル・デトネーター（熱爆弾）を含むさまざまな道具を装備している。だが、注意深く見てみよう。デトネーターの操作部にはラベルが貼られていない。敵の兵隊が起爆するのを防ぐためだ。新兵が戦地に招集されるときにそうした事態が多発するなら、確かにそれは、完全な大惨事とまではいかないにしても、無力さの原因になる。つまるところ、彼らは銀河帝国軍のエリート突撃隊ではないのかもしれない。

ＢＢ－８のようなドロイドは火星探査に役立つか

すべては『エピソード７』の最初の予告編で始まった。カメラは画面いっぱいに広がる砂丘をとらえる。突然、フレームの下から顔をぐいと突き出すフィン。次のカットで、猛スピードのアストロメク・ドロイドがジャクーの砂漠を突っ走る。転がる球形のボディーに対して、奇跡的に同じ位置を保っている頭部のドライブシステム。

浮かぶ頭を載せた回転式ボールのロボットだ！　こうした実に魅力的なルックスにより、ＢＢ－８はたちまち『フォースの覚醒』の非公式ドロイドマスコットになった。だがもし、砂漠の惑星ジャクーを火星に置き換えたらどうだろう？　このオレンジと乳白色のドロイドは、赤い惑星の探査に役立つだろうか？

アストロメクの仕様

アストロメク・ドロイドは宇宙船の自動整備士として利用される修理ドロイドの仲間だ。ＢＢ－８はコンパクトで、「稼働中の必要領域」が小さく、大抵の場合高さが一メートルほど。ドロイドのボディーにはツール＝ベイ・ディスクという部品がはめ込まれ、この中にはさまざまな道具が付いた特別な腕が収まっている。

Album／ＰＰＳ通信社

●ＢＢ－８

多くのスターファイター宇宙戦闘機にアストロメク・ドロイドが同乗し、副操縦士の役割を担っている。宇宙空間にさらされるアストロメク・ソケットに収まったドロイドは、航行および動力配分システムを制御するほか、ハイパースペース・ジャンプを計算し、定期メンテナンスを行う。

アストロメクの「言葉」は、プロトコル・ドロイド（C－3POなど）の多弁な会話とはまったく異なる。アストロメクのコミュニケーションは、コンピュータシステムを介した文字か、バイナリと呼ばれる連続した電子音にかぎられる。BBユニットはエンドアの戦いのしばらくあとにつくられた新型のアストロメクで、主要な新しいイノベーションが球形のボディーだ。

BBユニットが火星に行ったら、どんな種類の作業ができるだろうか？　可能性としては、将来の有人探査*に備えて惑星の居住可能性を研究する、火星の気候と地質を調査する、火星が過去に微生物に好ましい環境条件を提供したことがあるかどうかを確認する、といったことが考えられる。

［＊］**有人探査**　二〇〇九年のオバマ大統領のスピーチで、二〇三〇年半ばを目標とすることが表明された。

火星への旅

NASAは赤い惑星へ宇宙船を送る野心的なミッションを進めていて、それには近い将来の有人探査も含まれる。現在と未来のロボット宇宙船が先駆的な役割を担い、有人ミッションに役立つ基礎的な活動を前もって実施するだろう。

最近のロボットイノベーションの一つは、「中継ユニット」の利用だ。BBユニット

●火星有人探査のイメージ
NASA／JPL-Caltech

にうってつけと思われる任務で、中継ユニットは火星の表面から頭上を通過している軌道船へ無線データを伝送する。情報の中継が、火星地表の探査機から火星軌道船へ、さらに火星軌道から地球へ。火星上のミッションから、かつて可能だったよりはるかに多くのデータを収集するのに貢献する。留意すべきは、火星からくるデータにタイムラグがあることだ。地球と火星の距離が約五五〇〇万キロメートルから三億七八〇〇万キロメートルまで変動するので、時間差も三分から二一分まで変わる。より簡単にいうと、太陽から見て火星が地球と同じ側にあるときもあれば、そうでないときもある。

ＢＢユニットはまた、火星上で人体がさらされた場合に有害なレベルの放射能を調査できるだろう。

火星にはこれまで、地上の探査車と軌道を周回するロボット船が多数送り込まれた。そのおかげで、赤い惑星についての知識が劇的に増えた。ＢＢユニットは、火星表面から放射能のよりよい測定データを得ることによって、未来の人間の探検家に道を開くのに貢献できるだろう。そのデータは、火星に到着した宇宙飛行士を保護する方法を計画するのに役立つはずだ。

火星の地底旅行

おそらくＢＢユニットのもっともクールな火星ミッションは洞穴探検だろう。

ホスと火星の類似点を論じた項[*1]で、火星地表の「天窓」に関するＮＡＳＡの二〇〇七年の衝撃的な発見に言及した。天窓が示唆するのは、火星の地下に洞窟のようなトンネルが存在

［＊1］127ページ、「ホスと火星の共通点――人類がエグゾゴースのようになるかもしれない理由」を参照。

する可能性だ。火星の地表下で古代の溶岩が流れることによってつくられたトンネルは、この惑星の歴史を理解する鍵になるかもしれない。

地下へ掘り進むことは、火星の過去を知るうえで重要だ。地層には地質学が役に立つ。掘り進む深さが増すほど、調査できる時代も古くなる。これに少し似ているのは、一九世紀フランスの作家ジュール・ベルヌが書いた有名なＳＦ小説『地底旅行』[*2]だ。この小説で、教授はアイスランドにある死火山の火山円錐丘を通って地球の内部へ降りていく。教授は地球の奥深くへ進み、岩を調べる。この探検はまた、進化の歴史の探求にもなっていく。

ＢＢ－８は同様のミッションに派遣できるだろう。

天窓は火星の落ち込み穴に至る入り口だ。火星の落ち込み穴は『地底旅行』の火山円錐丘に似ている。深い地層に続いていれば、地質学が力を発揮する。落ち込み穴は火星の数十メートルから数百メートルの地層を露出させているかもしれない。したがって、もしＢＢ－８のようなユニットがトンネルを探検するなら、人命を危険にさらすことなく、地層に刻まれた歴史を解読できるだろう。

落ち込み穴の探検は膨大な時間の節約につながる。火星の歴史を把握する従来の計画では、地層ごとに少しずつ岩石を調査してきたからだ。過去の着陸サイトには、クレーターの底からせり上がった古代の火星の衝突盆地が含まれていた。データは数キロメートルの高さに積み上がった岩から解読しなければならないだろう。それでも、より豊富なデータは地下に隠されているはずだ。

［＊2］『**地底旅行**』*Voyage au centre de la terre.* 一八六四年に出版されたＳＦ冒険小説。邦訳は東京創元社などから刊行。

BB‐8は洞穴探検に行く

BB‐8はどうやってトンネルに入るだろうか？　一つの方法は落ち込み穴そのものの中を抜けて降りるというものだ。火星の深い裂け目の中に落ちてしまわないよう、BB‐8が何らかのリパルサーリフト技術を必要とする可能性が高いので、現実味はないかもしれないが。第二の選択肢は、溶岩洞の屋根からボーリングするか爆破する方法だ。BB‐8はツール＝ベイ・ディスクの一つに、ダイヤモンドを刃先に埋め込んだ頑丈なドリルアームを必要とするだろう。

だが、議論のために、環境に優しい選択肢も考えよう。火星を散らかさない方法はないだろうか。

BB‐8は単純に、溶岩洞ネットワークの崩壊していない部分にできた終端の開口部を通って、トンネルに入ることができるかもしれない。いったん火星の地下空間に入ってしまえば、BB‐8は作業を開始できる。このトンネルは、赤い惑星の表面を常に照らす放射能がさえぎられるので、居住地の候補だ。地下の洞穴はまた、隕石の衝突による被害を避ける点でも優れているほか、火星の昼と夜の周期を通じて気温の変化を低く抑えられるだろう。[*]こうしたコンディションにより、溶岩洞は単にデータサンプルの保存に適しているだけでなく、人間の居住にも向いているのだ。

［＊］火星の自転周期は二四時間三七分と地球に近く、温度差は二〇℃からマイナス一四〇℃と幅が大きい。

宇宙の生物

火星の地下空間の居住環境は、近い将来にすぐ人間の入植地になるというわけではない。ただし、その地下深くには、宇宙の基本的な謎――地球外に生物が存在するか――に対する答えが隠されている可能性もある。そこで、ＢＢ－８が本格的な科学調査を実施して、生物が存在する証拠の発見につながりそうな手がかりを探すのもいい。ＢＢ－８にプログラムされる知識は、水が生命の工場であり、結合して繁栄するのに適した環境を化学物質にもたらすというものだ。水は水素と酸素の分子からできている。単独の状態だと、いずれの分子も爆発しやすい性質をもつ。しかし、結合するともっとも安全な物質になり、広い範囲の温度で変化しない。だからこそ、ＢＢ－８は火星の生物を探すとき「水を追う」ことになる。

ただし、生物にとって水が唯一の条件というわけではない。生物はまた、有害な環境から保護されなくてはならない。かつて火星には磁場があり、宇宙線や太陽の光線から守られていた。現在の火星のはるかに過酷な環境から遮断され、地下深くの裂け目と洞穴に隠れる微生物を、ＢＢ－８は探しに向かうだろう。

運河ではなく洞穴

一九世紀後半、地球外生命のアイデアは大人気だった。ドラマや騒動が展開する舞台は、もちろん架空のジャクーの砂漠ではなく、現実の火星の砂漠だ。

火星の生物のアイデアはあまりに人気が高かったため、調子に乗りすぎた人も続出した。一部の科学者は、火星の地表のマークは実際に火星人がいたことを意味すると解釈した。この火星をめぐる騒動の中心にいたのは、イタリアの天文学者ジョヴァンニ・スキアパレッリだ。問題は、『新たなる希望』から一〇〇年さかのぼる一八七七年に始まった。スキアパレッリはその前からたびたび火星を観測していて、見つけた地形を「海」や「大陸」と呼んで報告していた。しかし、ある夜にトラブルが始まった。スキアパレッリは望遠鏡をのぞいて、火星の地表に長い線状の特徴があるのに気づき、これをイタリア語で水路や溝を意味する「canali」と呼んだ。

いまや伝説となったボストンの精力的な企業家パーシヴァル・ローウェルは、スキアパレッリが謎めいたエイリアンの人工物を発見したことを確信した。二〇世紀初頭の数冊の出版物で、ローウェルは「canals（運河）」を洗練された文明社会の明確な証拠だと述べた。火星人は運河を使って、火星の極地氷帽から乾ききった赤道の地域まで水を輸送した、とローウェルは主張した。

奇妙なことに、火星をめぐる騒動は今、ふりだしに戻っている。

結局のところ、火星の生命は存在するのかもしれない――それが微生物である可能性が高いとはいえ。それでも、近い将来、人類が火星で生きることになると予測されている。赤い惑星の生命線は運河ではないにせよ、溶岩洞と洞穴群の「溝」は人間の居住にきわめて大きな違いをもたらす可能性がある。

NASAと各国の宇宙局は、火星に人類を送るのに必要な技術を開発してきた。世界中の科学者が、将来赤い惑星で暮らし、働き、安全に地球に帰るために使われるであろう技術を開発しようと懸命に取り組んでいる。道を切り開くのに役立つBB-8ユニットはまだいなくても、人類が次に大きく跳躍するために、科学が何をなすべきかは明らかだ。

監視する帝国

シスの暗黒卿が反乱軍艦船ブロッケード・ランナーのまばゆく照らされた通路の中へ歩いていく。グロテスクな呼吸マスクによって覆い隠された顔と、肩から垂らした真っ黒の親衛隊風ローブ。暗黒卿の姿は、銀河帝国軍突撃隊の顔のないファシズム的な白い装甲服と好対照だ。反乱軍の兵士たちがベイダーからあとずさりし、死の沈黙が部隊を覆い尽くす。暗黒卿は力の擬人化だ。彼の「目」にとまろうなどとは、誰も思わない。行動の自由はいうまでもなく、考える自由さえもなさそうだ。将来の希望もない。

全体主義を想起させる数々の要素は、『スター・ウォーズ』の中で特筆に値する。臣民を厳しく支配して治める銀河帝国。ヨーロッパにおけるファシストの過去の暗い影を呼び起こすユニフォーム――ジョッパーズ*、ヘルメット、ひざ上のブーツ。最小の目的のために使用される過剰な武力と暴力。先祖返り的な恐怖。解体された民主政治と、全権を有する支配者が率いる独裁国。

しかし、支配の政治と技術はまた、巧妙にもなりうる。

フォースのダークサイドを考えてみよう。ダークサイドに転向した人々は、恐れ、怒り、憎悪といった強い感情から力を引き出す。ダース・シディアスは自身のダークパワーの源が「われわれの地図の外側に広がる宇宙」だという。目に見えない。検知されない。ダークサイドの力は心に入り込み、有害だ。生まれたときからジェダイ・オーダーの伝統で育てられ

［*］乗馬ズボンなど、腰からひざまではゆったりで、ひざから下はぴったりしているズボン。

たジェダイでさえ、ダークサイドとその誘惑にたちまちとらわれてしまうこともあった。
残忍さと巧妙さの両方のバリエーションにおいて、全体主義が過去であり、現在であり、未来でもあることを、『スター・ウォーズ』はタイムリーに思い起こさせる。

シス、デス・スター、フォース

そのような全体主義を目にしたら、きっと気づくはずだとあなたは考えるだろう。映画と小説はたくさんの警告を与えてきた。もっとも有名な例が、ジョージ・オーウェルの傑作小説『一九八四年』[*1]だ。『スター・ウォーズ』の銀河帝国には、非常にオーウェル的な要素がある。もちろんその作風は、『一九八四年』の悲観的なディストピアからかけ離れた楽観的なSFなのだが。両方の作品は圧倒的な規模で大衆の想像力をとらえた。両作とも、権力欲で道を誤る大きな政府というテーマを組み込んでいる。そして、それぞれの架空の政権が悪の擁護者を得る——『一九八四年』のビッグ・ブラザーと、『スター・ウォーズ』のダース・ベイダーだ。

よく知られるように、全体主義の支配が銀河帝国によってもたらされるのを予見したのはオーウェルの小説だった。『一九八四年』で描かれた監視社会の狡猾《こうかつ》な性質は、テレスクリーン[*2]と思想警察[*3]に由来する。オーウェルの素晴らしい言葉がある。「ハチの巣国家が到来する。個人は存在から剝奪《はくだつ》されるだろう。未来は休暇用キャンプ場、偵察車両、秘密警察とともにある」

ダース・シディアスならおそらく、オーウェルの言葉をこんな風に言い換えたはずだ。

[*1]**『一九八四年』** *Nineteen Eighty-Four.* 一九四九年に刊行されたディストピア小説。邦訳は早川書房から刊行。一九五六年と一九八四年には映画化された。

[*2]**テレスクリーン** テレビのように映像を写す機能と、監視カメラの機能をあわせもった装置。

[*3]**思想警察** 反政府的、反体制的思想を取り締まる組織。作中ではオセアニアの秘密警察が、現実には日本の特別高等警察、ナチス・ドイツのゲシュタポなどがあった。

「銀河帝国が到来する、個人は存在から剝奪されるだろう。未来はシス、デス・スター、フォースのダークサイドとともにある」

実際、ダース・シディアスの権力掌握は、ゆっくりと忍び寄る全体主義の典型的な教訓だ。民主制を独裁制に変え、権力を強化し、議長から皇帝になるダース・シディアスの役割は、ローマ帝国を思わせ、ナポレオンとヒトラーをほのめかしてもいる。さらにジョージ・ルーカスは、ベトナム戦争時代のアメリカから銀河帝国の多くがもたらされたことを示唆してきた。より具体的には、アメリカの政治でリチャード・ニクソンが大統領だった時期の一九七三年、ルーカスは『新たなる希望』に着手した。

シディアスはパルパティーン[*4]として、汚職が国家の指導者の権力を妨げていると主張し、銀河元老院の内部で独裁的支配を合法化する。これは現代の政治家が使うありふれた戦術だ。外部の脅威をほのめかすことは、自己の利益を追求するための方便でしかない。それによって、全体主義国家が国内のヒステリー状態を維持できるのだ。

［＊4］**パルパティーン** 銀河帝国の初代皇帝、ダース・シディアスの本名。パルパティーンとしては、銀河共和国の最高議長を務めた。

支配のテクノロジー

それから、機械の活用という要素がある。

『一九八四年』では、科学による機械の活用が完璧なので、ユートピアが可能になっている。ただし、貧困と不平等がサディスティックな支配の手段として維持される。双方向のテレスクリーンで監視する視覚メディアは、すべてを見ている目の優れた象徴だ。オーウェルの本で、監視は政治化され、技術的な悪夢になる。国民がテレスクリーンに映る毎日の運動に忠実に従うあいだ、同時に彼らはテレスクリーンによって観察されている。

『スター・ウォーズ』において、支配の物理的な機械はなんであれ時代遅れであり、フォースのダークサイドによって歴史のゴミ箱の中に放り込まれる。

ダークサイドを使うことで、シスは全体主義のあまねく行き渡る面を実現できる――プライバシーは存在せず、誰も一人にはなれない。テレスクリーンも思想警察も必要ない。シスは思想警察であり、ダークサイドの浸透を利用して意図を見抜くことができる。「あなたは無実を主張する。それでも、私はあなたの考えを読むことができる。彼らはあなたの反逆罪を、国家に抵抗する計画を証言する。フォースは私たちに、絶対の確かさで、銀河帝国に対するあなたの背信の証明をもたらす」

だがそれは、個人として存在することからほど遠い。見せしめになる銀河帝国の臣民はすべて、フォースのダークサイドに尋問され、抑圧され、そのあいだじゅうほかのみながメッセージを受け取る――次はあなたの番かもしれない、と。だから、帝国のよい国民になり、自分の職分を守り、しかし同時に他人を厳しく監視し、彼らの反逆罪に巻き込まれないようにせよ。それは恐怖のクモの巣のようだ。

恐怖のクモの巣

そう、ダークサイドの術は国家監視の極みだ。

それでもまだ、情報の科学が政治的支配の行使に利用できる別の方法がある。あなたがこの項目の数行を読み進む間に、諜報機関は一〇〇テラバイト以上のデータを選んで精査にかけている。それは二時間の高精細（ＨＤ）画質の映画二万五五〇〇本分に相当するデータ容量だ。アメリカ国家安全保障局（ＮＳＡ）は世界の一〇億人以上の電話とインターネット通信を傍受している。彼らのミッションはデータを集めること――外部の脅威、外国の政治、経済と商取引の秘密に関するさまざまなデータを。複数の報道により、ＮＳＡのミッションがいかに人々の暮らしに入り込むようになったかが明らかになった。二〇〇六年から二〇〇九年のあいだに、一万七八三五本の電話回線が、コンプライアンスに違反して不当に許可された警告リストに載り、これらの回線が毎日監視された。監視された電話回線のうち、妥当な容疑に関するＮＳＡの法的な基準を満たした監視対象は、わずか一一％だった。オーウェルでさえこれほど過酷な監視は夢想だにしなかっただろう。

『ワシントン・ポスト』紙の二〇一四年七月の記事によると、アメリカにおいてＮＳＡの監視下に置かれる人の九〇％は一般市民で、しかも意図されたターゲットではないという。同紙は、ＮＳＡが調査したドキュメントには、電子メール、テキストメッセージ、オンラインアカウントが含まれると記した。

ほかの国でも同じパターンが見られる。イギリス政府による仕事、移動、通信の監視は異常だ。国民の行動はますます、クレジットカードの利用、携帯電話情報、監視カメラ（ＣＣＴＶ）を介して監視されるようになっている。世界初のＣＣＴＶシステムは一九四二年、ナチスドイツがペーネミュンデ陸軍兵器実験場*の第七試験台に、Ｖ－２ロケットの発射を観察する目的で設置した。イギリスでこれまでに設置されたＣＣＴＶカメラの数は最大四二〇万台と推計され、国民一四人に一台ほどの割合になる。同じくイギリスで、政治的情報操作と

［*］**ペーネミュンデ陸軍兵器実験場**　ドイツ陸軍兵器局によって設立された五つの兵器実験場のなかの一つ。

婉曲表現というオーウェルの世界の様相が認められる。あるいは、ダース・シディアスがこんな風に言い換えるのを想像してもいい——戦争は「衝突」、民間人の犠牲者は「副次的被害」、従業員の解雇は「規模の適正化」、ソフトウェアの欠陥の修正は「信頼性の強化」などなど。

各国の安全保障局と諜報機関はそれらを含めて、世界的な監視の拡大に関与している。オーストラリア、イギリス、カナダ、デンマーク、フランス、ドイツ、イタリア、オランダ、ノルウェー、スペイン、スイス、シンガポール、イスラエルは、NSAが監視している市民の未加工でフィルターをかけていないデータを受け取るのだ。

諜報機関

NSAは数億台分もの携帯電話の位置情報を日々追跡している。この追跡により、人々の動きと関係のマッピングがかなりの精度で可能になる。NSAはまた、グーグル、マイクロソフト、フェイスブック、ヤフー、ユーチューブ、AOL、スカイプ、アップルといった大手テクノロジー企業が提供するサービスを使った通信にもアクセスする。NSAはこうした潜入により、個人メールの連絡先とインスタントメッセージのアカウントを年間数億件も収集することが可能になっている。多数のテクノロジー企業に協力や強制、あるいは潜入を図るほかに、この諜報機関はまた、インターネットで使われる暗号の多くを弱めてきた。結果として大多数のインターネットプライバシーが現在、攻撃に対して脆弱になっている。

しかし、もしＮＳＡがこれほどまでに全能であまねく監視しているなら、なぜ情報の流出を許しているのか？　明らかに理想的ではない。それでもやはり、まさしくこの情報流出は銀河帝国の戦術と同様の目的にかなうのだ。いまや、誰もが監視されていることを自覚している。次は自分の番かもしれない。だからよい市民になり、服従しよう。彼らのダークパワーは地図の先に及ぶ。目に見えない。検知されない。ハチの巣国家が到来する。個人は存在から剝奪されるだろう。未来はリアリティー番組、ドローン、ＮＳＡとともにある。

デス・スターは一撃で地球を破壊できるか

この質問に答えるために、グランド・モフ・ウィルハフ・ターキンのようなデス・スター司令官は、デス・スターにどんな種類の凶悪兵器が搭載されているかを考える必要がある。

正史によると、デス・スターの主要兵器は、ハイパーマター（超物質）を動力とするスーパーレーザーだという。「ハイパー」の使用はよくあるSFのトリックだ。ハイパーという言葉が科学的に聞こえるだけでなく、「ずっと上の」や「超越した」の意味があることから、これが普通の物質ではなく、実際の科学がまだ遭遇していない何らかの異質なものであることをほのめかす。

たとえそうでも、ほかのデス・スター兵器の動力は容易に理解できる。惑星全体を破壊する十分な火力で、スーパーレーザーはただ一度、オルデランのような固定の標的に発射されただけだった。その後、デス・スターは次の攻撃を繰り出す前に、二四時間の再充填時間を必要とした。

［＊1］**グランド・モフ** 銀河帝国宙域を統治する総督をモフという。シーヴ・パルパティーンにより、ターキンが初代グランド・モフに任命された。

SFが原子爆弾を発明した

デス・スターのような究極の兵器のアイデアは、長年にわたり空想科学の夢だった。そして、空想された兵器の多くがのちに現実となっている。

レオナルド・ダヴィンチは飛行機械を夢想したことでよく知られ、ほかにもロボット騎士や蒸気砲のような兵器を思い描いた。だが、一九世紀の機械の時代になると、超兵器が前面に出てきて、未来戦争フィクションのサブジャンルを丸ごと生み出した。

デス・スターの前身である原子爆弾はＳＦの中で発明された。

Ｈ・Ｇ・ウェルズは予言的な一九一四年の小説『解放された世界』[*2]で、まさしく「アトミック・ボム（原子爆弾）」という言葉を初めて使った。『解放された世界』の出版からわずか三〇年あまりで、広島に原爆が投下された。

原子物理学者アーネスト・ラザフォードなどの科学者たちから、「（自然が）その秘密を守る」ので原子超兵器は決して実現しないと言われたウェルズは、しかし、原子が巨大なエネルギーの居場所であることを知っていた。原子はまさしく恒星のエネルギー源だ。ウェルズは作品中で大虐殺も予測した。世界の主要都市が航空機から投下される小型の原子爆弾によって壊滅する。これは単なる当て推量ではなかった。ウェルズの兵器は真の核の知見に基づいていた。アインシュタインの「質量とエネルギーの等価性」から、核分裂の連鎖反応によって激しい爆発的なエネルギーに変わる核兵器のアイデアが生まれたのだ。

そして現在、デス・スターはすべてのＳＦ超兵器の中でもっとも有名な創作物になっている。しかし、デス・スターはオルデランを粉砕するのに、あるいは地球を蒸発させるために、どんな種類のエネルギーを必要とするのだろう？

それは惑星の重力結合エネルギーと呼ばれるものに依存する。これは、惑星を始めとする重力の束縛がある天体に対し、重力の束縛を脱するために加える必要がある最小のエネルギーを意味する。言い換えるなら、重力の束縛を完全になくして惑星を粉々にしてしまうだ

［＊2］『**解放された世界**』*The Last War.* 邦訳は岩波書店から刊行。核戦争の危険性を予見した作品ともいわれる。

けのエネルギーが必要だということだ。地球またはオルデラン、いずれかの任務のためにデス・スターが必要とする重力結合エネルギーは、大まかに同じだろうと考えられる。

地球とオルデランは非常に近い惑星のように思われる。オルデランは地球のような世界として描かれている。誕生から四〇億年か五〇億年が経ち、雪を頂いた高い山々と緑の牧草地が広がるこの惑星は、宇宙から見ると、まばらな白い雲に覆われた青緑の球のようだ。かなり地球に似ている。二つの惑星の質量が近いことを支持する具体的な証拠や測定値はないが、議論のために、二つの世界がその類似性に基づき大きさの点でも近いと想定しよう。そうすることで、デス・スターが地球を破壊するのに必要なエネルギー量を計算できるようになる。

地球の破壊に必要なエネルギー

惑星の重力結合エネルギーの方程式は簡単につくれる。

最初に「G」で表される万有引力定数を検討しよう。

これは別名「ニュートンの重力定数」、また日常会話的に「大文字の G」とも呼ばれ、自然界の普遍定数の一つだ。G は物体間にはたらく重力の計算に使われ、この方程式の場合、結合エネルギーは G の三倍に比例する。結合エネルギーはまた、惑星の質量の二乗に比例し、同じく惑星の半径（惑星の中心から表面までの距離）の五倍に反比例する。

ここで G（6.674×10^{-11}）、地球の質量（5.97237×10^{24} キログラム）と地球の半径（六三七一キロメートル）の値を方程式に代入すると、デス・スターの司令官が地球を破壊するために必要とするエネルギーの量を導き出せる。

得られるエネルギー量は、2.24×10^{32}ジュール、あるいは二溝《こう》二四〇〇穣《じょう》ジュール。これはかなり立派に見えるエネルギーの規模だ。これがどれぐらいのエネルギー量であるかについて、「野球場何個分」に似た比較を示すと、平均的な稲妻のエネルギーの二〇〇〇垓倍、激しい雷雨で放出されるエネルギーの二京倍、ユカタン半島に衝突した小惑星がチクシュルーブ・クレーター[*1]をつくったときに放たれたエネルギーの約五億倍となる。

より関連性の高い宇宙での比較を示すと、太陽から一秒間に放出されるエネルギー量は3.8×10^{26}ジュール。これは太陽が六・八日で地球の重力結合エネルギーに匹敵するものを放出することを意味する。そう、一週間分の日光で地球を破壊できるのだ。ただし、まださやかな問題が残っている。これほどのエネルギー量をどうやってつくり出すかだ。

［＊1］**チクシュルーブ・クレーター**　89ページ参照。

反物質爆弾はどうか？

反物質ならできるかもしれない。

ＳＦの世界は反物質に満ちている。そこでは膨大なエネルギー量が描かれる。『スター・トレック』で宇宙船ＵＳＳエンタープライズ号の機関主任を務めるスコッティーは、推進力のために凍結された反水素を主燃料として使う。ダン・ブラウンの小説『天使と悪魔』[*2]に登場する物理学者は、バチカンを爆破するのに十分な反物質をつくることに成功する。ＳＦ作家の想像力は、反物質の銀河や、さらには丸ごと反物質でできている宇宙にまで及んだ。反物質はあらゆる点において通常の物質と反対のもので構成されている。

その概念は、一九三〇年に物理学者ポール・ディラックによって最初に提唱された。陽電

［＊2］**『天使と悪魔』** *Angels & Demons.* 邦訳は角川書店から刊行。大ベストセラー『ダ・ヴィンチ・コード』で活躍するロバート・ラングドンが初めて登場した作品。二〇〇九年には映画化された。

子（反電子）の存在は二年後に確認されている。

デス・スターのスーパーレーザーは反物質爆弾を発射できたかもしれない。このデス・スターの兵器が標的に放たれるレーザーだと想定すると、巨大な反物質装置の照準を地球などの惑星の中心に向けることができたはずだ。確かに、反物質は宇宙になかなか存在できない。デス・スターはおそらく何トンもの反物質を必要とするが、現実の研究室でこれまでに分離されたのはわずか一兆分の一グラムにすぎない。

それでもやはり、反物質の位置エネルギーは膨大だ。素晴らしいエネルギー源にも、恐ろしい爆弾にもなるだろう。

反物質が通常の物質と接触して爆発するとき、結果は一〇〇％の相互消滅だ。アインシュタインの有名な方程式 $E = mc^2$ が当てはまるので、少量の物質が膨大な量のエネルギーに変換される。自動車と等しい質量の反物質があれば、世界で使われる電気一年分を発電できるだろう。

では、デス・スターの司令官は、いったいどれくらいの反物質を手に入れる必要があるのか？

だいたい一兆二四〇〇億トンだ。質量に関して、この反物質爆弾は小惑星プシケの約二万分の一だろう（プシケについては、デス・スターの建造費を計算する際に言及した）[*1]。一兆二四〇〇億トンの反物質を球体にすると直径三キロメートル、プシケの六〇分の一程度になるだろう。

これは巨大な爆弾だ。

［＊1］31ページ参照。

それでもデス・スターの直径は一二〇キロメートルなので、やすやすと格納できただろう。実際、スーパーレーザー砲のくぼみ（デス・スター表面の巨大なトレードマーク）の相対的な大きさを考慮してみよう。くぼみの中央の穴は直径約六キロメートルで、さきほど計算した反物質爆弾を余裕で発射できる口径だ。

デス・スターのトラクター・ビーム[*2]を思い出そう。この技術でフォース・フィールドを発生させて重力を操り、反物質爆弾を搬送できるかもしれない。『スター・ウォーズ』において、このような装置は多くの宇宙船に搭載され、エネルギー・フィールドを発生させることでほかの船や物体を固定したり動かしたりしていた。

「ちょっと待てよ」と、あなたは自問するかもしれない。「爆弾は地球の大気圏を通過するときに燃え尽きないだろうか？」。つまるところ、反物質が通常の物質に出会うとき、結果は大爆発だ。

ここで、悪賢い司令官は反物質のBプランを検討する可能性がある。デス・スターは反物質を精製して、反ルーカソニウム[*3]――一立方センチメートルあたり一〇億キログラムという超高密度の物質――の反物質弾を製造できたかもしれない。これは地球の核に撃ち込まれるだろう。ルーカソニウムはナイフでバターを切るのと同じくらいやすやすと通常の物質を貫通する。したがって、反ルーカソニウム弾はすぐには消滅しない。その代わりに、プラズマの保護鞘をまとって、地球の核に投下される。お次は、通常のルーカソニウム弾だ。これも地球の核に向けて、核の完全な中心で一発目とぶつかるよう、正確に計算されたタイミングで投下される。この場合、二つの砲弾は同時に互いと地球を壊滅させる。反物質のBプラン

［＊2］**トラクター・ビーム**
282ページ参照。

［＊3］**反ルーカソニウム**
著者の造語。ジョージ・ルーカスに由来する。

は、空間効率にきわめて優れているだけではなく、地球の核において全エネルギーを解き放ち、最大の破壊をもたらすという追加の利点もある。

大量絶滅

デス・スターの反物質爆弾がもたらすのは地球の最初の大量絶滅ではない。しかし、最後になるのは確かだ。

地球の歴史における大量絶滅の原因については、まだ議論が続いている。ただし大半の科学者は、生物圏に短期的な衝撃が及ぶとき、結果として大規模な絶滅が起きるということに同意する。その歴史で地球が経験したおもな絶滅のうち、地球外からの衝撃と結び付けられるものが一つだけある。それは白亜紀と古第三紀の境界となる事象で、すべての非鳥類型恐竜を含む動植物種のおよそ四分の三が大量絶滅した。

比較的小さな衝撃は、大量絶滅の歴史に刻まれるほど大きな影響を及ぼさない。

直径一キロメートルの小惑星は、五〇万年かそこらに一回の頻度で地球に衝突している。さらに小さな物体は、より高頻度で地球に衝突する。このような衝撃の証拠は、アリゾナ州のバリンジャー・クレーター（わずか直径五〇メートルのニッケル鉄隕石がつくった一キロメートルのへこみ）で確認できる。直径五キロメートルの物体による比較的大きな衝突は二〇〇〇万年に一回の頻度で起きてきた。直径一〇キロメートル以上の物体による最後の既知の衝撃が、六六〇〇万年前に白亜紀―古第三紀境界の大量絶滅をもたらした。これをもたらした巨大隕石についてはすでに書いた[*]。そんなわけで、デス・スターの反物質爆弾は地球外

●バリンジャー・クレーター

D.Roddy, U.S.geological Survey

[＊] 89ページ参照。

からもたらされる二回目の「最近の」大量絶滅ということになる。

もちろんデス・スター司令官は、反物質兵器で粉砕するシンプルなオプション以外に地球を破壊する別の方法を検討できるだろう。その方法とは、地球の核分裂だ。これには、デス・スターが何らかの宇宙の核分裂装置になり、地球のすべての粒子を分裂させて水素またはヘリウムに変えることが必要となる。さらに別の方法として、地球を極小のブラックホールに吸い込ませる方法も考えられる。ただし、いうまでもなくそのために極小のブラックホールが必要だし、デス・スター自身も吸い込まれてしまわないように注意しなくてはならない。ルーク・スカイウォーカーのほかにも、デス・スター司令官が直面する落とし穴はありそうだ。

未来の巨大都市はコルサントの世界都市に近づくか

銀河系の中心部のもっとも人口稠密《ちょうみつ》で進歩した星系の中に位置していたので、人類がこれまでに見たもっとも濃密で豊かな人間の集中区域になることは、ほとんど避けられなかった。その都市化は着々と進み、ついに頂点に達する。惑星の陸地表面が単一の都市になった。人口はその最盛時には数百億人を優に超した。この膨大な人口のほとんどすべては、もっぱら帝国に必要な管理部門で働いていたが、その作業の複雑さに比べてあまりにも人数が少ないと皆が感じていた。毎日、何千何万という船隊が「夏の惑星」と呼ばれる農業世界から都市の食卓に産物を届けた。

食料と、事実上すべての生活必需物資を外の世界に依存していたことが、包囲攻撃にたいする抵抗力をますます弱めることになった。帝国最後の千年紀には、無数の同じような反乱が次々に起こり、歴代の皇帝は次第にこの弱点を意識するようになっていき、帝国の政策はほとんど都市のかぼそい頸動脈を守ることだけになっていった。

この真に迫る記述は一見、銀河系の都市惑星コルサントのことのようだ。一兆以上の人々のすみか。数千年かけて建設された都市。コルサンティの文明社会の中心。

しかし、実のところこの記述は、コルサントより早い世界都市——世界全体が一つになった都市——に関するものだ。それは、ロボット三原則と『われはロボット』[*1]で知られるアメ

［＊1］**『われはロボット』** *I, Robot.* 一九五〇年に刊行された短編小説集。邦訳は早川書房などから刊行。二〇〇四年に映画化された（邦題は『アイ、ロボット』）。

リカの作家アイザック・アシモフが一九四二年に書いたSF小説、「ファウンデーション」シリーズに登場する架空の惑星トランターの記述だ。[*2]

言葉としての「世界都市」は、一九六七年にギリシャの都市計画者コンスタンティノス・ドクシアディスによってつくり出された。考え方はこうだ——早晩、世界の都市部はきわめて大きく広がり、最終的に融合するだろう。だが、そんな世界都市は実現していない。都市のスプロール現象[*3]が世界中で続いているだけだ。とはいえ、例によって、SFが発想を先取りしていた——二五年も前に。

想像の都市

超高層ビルの建築家の一人はダーウィンだった。

といっても、ヒゲをたくわえた進化論者ではない。彼の独創的な祖父、エラズマス・ダーウィンだ。彼の詩『自然の神殿』[*4]（一八〇三年）は、優れたSF的なビジョンを予見した——自動車があふれかえる未来、原子力潜水艦、巨大な超高層ビルが林立する都市。未来都市のイメージはすぐに憧憬の的になった。

フリッツ・ラングの映画『メトロポリス』は好例だ。この一九二七年のSF大作は、ワイマール共和国が絶頂期のドイツで製作され、当時もっとも高い製作費の無声映画だった。フリッツ・ラングのスタイリッシュで独創的な作品は「レイガン（光線銃）ゴシック」[*5]と呼ばれた。この映画では、当時のモダニズムとアールデコに基づく建築がフィーチャーされている。だがこれは一方で、近代建築の環境——超高層ビルと社会格差の未来的ディストピア

［*2］アイザック・アシモフ『ファウンデーション——銀河帝国興亡史〈1〉』（岡部宏之訳、早川書房）を基に、ブレイクによる改変（固有名詞の省略や数字のぼかし）に合わせて調整。

［*3］**スプロール現象**　都市が無秩序に拡大していく現象。

［*4］**『自然の神殿』**　原題は *The Temple of Nature.* 未邦訳。進化に対するエラズマスの考え方を主題とし、生命が微生物から文明社会へ進展する過程を描く。

［*5］**レイガンゴシック**　光線銃のほか、空飛ぶ車やジェット・パック（背負ったジェット噴射装置で推進する）のようなレトロフューチャーなガジェットが含まれる。

――についての設計思想に対する社会的な論評でもあったのだ。

銀河都市コルサント

ここで、惑星全体に広がるもう一つの都市、コルサントの出番だ。

ここもまた、超高層ビルと社会的格差の未来的なディストピア。コルサントの地表レベルの超高層ビルは、裕福で、権力があり、政治に精通した人々の住居と事業所の役割を担う。コルサンティのエリートたちは民間のエアスピーダーに乗り、騒々しいスカイレーンを通ってビルからビルへ運ばれる。交通はひっきりなしに続く。ただし、衝突事故はめったに起きない。というのも、スピーダーは自動ナビゲーションシステムを搭載し、あらかじめプログラムされた経路をスピード調節しながら進むからだ。

コルサンティのエリートの中には銀河元老院の最高議長と議員たちがいる。コルサントのこうした裕福な権力者たちは贅沢《ぜいたく》なライフスタイルを謳歌し、(超)高層アパートメントでくつろぎ、高級レストランで食事を楽しむ。銀河共和国が堕落し、クローン戦争が猛威をふるい、一般市民の心が離れていったときでさえ、コルサンティのエリートは、外の銀河系の状況に気づかず、慣れた生活に浸り続けた。金持ちとはそういうものだ。超高層の暮らしぶりにふさわしく、エリートは濾過された清浄な空気を呼吸する。

低層階に日光は決して届かない。

コルサントのアンダーワールドは完全に様相が異なる。シーヴ・パルパティーンがアナキンにこう語りかける。「わが弟子よ、コルサントでもっとも希少な資源が何かわかるか?

空だ。ここでは、太陽は神話なのだ」[*1]。コルサントの最上階層のレベル五一二七と最低階層のレベル一とでは、まさに天と地ほどもかけ離れている。都市の表層構造の下にも数千の階層が広がり、その一部は居住に適さないとされた。アンダーワールドには人工照明が不可欠で、住民は工場の煙霧と乗り物の排気ガスで毒された空気を呼吸するしかなかった。

アンダーワールドはコルサントの犯罪者集団の拠点になっているが、一方でブルーカラーの住民の多くが比較的快適に暮らしている。アンダーワールドは都市の下に広がる大規模な都市であり、行き来するには巨大なポータル[*2]が使われる。何百万、何千万もの人々が、過度の貧困で上層階に移れないか、または監視国家の目を避けて、世界都市の内部に暮らしている。このような市民は、たとえ惑星の表面を見ることがあったとしてもきわめてまれだ。彼らは暴力と絶え間ない死の脅威にさらされて生きる。これは『スター・ウォーズ』の宇宙であまり描かれない一面だ。

［＊1］マーベル・コミックから刊行されたコミック・ミニシリーズ *Star Wars: Obi-Wan & Anakin*（未邦訳）の第二部にある場面。

［＊2］**ポータル**　上層階から最下層までをつなぐ縦穴。

未来の地球のメガシティー

世界都市コルサントは地球の都市の未来像とどの程度似ているだろう？

今のところ、人類はどちらかといえば都市の外観にこだわっているように感じられる。未来の都市はメタリックな建物と緑の植物で埋めつくされるようだ。しかし、おそらくこうした未来像はあっというまにレイガンゴシックと同じくらい時代遅れになるだろう。予言は科学ではない。しかし、私たちが今取り組んでいるものからしか未来が生まれないのも確かだ。『スター・ウォーズ』風の壮麗な都市景観が一足飛びに実現するのではなく、都市が将来直面するとてつもない規模の問題に都市計画立案者と建築家が対処するなかで、真の創造的なイノベーションがリアルタイムで展開するだろう。

新しい流行語は「サバイバビリティー（生存可能性）」だ。

人類の文明社会はたった一つの惑星を拠《よ》り所にしている。『スター・ウォーズ』銀河系にはほかのオプションがあった。この章の冒頭で引用したトランターや、地球の古代の都市国家と同じように、『スター・ウォーズ』の惑星も独自の農業世界、あるいは「夏の惑星」から産物を搬送できる。しかし、今の私たちには地球しかない。

この惑星の主要な大都市は、その四分の三が沿岸部にある。二一世紀の来たる超大国、中国を例に挙げよう。世界銀行によると、洪水が多発する珠江デルタにあり、いまや世界最大の都市化地域にある中国の都市に、毎年二〇〇〇万人が移住しているという。

『ガーディアン』紙の記事も、各国の沿岸部都市に住む一〇億人以上が、気候変動のせいで二〇七〇年までに深刻な洪水と異常気象の被害を受けやすくなると予測している。さらに大勢が、水不足、難民による感染症媒介、政情不安といったドミノ効果[*]に直面する。

合い言葉は水

未来のスマートシティは浮かぶ都市になる可能性がある。

深刻化する気候変動と海水面上昇に直面して、未来都市の立案者が最初に思いつくのは、そうした環境の変化から都市を防御するアプローチに徹することかもしれない。水を寄せつけないメガエンジニアリングのプロジェクトを構築する。上昇する海水面に直面するとき、

［*］**ドミノ効果**　ある出来事がきっかけとなって、ドミノ倒しのように連鎖的にほかの出来事を引き起こすこと。

沿岸部から後退する以外にも選択肢はある。都市は水面の上にもち上げられた状態で建設できるかもしれない。

海が未来の基準面になる。都市は、土地に固定され占有されるのではなく、単に揺れ動く水面に適応するのだ。コルサントは多数の階層でできていて、固定されていた。地球の未来都市は、海水面上昇を受け入れ適応するために再設計されるだろう。スマートな設計は、水を締め出すのではなく、むしろ水を受け入れる。トランターやコルサントのような包囲攻撃に対する脆弱性を防ぎ、避けようのない環境からの攻勢に臨むために、都市と自然、都会と田舎の境界は再編成されるだろう。

『フォースの覚醒』の製作段階で、『スター・ウォーズ』のプロデューサーらは、当初ジャクーを水の惑星にすることを検討していた。地球はすでに水の惑星の一つだ。したがって、もし地球の未来都市の姿を見たいなら、コルサントよりもベネツィアのような形態を想像するといい。

足元に水面が広がる都市。水浸しの地下鉄、冠水した地下通路と歩道。地階の店舗は水中で営業する。輸送を担うのはエアスピーダーではなく、船か気球。スローで優しいライフスタイル、より静かな都市、穏やかに続く内燃機関の音。地球の未来都市は、自然と戦うのではなく、水が優勢な惑星の生活を受け入れるだろう。

C－3POのような知的なマシンはいつ実現するか

『スター・ウォーズ』の宇宙で最初に登場するキャラクターのひとりであり、シリーズで最初に言葉を発することでも知られる。上品なイギリス執事風のロボット、C－3PO。簡単にいうと、人工知能とサーボモーターを備えた真鍮《ちゅう》製の機械だ。いつも一緒にいるのはR2－D2。生意気だが頼りになる車輪つきの揺れるゴミ箱で、ビープ音と甲高い電子音が特徴だ。

これらのロボットは見分けやすい個性を備えるドロイドとして私たちの心に入り込んだ。C－3POは、こうるさく不安げな態度で、R2の発話を翻訳しつつ、物語で起きていることに説明を添える。いつも言い争っているC－3POとR2は、昔なじみか、あるいはほとんど長年連れ添った夫婦のようにも思われる。

構造は異なるが、どちらも高度な人工知能を備え、自律的に行動することと、忠誠を示すことができるのだ。このようなロボットは命令に従うが、必要に応じて破ることもでき、それぞれが主要な機能に合わせて調整されたプログラミングに従っている。

しかし、現実の世界では、いつC－3POのような知的なロボットが登場するのだろう？

ロボットの台頭

「ロボット」という言葉は一九二〇年、チェコの作家カレル・チャペックによるSF戯曲

『ロボット（R．U．R．）』[*1]で最初に使われた。ロボットは、「強制労働」を意味するチェコの言葉「robota」に由来し、劇中に登場する人類によく似た機械のキャラクターを指す。

それ以来、ロボットは頻繁にSF作品で描かれ、ごく小さいナノボットから巨大なオートボット[*2]までバラエティーも豊富だ。象徴的なロボットは、フリッツ・ラングの一九二七年の映画『メトロポリス』に登場するアンドロイド「マリア」だ。マリアのデザインは、コンセプトアーティストのラルフ・マッカリーの想像力にたどり着き、彼がC‐3POの外見を考案した。

ただし、SFで描かれるロボットと、実際に開発されるロボットは異なっていることが多い。現実世界でロボットという言葉を使うとき、それは通常、自動的に稼働するプログラム可能な機械を指す。

現実のロボットは、製造のための産業用機械としてもっとも多く存在している。というのも、産業用ロボットは反復的な仕事を速く正確に実行することがきわめて得意だからだ。ロボットには、機動性の高い関節付きの腕を備える据え置き型と、作業環境を自由に移動する可動型ユニットがある。

可動型ロボットは、ずいぶん前から工場以外にも活躍の場を広げ、今では病院、家庭、玩具、軍事、宇宙ミッションといった用途に合わせて設計されている。NASAが開発した「ロボノート」という宇宙ロボットは、「最新技術を使ったきわめて器用なヒューマノイドロボット」と説明される。ヒューマノイド（人型）の利点は、人間による宇宙ミッションを支援する能力だ。

［＊1］**『ロボット』** 原題は *Rossumovi univerzální roboti* で「ロッサム万能ロボット会社」の意味。邦訳は岩波書店から刊行。

［＊2］**オートボット** 『トランスフォーマー』に登場する人間と友好的な金属生命体。

たとえばボストン・ダイナミクス[*]は、人間や動物を模した可動型ロボットを数多く開発し、「ビッグ・ドッグ」「チーター」「PETMAN（ペットマン）」などと名づけた。同社の最新の人型ロボット「アトラス」は、C－3POと同等の可動性を備える。ただし、3POの真鍮の外装と知性はないが。

レディング大学でサイバネティックス（人工頭脳学）を専門とするケビン・ウォーウィック教授はこう考えている。「現在はインテリジェントなロボットが登場しているが、単一のタスクに特化する傾向がある。それはたとえば、一〇年後か二〇年後、路上を走る自律走行車で明らかになるだろう。問題は、それらのタスクがどの程度統合されているかだ。単一のタスクに関してはインテリジェントだろうが、C－3POのようなロボットはマルチタスク処理を行う。そんなロボットはほんの少し人間に近づく」

[*] グーグルの親会社であるアルファベットの傘下だったが、二〇一七年六月にソフトバンクグループによる買収が報じられた。

目的をもって開発されるロボット

私たちは機械に囲まれている。機械は日常生活に浸透している。衣類を洗って乾かし、毎週のテレビ番組を録画し、室内を快適な温度に保つ。個々の装置は効果的に機能するため、置かれる環境と適切な方法で相互作用することが求められる。

可動型ロボットの場合、センサー、車輪、関節接合の手足、音声出力、物をつかむ手段などでそれを実現するかもしれない。同時に、各種機能を「インテリジェントに」使うことを可能にするプログラミングの水準も必要だ。ただし、ここから先、装置の知性の水準は、実行する必要があるタスクに見合うものにとどまる。

Ｃ－３ＰＯはおもに知覚種族間の関係を取りもつプロトコル・ドロイドだ。プロトコル・ドロイドは人間の環境で首尾よく活動するために、人間に似た形態を与えられた。人型であることは、おもに人間向けに設計された世界でドアを開け、階段を通り、基本的なやり取りをするのに役立つ。

役割を全うするため、六〇〇万を超える言語を流暢《りゅうちょう》に話し、しばしば通訳として活躍する。また、各知覚種族の儀礼についてもプログラムされていた。これらの両機能に必要なのは、異なる種族の文化的な規範と習慣に関する徹底的なデータベースと、各種族が理解できる方法でコミュニケートする能力だ。地球の脊椎動物はたいてい音をコミュニケーションの手段として使うが、エイリアンの種族はそれ以外の独特な方法を使うかもしれない。

ただし、実世界のロボットをＣ－３ＰＯと比べるなら、おそらくもっとも近いのはホンダの人型ボット「ＡＳＩＭＯ（アシモ）」だろう。

身長は一三〇センチメートルで、背負った約六キログラムのバッテリーを使って一時間稼働できる。カートを押し、トレイを運び、時速九キロメートルで走行可能。周囲の環境を認識するために、三メートルの範囲の超音波センサーと二メートルの範囲のレーザーセンサーを備え、地上の障害物を回避できる。さらに、床のマーキングを捕捉する赤外線センサーと、ハイダイナミックレンジのカメラ二台の「目」も備える。

これらのセンサーとプログラミングにより、ＡＳＩＭＯは進路や迂回路を決定して進んだり、動いている対象を認識して回避したりできる。また、二つのマイクで音が聞こえてくる方向を感知し、複数の人が同時に発した言葉も識別可能だ。ホンダはＡＳＩＭＯを「世界で最先端の人型ロボット」と説明している。

ＡＳＩＭＯのようなヒューマノイドロボットは確かに人間に似せて設計されているが、人間のように思考することはまったく別の難題だ。

人工知能

人工知能（ＡＩ）は、通常は人間の知能を必要とするタスク――視覚的認識、音声認識、意志決定、翻訳など――を実行可能なコンピュータシステムの理論と開発を意味する。

ＡＩのためのもっとも有名なテストはおそらく「チューリングテスト」だろう。このテストでは、被験者が未知で見えない二組の相手とやり取りをする。相手の一方は人間で、他方は機械だ。被験者は、両者に質問を投げかけ、それぞれの返答から、どちらが人間でどちらが機械かを判定する。もし被験者が両者を区別できなければ、機械はＡＩとして合格だ。

アラン・チューリングがこのテストを提唱した一九五〇年、コンピュータはまだ幼年期だった。ＵＮＩＶＡＣ[＊1]（ユニバック）などの当時のメインフレーム・コンピュータは何千本もの真空管で稼働していた。一部屋を丸ごと占める巨大な機械を操作するには、大勢がデータ入力のためにパンチカードを打ち込みスイッチを操作する必要があったのだ。

時代とともにコンポーネントは小型化し、計算能力は向上して、さらに多くの複雑なやり取りが可能になった。

チェスのグランド・マスターで世界チャンピオンのガルリ・カスパロフは一九九六年、ＩＢＭのスーパーコンピュータ「ディープ・ブルー」と対戦し、三勝一敗二引き分けで勝利し

［＊1］**UNIVAC** Universal Automatic Computer の略で、アメリカのレミントンランド社が、一九五一年にＵＮＩＶＡＣ Ｉを開発した。

た。だが一年後、一勝二敗三引き分けでカスパロフが敗れている。

より最近の「人間対機械」チャレンジでは、ＩＢＭの別のスパコン「ワトソン」がクイズ番組『ジョパディ！』[*2]に出場し、ほかの参加者たちに勝利した。これが画期的だったのは、ワトソンが自然言語を「理解」し、根拠に基づく学習を利用して、正解を答えることができた点だ。この技術は現在、ＩＢＭのスマート知育玩具「コグニトイズ」に搭載されている。

［＊2］『ジョパディ！』*Jeopardy!* 毎回三人の解答者が参加し、獲得賞金の総額を競う。一九六四年から放送が開始された。

行間を読む知能

Ｃ－３ＰＯは、ハット族と人間のような異なる種族間の関係を取りもつために、高度な機能を必要とする。種族間のコミュニケーションの独特なニュアンスを把握する能力をもつ必要があり、それによって、考えられる複数の意味から検討し、適切な回答を選択できるようになる。

重要なのは、ＡＩは人間とやり取りする能力を必要とする各種の装置に組み込めるという点だ。『２００１年宇宙の旅』に登場するＡＩ「ＨＡＬ」の場合、宇宙船全体のオペレーションを担う基本部分だった。将来はこうしたＡＩが家庭に入り込んでいるもしれない。ウォーウィック教授は指摘する。「私たちは高齢化社会に直面しているので、おそらくこうした機械に高齢者の世話をさせる必要性が急速に高まるだろう。外見はＣ－３ＰＯに似ていなくても、人が必要とするものを把握できるよう各種センサーを搭載するはずだ」

これらの機械は、人間の知覚よりも高度なセンサー能力を備える点で、人間に比べてさまざまな長所がある。難しいのは、人間が体調を崩しているような状況を認識し、適切に対応する能力が機械に備わっているかどうかだ。それには、個人のニーズと希望を「理解」し、有益な方法で作業することが求められる。したがって、ＡＩは一定の共感能力を備えることが必要になるかもしれない。一部の研究者は情動コンピューティングを研究してきた。これは、「システムが人間の状態と感情を把握し、こうした親密な情報を共有できるようにする新興のパラダイム」と説明される。研究者らは、情動コンピューティングの応用が高齢化社会の支援に限定されないことを強調している。つまり、共感能力が機械の「知能」の一部になる可能性があるということだ。

Ｃ－３ＰＯのような知的機械

将来は、機械がプログラミングの点ではるかにダイナミックになり、よりパーソナルなレベルで人とやりさ取りできるようになるだろう。

私たちは機械に観察する手段を与え、性能の向上に応じて、日常の決まりきった作業を機械に託す範囲を増やしていく。食料や日用品などの買い物や、毎日の用事を自動的にこなすのに、私たちはますます機械に頼るようになる。

行動を導くプログラミングの向上により、機械は単に入力情報に対処するものから、状況から学習し順応する存在へと進歩していく。ウォーウィック教授は語る。「私はこの学習と順応性が人間の知能の重要な部分だと思う。（中略）インテリジェントな機械に注目すると（中略）最近は多くの機械がまさに学習している。（中略）学習が知能の重要な部分であり、それが個々の存在に個性を与えている」

私たちはスマートな技術に囲まれた時代に生きている。自分のデバイスに話しかけると、言葉が認識される。さらには、ソフトウェアが大まかな翻訳までしてくれる。将来、C－3POのAIが「Siri*」にアップグレードされるかどうかはわからない。AIロボットが実現するとき、外見はSFのクラシックなロボットとは異なるかもしれないが、きっと素晴らしいものになるだろう。

［*］Siri　iPhoneなどのアップル製品に搭載されているAIアシスタント。

トラクター・ビームを実現する未来の動力源

トラクター・ビーム。この見えないテザー（つなぎ縄）に捕えられると、もはや逃れられない。ミレニアム・ファルコンが全力を尽くしても、その圧倒的な牽引力にはなすすべがなかった。

「牽引ビーム」を最初に登場させた作品は、E・E・スミスが一九二八年に発表した古典SF小説『宇宙のスカイラーク』*。『スター・ウォーズ』のトラクター・ビームよりも有効距離が短いバージョンだった。牽引ビームは、囚人を壁に押さえつけたり、二隻の宇宙船を固定したりするのに使える力の光線だと説明された。

それ以来、エイリアンによるアブダクションの道具から、宇宙船を安全に母船へ収容させる手法まで、さまざまなトラクター・ビームがSFに登場している。こんな疑問が浮かぶかもしれない――本物のトラクター・ビームが実現するまで、あとどれくらいかかるのだろう？　それはどんな仕組みなのか？

[＊]**『宇宙のスカイラーク』** *The Skylark of Space*. 邦訳は早川書房（一九六六年）などから刊行。

トラクター・ビーム

『新たなる希望』にこんなシーンがある。ミレニアム・ファルコンは光速を脱し、惑星オルデランがあるはずの場所に到着する。だがオルデランは存在せず、ただ瓦礫が散らばっているのみ。

ファルコン号が進んでいると、衛星に向かっているとおぼしきTIEファイターに追い越される。TIEファイターを追跡するとほどなく、衛星と思われたものが実際は巨大な宇宙ステーションであることを悟る。ファルコン号は差し迫った危険を回避するためコースを変えようとするが、どうしてもできない。トラクター・ビームに捕らえられてしまったのだ。

デス・スターのような巨大ステーションが安全に宇宙船を収容する手段を備えることは理にかなっている。すべての着艦をパイロットの手腕に任せることを想像してみるといい。トラクター・ビームは有効な解決策のように思われる。いわば、大型船を港内に誘導するのにタグボートを使うようなものだ。ミレニアム・ファルコンの場合を除き、デス・スターへの着艦は、見えない釣り糸にかかった魚のように、フックで捕えられ、たぐり寄せられる状態に近かった。

デス・スターに搭載されたトラクター・ビームは、ファルコン号を陥れたものが唯一ではない。意外ではないが、初代デス・スターの直径が推定一二〇キロメートルだとすると、外周は約三七七キロメートル。外周部には七六八基のトラクター・ビーム発生装置が設置され、ドッキングポートへの着艦を補助していた。

トラクター・ビームには指向性があるため、近くの宇宙船や物体をロックすることができる。ビームは中央制御装置に連結され、さらに主要反応炉へとつながっていた。この構造により、オビ＝ワンはデス・スターの奥深くへ忍び込み、ファルコン号を拘束しているトラクター・ビームの動力源を無効にすることができた。

デス・スターは、『スター・ウォーズ』でトラクター・ビームを搭載する唯一の構造物ではないが、もっとも悪名高い存在だ。銀河共和国のタグボートのような比較的小型の船が二つの大きいトラクター・ビーム発生装置を搭載していた一方、モン・カラマリ・スター・クルーザー[*1]は全長一・二キロメートルの船体に沿って複数の発生装置を搭載していた。

見えない牽引ビーム

それでは、これらの見えない牽引ビームはどのような仕組みだろうか？

そそられる考え方は、何らかの巨大な磁石を使って宇宙船の牽引可能な部分を捕捉するのではないか、というものだ。けれども、これには問題がある。

永久磁石はそれほど強力ではない。巨大な永久磁石はつくれるだろうが、どちらかというと非実用的だ。電磁石は比較的理にかなったオプションだが、やはり想像も及ばないほど大きいか、または強力でなければならないだろう。

磁石はその磁場を経由して物体と相互に作用する。磁力の源から距離が離れるほど、磁場は次第に弱くなる。磁場はかなり遠方にあったファルコン号と同じくらい遠距離に到達しなければならないはずだ。さらに、ファルコン号の亜高速推進を圧倒するほど強力でなければならない。

また、磁場は方向を絞ったビームではない。真のトラクター「ビーム」であるために、力の場は平行したビームの中で保たれなければならない。つまり、二点間の移動ルートからはみ出して拡散しないということだ。これは平行ビームと呼ばれ、トラクター・ビームに指向性をもたせることを可能にする。

［*1］**モン・カラマリ・スター・クルーザー**　モン・カラマリ（210ページ参照）が設計した巨大艦船。『ジェダイの帰還』で登場する。

ところが、磁場は磁力源からすべての方向に出て広がる。これはつまり、適切な遮蔽《しゃへい》がないかぎりデス・スターの内部にも磁場が貫通し、ステーション内にあって磁力に反応するあらゆるものを引き付けてしまう。

こうした問題にもかかわらず、実際にトラクター・ビームに似た技術として公表されている磁気デバイスがある。そうしたデバイスの一つが、アークス・パックスと提携したＮＡＳＡによって研究されている。アークス・パックスは、「ヘンド・ホバーボード」[*2]を発表した新興企業だ。

ＮＡＳＡの目標は、アークス・パックスの「磁場アーキテクチャ（ＭＦＡ）」技術を応用して、「遠距離から人工衛星を操作しドッキングさせることができる小型人工衛星向け捕捉デバイスを開発する」ことだ。それは基本的に、一辺一〇センチメートルの立方体の小型人工衛星「キューブサット」とのあいだに磁気テザーを生み出すために使われるだろう。ただし、こうしたテザーはわずか数センチメートル程度の距離でしか機能しそうにない。

したがって、磁石は望み薄のアイデアであり、また、強磁性体の金属にしか作用しない。それ以外で物体を牽引できる見えない力を探すなら、検討すべきはただ一つ、重力だ。重力は弱まることがないし、あらゆる物体を引き寄せる。重力にこうした作用があるなら、トラクター・ビームと同じ効果を実現する先端技術が開発可能だといえないだろうか？

［＊2］**ヘンド・ホバーボード**　スケートボードのような形状をしており、ＭＦＡによって強力な磁場を発生させて浮上する。

重力の牽引

『スター・ウォーズ』正史によると、トラクター・ビームは物体をとらえる引力を操ることによって作用するという。

デス・スターやほかの『スター・ウォーズ』のスペースクラフトは、部隊や貨物が内部で飛び回るのを阻止する重力ジェネレーターを搭載している。トラクター・ビームがこれと同じ技術の改変されたバージョンだという可能性はある。この技術に関して現代の科学はどんな状況にあるだろう?

アインシュタインの相対性理論によると、重力は物質またはエネルギーの存在のために起きる時空の歪みによって生じるという。より大きな物質があると、それだけ時空の歪みも大きくなり、結果として生じる重力も増す。

重力については、質量がより大きくなるほど、それだけ重力場も強くなる。磁気に比べて、重力によって生じる牽引力は、それを生成するために必要な物質の量の点できわめて不利だ。ただし、このように機能するトラクター・ビームは、物体の前で時空を歪めて、歪められた領域にその物体を落とすことができるかもしれない。問題は、現在わかっているかぎり、重力は方向を定められないということだ。重力はその源からすべての方向に作用する。そのため、両方の宇宙船はそれぞれの相対的な質量に応じて空間の歪められた領域に引き込まれるだろう。

したがって重力は、制御する方法と特定の方向から遮蔽する方法が見つからないかぎり、おそらくよい解決策ではない。

それでは、科学の事実に現在提供できるようなものは何かないだろうか?

現実のトラクター・ビーム

音波でものをつかむ技術はどうか？

音響浮揚と呼ばれる原理により、空気中、水中、組織内で、小さな粒子、液体のしずく、生き物を浮いた状態で操作できる。これは実際にはビームではないが、すでに大きな問題に気づいた人もいるだろう。この原理は宇宙の真空中では使えない。ただし、宇宙船の中なら利用できるかもしれない。

この技術を開発したブリストル大学チームの一員、アシエル・マルソはこう語る。「音が伝わるには媒体を必要とする。したがって、操作が船内で行われるかぎりは実行できるはずだ。ただし音響の力は非常に弱いので、宇宙船内の音響の操作は、ナットの位置を合わせたり、液体のしずくが浮かんで流れてしまうのを防いだりするのにより有用だろう」

音響浮揚は小さな物体にしか作用せず、極小の領域にいっそう向いているが、それでもやはり有効なトラクター・メカニズムだ。ブリストル大の装置の有効範囲は約七センチメートルだが、これは装置の電力と口径によって変わる。マルソは将来、空気渦などの異なる種類の圧力波を使って、最大で一キロメートル離れた物体を操作できるようになるのではないかと期待している。

宇宙の真空中でちゃんと機能するトラクター・ビーム技術はないだろうか？

セント・アンドルーズ大学の研究者は、光を使った「トラクター・ビーム」を開発し、微細粒子を動かすことに成功した。この光線は、ソーラーセイル*が光子によって推力を得るのと同じ効果を与える。ただし、ソーラーセイルとは反対に、微粒子を引き寄せる方向にはた

［*］**ソーラーセイル** 73ページ参照。

らく。

また、液体の中や宇宙のような真空中でも機能する。問題は、エネルギーの転送にかかわる原因により、このテクニックがより大きな物体に適用できなかったという点だ。大きな物体を動かすのに必要なエネルギー量は、物体を過剰に熱してしまうだろう。したがって、この手法はミレニアム・ファルコンから埃を引っ張ることができるかもしれないが、せいぜいその程度だ。

NASA研究員のポール・スタイスリー博士は二〇一一年、光ピンセットやベッセルビームのようなレーザーに基づく数種のトラクター・ビーム技術の実現可能性について、調査と比較を開始した。彼のチームは、ソレノイドビーム、渦パイプライン、光ベルトコンベヤーだけが継続的な開発努力に適すると結論づけた。

ただし、興奮するのはまだ早い。これらのテクニックは数十ミクロン程度の極小の球を前後に動かす可能性を示しただけだ。だが、希望を失わないように。研究はまだ始まったばかりだ。

『スター・ウォーズ』に登場したトラクター・ビームに匹敵する実用的な装置はまだないにしても、以前はSFの中でしか見られなかった遠距離操作を可能にする技術が生まれつつある。ここでもまた、過激な空想の技術に少しずつ近づくという困難なチャレンジに科学者たちが挑んでいるのだ。

ブラスター・ボルトからの防御は可能か

想像しよう。クラウド・シティに到着してからほどなく、旧友のランドがあなたを気分転換に招く。ランドに続いて部屋に入ると、なんとそこにはダース・ベイダーが座ってあなたを待ち構えているではないか。[*]

あなたは、腰からブラスターを引き抜き、続けざまに何発かのボルト（電光）を発砲する。だがベイダーはあわてない。

彼はすべてのボルトを阻止する……自分の手で。

明らかにベイダーは膨大なフォースの知識に精通していて、自らの手でブラスターのボルトを阻止する姿は畏敬の念さえ抱かせる。ただし、ブラスターからの発砲をそらすことは、すべてのジェダイとシスが身につけた特別な技能だ。

では、（私たちのような）普通の人間がブラスター・ボルトで撃たれるのを避けることは可能だろうか？

［*］映画の中では『帝国の逆襲』でハン・ソロが遭遇する場面。

ブラスター・ボルトの速度

ブラスター・ボルトは鮮やかな光跡を残してスクリーン上を飛び交うが、ボルトを避けられるかどうかを検討するために、最初に知る必要があるのはそのスピードだ。

『スター・ウォーズ』の正史は、ブラスター・ボルトを光エネルギーが凝集された一撃だと説明する。ただし、ブラスターはビーム光線を発するわけではない。見たところ、エネルギーに富んだガスを輝く粒子ビームに変換することによって、プラズマエネルギーのボルトを発射している。したがって、光速のブラスター・ボルトは除外していい。

ブラスター・ボルトを曳光弾《えいこう》と比較するのはどうだろう?

曳光弾は、空中を進む際に、一般に赤か緑のブラスター・ボルトのような光の尾を残す銃弾だ。主として軍隊が射撃した先を確認しやすくするために使用するが、個人が射撃練習場で楽しむために使うことも多い。

十分な距離で観察するとき、光跡を追うのはごく容易だ。ただし、比較的短い距離の場合は、弾が非常に速く進むため、光の流れのように見える。たいていの曳光弾は音速以上の速度で進むが、もっと遅いものもある。いずれにしても、もっとも遅い曳光弾でさえブラスター・ボルトより高速に思われる。それでは、ブラスター・ボルトが音速より遅く進むと想定しよう。ブラスター・ボルトの速度に関する公式な資料がないので、推測に頼るしかない。ただし、一部の科学者は大いに苦労して『スター・ウォーズ』の映像を分析し、その速度を割り出そうとした。

物理学が専門のレット・アラン教授は、自身のブログ記事のためにこの数字を計算した。結果は秒速約一五メートルだった。他方、人気の科学番組『怪しい伝説』[*1]のホストを務めたアダム・サヴェッジは、時速二〇九キロメートルと二一七キロメートルの平均の数字(毎秒約六〇メートル)を割り出した。番組ではさらに、一二メートル離れた場所からこの速度の弾をよけられるかどうかを調べる実験を敢行。何度も挑戦したサヴェッジだったが、まった

[*1]**『怪しい伝説』** *Myth-Busters.* 都市伝説や噂などの真実を検証する番組。二〇〇三年から二〇一六年まで放送された。

くよけることができなかった。

ここでは議論のために、ボルトの速度を毎秒一〇〇メートルと想定しよう。

ブラスター・ボルトに反応する

今度は、惑星ジオノーシスで大勢のジェダイと一緒に、ドゥークー伯爵のドロイド軍に囲まれている自分を想像しよう。[*2]

ヨーダがクローン大隊を率いて宇宙船で登場し、続いて激戦が勃発する。

ブラスター・ボルトがあちこちに飛び交い、あなたはライトセーバーを掲げて、ボルトをはじき返すために本能的に動く。

あなたから二〇メートル離れたドロイドが、最初の一撃を放つ。

ボルトがブラスターを離れる瞬間、光があなたの目に到達して初めて発砲されたことを認識する。参考までに、人が一回まばたきするあいだに、光は地球を二周できる。この場合、光はあなたの目に到達するのに一〇〇万分の一五秒を要する。

光が目に到達したら、あなたは反応する必要がある。だが最初に必要なのは、情報を中枢神経系で処理することだ。生物学は、人間が刺激に対してどれくらい速く身体的に反応できるかについて、限界を示している。たとえば、人間の視覚の反応時間は約〇・一九～〇・二五秒になるのに対して、音声の刺激に対する反応はもっと早い約〇・一六秒となる。視覚情報の処理により長くかかるのは、聴覚よりも複雑な認知体系を伴うからだ。騒々しく激しい戦いのさなかで、視覚の刺激は通常の人間にとってもっとも重要だろう。ブラスター・ボル

［＊2］映画の中では『クローンの攻撃』でアナキン・スカイウォーカーとパドメ・アミダラが遭遇する場面。

トが認知された瞬間に、行動方針が脳によって決定される必要がある。その後、信号が身体に送り返されて、反応を始めなければならない。神経内の信号は最高秒速一二〇メートルで移動し、それにより筋肉はわずか一〇〇分の一秒で反応できる。

感覚情報を処理するのに要する時間のため、脳は事象が起きたことを認識するまでおよそ半秒を必要とする。野球を例にとると、ボールが投手の手を離れたあと、約〇・四秒で打者が反応してボールを打つ。打者の脳がボールを打ったことを理解するには時間が不十分なので、打者がこれをやってのけるという事実はまったく驚異的だ。打者は一〇分の一秒後に打ったことをはっきりと自覚する。

もちろん、訓練を積んだジェダイなら、こうした問題を心配する必要はない。ジェダイと通常の人間との相違は、手足をより速く動かす能力のほかに、フォースに感応する能力だ。クワイ＝ガン・ジンは最初にアナキンを見つけたとき、こう評する。「あの子は物事が起こる前にそれを察知することができる。すさまじい反射神経があるのもそのためです。ジェダイの資質だ」[*1]

ジェダイの反射能力

ジェダイがもって生まれた素質は、修行して向上させなければならない。ルーク・スカイウォーカーは、初めて自身のライトセーバーの反射を鍛える機会を得たとき、扱いに苦労する。

接近してくるボルトが速すぎるため反応できない。オビ＝ワンはルークに、目は自分を惑

［＊1］このシーンは『ファントム・メナス』で見ることができる。

わすので、意識を捨てて直感で動くようにと告げる。次の試みで、ルークは目を覆われるが、それまでよりもうまくやってのける。[*2]このシーンは、ジェダイがブラスター・ボルトに反応するのに視覚的感覚を使っていないことを示している。

ジェダイはフォースに対する感応能力を使い、通常の人間が気づきもしない刺激を感じることができる。フォースがなければ、ジェダイがライトセーバーでブラスター・ボルトをはじくことは、剣を振って銃弾をそらすことと同様に不可能だ。とはいえ、似たような能力を実証した人物がいる。その男は日本刀を使い、BB銃から発射されたごく小さなペレット弾を割る。ペレット弾のサイズは野球のボールの四〇〇〇分の一だ。

ここで再び、「私たちはジェダイになれるか」の章[*3]で手短に触れた日本の剣術家、町井勲に登場願おう。町井は剣の技で多くの記録を保持する居合道の達人だ。時速約三五〇キロメートル（秒速九七メートル）で飛んでくるBBペレット弾を切断することに成功している。また、時速八二〇キロメートルのテニスボールも切断できる。これは野球の投球の史上最高速度[*4]（時速一六九キロメートル）の四・八倍の速さだ。

ジェダイと同じように、町井は長年にわたり技を身につける修行を積まなければならなかった。ともあれ、彼が証明しているのは、人間がほぼ秒速一〇〇メートルで向かってくる小さな物体を刀で捕捉できるということだ。ただし、町井は自分がしていることを認識するのに〇・三秒を要したはずだが、その間にペレット弾は通り過ぎてしまうだろう。

カリフォルニア州立大学のラマニ・デュルヴァジュラ博士は町井の技をこう説明する。

［＊2］このシーンは『新たなる希望』で見ることができる。

［＊3］209ページ参照。

［＊4］二〇一〇年に、当時シンシナティ・レッズに所属していたアロルディス・チャップマン投手が記録。二〇一一年には球場の球速表示で時速一七一キロメートルが記録された。

彼は視覚的に処理していないので、これは完全に異なる感覚のレベルで処理することに関係する。これは異なるレベルの予見的な処理だ。彼にとってきわめて処理的なもの……きわめて流動的な何かだ。

人間のもっとも速い反応時間を確定することにより、ブラスター・ボルトを避けることはただ単に反応する以上の何かが必要だとわかった。それはちょうどジェダイと同じように、攻撃を事前に阻止する能力であり、町井が備えると思われる予見的な反応または反射作用だ。ここで疑問が生じる。もし町井がライトセーバーをもったら、それを使って実際にボルトをそらすことができるだろうか？

ブラスター・ボルトをそらす

ブラスター・ボルトをそらす能力は、ジェダイとシスがたびたび見せた驚異的な偉業だ。彼らは一般に、ライトセーバーを使って接近中のボルトをそらす。ただしダース・ベイダーの場合は例外で、彼は自身の手を使って同じことができる。†

ブラスター・ボルトが磁気シールドや偏向シールドによってはね返されるシーンが描かれていたので、これらのシールドを現実で再現する技術があれば、ブラスター・ボルトをはね返せるはずだ。ここでは、プラズマをそらす磁場の能力が鍵となる。

ブラスター・ボルトがもし、ライトセーバーの周りにつくり出された磁場に当たったとするなら、実際にそらされるだろうか？　この件については、宇宙プラズマ物理学者のマー

†**原注**　カイロ・レン——空中でブラスター・ボルトを制御する能力を備える——や、ヨーダを始めとするほかの卓越したフォースの使い手もまた、おそらくこの例外的なカテゴリーに分類できるだろう。

ティン・アーチャーが言及している。

長い距離においては、ブラスター・ボルトとライトセーバーの相互作用による外部の磁場ということになる。磁場により、ライトセーバーに到達する直前にボルトをそらすことができるかもしれない――ただし磁石の極性は重要で、反対向きだとボルトを引きつけてしまう。だが、ブラスター・ボルトの速度と磁場が距離とともに弱まることを考慮すれば、大きな効果は期待できない。それでも、適切な状況の下で十分離れたところへボルトを押しやることは十分ありうるだろう。

したがって、鋭い直観力があれば、ライトセーバーでブラスター・ボルトをそらすことは可能だろう。もしそれが毎秒約一〇〇メートルで動いているなら、町井のような熟練の剣術家がこうした偉業を達成することを想像できる。ただし、それ以外の一般人は、悲しいことにこうした超人的な能力をもたないので、あっさりとボルトによって吹き飛ばされる定めなのだ。

「スマホでホログラムのメッセージを送信」はいつ実現するか

R2-D2が光を放ってレイア姫のホログラムのメッセージを投影するシーンが、『スター・ウォーズ』でとりわけ象徴的なビジュアルであることは間違いない。

携帯型のホログラム通信機も登場するが、これは非常に素晴らしいアイデアだ（バッテリーの消耗を心配すべきではあるが）。さて、将来このような機能を備えたスマートフォンは実現するだろうか？

ホログラム

物理学者のデニス・ガボールは一九四八年、情報を丸ごと含む技術の名称として、全体を意味するギリシャ語「holos」にちなんで「ホログラム」という言葉をつくった。だが、ガボールが一九四七年に発明したホログラフィーを使って実際のホログラムがつくられるのは、レーザーが到来した一九六〇年代のことだ。

「ドクター・レーザー」の異名を持つジェイソン・アーサー・サパンは、ニューヨークのホログラフィック・スタジオの創設者だ。彼は四〇年間にわたりホログラムを研究してきた。サパンは語る。「ホログラムは全体の像についての情報を含む……しかし、個々の情報のピースはほかのピースと方向が少し異なり、見え方も少し異なる」

ホログラムの像は、投入される光（通常はレーザー光源からの光）の干渉パターンを

●レイアのホログラム像

Collection Christophel／PPS通信社

記録するフィルムの中に格納される。像そのものはフィルムに映っていないが、どちらかといえば干渉パターンによる像の再現に近い。この干渉パターンは、光波がフィルムに入るときのわずかな位置の違いによって生じる。

ホログラムのフィルムに後ろから光が当てられるとき、もともとつくられた光波と同じ配置で再現される。つまり、私たちが目にするのはオリジナルの像であり、もともとの光が当てられたときと同じくらいさまざまな角度から眺めることができる。

しかし、『スター・ウォーズ』のホロプロジェクターは同じ仕組みのようには見えない。ホロプロジェクターはホログラムのフィルムを使わずに立体的な映像を表示する。したがって、ホログラムとはまったく別物のように思われる。サパンは語る。「それが光波干渉の原理に基づくかどうかに誰か言及しているだろうか？　真の問題はそれが現在のホログラムとは違うということだが、科学と技術は発展し変化するものだ」

したがって、『スター・ウォーズ』のホログラムは現実のホログラムとは別物かもしれない。だが、それなら同様に、近年のホログラムとされるものの大半はやはり別物ということになる。

幽霊のような反射と3Dイメージ

多くの企業が3Dイメージを制作すると主張しているが、実際には鏡や透明な固体の表面から投射された単なる2Dイメージだ。これらの「ホログラム」は「ペッパーズ・ゴースト」と呼ばれる効果を利用する。

ペッパーズ・ゴーストは反射を応用したホログラム効果で、科学者ジョン・ペッパーとヘンリー・ダークスが一九世紀半ばに考案した。比較的最近の利用例では、二〇一二年のコーチェラ・ヴァレー・ミュージック・アンド・アーツ・フェスティバルで、一六年前に他界したラップ歌手トゥパック・シャクールをステージに登場させた。

ほかの「ホログラム」テクニックでは、湾曲した鏡を利用した錯覚によって、観客の前の空中に像が浮かんでいるように見える。「反射型ホログラム」とも呼ばれるこのバーチャルイメージは、本体の像からの光線を凹面鏡に反射させる方法で実現している。もし元の物体が実際に立体なら、三次元のイメージが生成される。アメリカのオプティゴーン・インターナショナルは、この手法使った人気の玩具「ミラージュ」を一九七七年から販売してきた。一九九一年のアーケードゲーム「タイム・トラベラー」にも凹面鏡が使われ、販売元のセガはこれをホログラムとして売り込んだ。似たような方法がリアルビューのインタラクティブなライブ・ホログラフィーで使われ、同社はこれを「おそらくもっとも先進的な3Dインタラクティブ視覚化システム」と説明している。リアルビューによると、「空中における光の点を正確に再構築する」という。ただし、これが表示するイメージは3Dだとはいえ、やはりこれも本当のホログラムではない。ほかにも、体積型ディスプレイと呼ばれる方式があり、物理的な三次元の箱形装置の内部に3Dグラフィックスが表示される。一部の静的な体積型ディスプレイの中には、3DアルディーノLEDキューブ[*1]のような静止画を表示するものもある。別の方式の体積走査型ディスプレイは、高速で移動するか回転する画面上の異なる位置に異なるイメージが表示される。「ヴォクシーボックス[*2]」はこの手法を三六〇度のラ

[*1] **3DアルディーノLEDキューブ** アルディーノとはマイコンボードで、USBポートなどを備える。LEDライトを格子状に組み上げて、アルディーノを用いて光の明滅を制御する。

[*2] **ヴォクシーボックス** オーストラリアのヴォクストン・フォトニクスが開発した。

イト・フィールド・ディスプレイとして使っている。

これらのさまざまなディスプレイの魅力にもかかわらず、まだ『スター・ウォーズ』の技術に肩を並べるものではない。しかし、新たなる希望がある。

プラズマ投影

日本の研究者は、触知可能なホログラムのプラズマ「フェアリー・ライト・イン・フェムトセカンド」を開発した。その名前が示唆するように、触っても安全だ。レーザーが約一〇フェムト秒（一フェムト秒は一〇〇〇兆分の一秒）で振動し、空中にボクセル（3Dピクセル）を生成する。ボクセルは人体に触れると一七ミリ秒以内に消える。これは、有害な暴露時間である二〇〇〇ミリ秒（二秒）をはるかに下回る。

それでもやはり、これはホログラムではない。サパンは語る。「これは一種のプラズマディスプレイで、レーザーの熱が空気を蒸発させ、輝くプラズマ点を生み出す。ここでは唯一、HOE（ホログラムの光学的要素――ホログラムがある種のレンズになる）の形でホログラフィーが使われている」

それにもかかわらず、『スター・ウォーズ』風の「ホログラム的な」技術を開発するところに、今まででもっとも近づいたといえるだろう。フェアリー・ライト技術によってレンダリングされた空中の立体的なグラフィックスは、『スター・ウォーズ』に登場するホログラムにある程度近いサイズにできる。

筑波大学の落合陽一助教は、この技術の先駆的な研究者の一人だ。投影する範囲に関して、彼はこう説明する。「回路の終端にあるレンズのサイズによる。もしレンズを変更したら、ほぼ一〇メートルから二〇メートル上空に投射できるだろう」

したがって、R2－D2はこの技術を使って、ディカーの反乱軍基地で地図の欠けている部分を投影できたのかもしれない。ただし今のところ、落合助教は一〇センチメートル×二〇センチメートルのサイズでの投影にとどまっていると述べる。サイズは光学式回路の部品に依存するという。彼は将来この技術が、コンサートホールなどでのパブリックビューイングや、オリンピック大会のようなイベントで運動選手の上に情報を表示したりするのに使われると予想する。

この技術は、レーザースキャナーとしても利用できる。人間などの立体の形をキャプチャーしたり、対象物の表面的な特徴を記録したりできるだろう。このように、将来は有望なようにみえる——だが、『スター・ウォーズ』のホロプロジェクターがたびたび実行しているように、物体の正面以外の部分もキャプチャーすることについてはどうだろう？

像のキャプチャー

『スター・ウォーズ』におけるホログラムの像は完全な三次元で、対象はあらゆる角度から眺められる。場合によってはホログラムの装置が観客の前に置かれることを考慮すると、どうやってすべての角度から対象の像を得るのかは問題となる。

現時点で、私たちはこのような技術について憶測することしかできない。

アナキンが『シスの復讐』で虐殺を続けているとき、ヨーダとオビ＝ワンはその出来事がホロプロジェクターで投影されるのを見る。このシーンでは、ジェダイが視界に入ってからまた離れる。ホロプロジェクターはこれを実現させるために、特定の視界の中で対象の位置と特徴を記録できる何らかのセンサーを使わなければならないだろう。

驚くほどこの技術に近い既存のセンサーがある。

「リープ・モーション」コントローラーは、ピラミッドを裏返した形と等しい範囲内に置かれたどんな物体の位置も感知できる。インタラクション空間は約二三万立方センチメートル(センサーの上方六〇センチメートル、幅と奥行きがそれぞれ六〇センチメートル)。ただし、開発元企業はゆっくりと対応範囲を改善している。

このセンサーはカメラを使って赤外線を追跡する。現状では、センサーが物体を見通すことはできないが、ソフトウェアが3Dデータを解釈して閉ざされた物体の位置を推論できる。これの機能強化版が『スター・ウォーズ』のホロプロジェクター内に存在する可能性はある。その技術が隠された側面で物体がどのように見えるのかを推論し、さらにはほかのデータソースからの情報を取り込んで像を完成させる。

さて、ここで疑問が生じる。こうした技術がスマートフォンのような機器に登場する可能性はあるだろうか?

スマートフォンの世代

スマートフォンという用語は一九九五年、AT&Tの「フォンライター・コミュニケーター」の説明として初めて登場した。

スマートフォンはいまや、標準的な機種の大半で、高精細カラー画面、高精細カメラ、無線ネットワーク機能を備える。一部の機種は一二八ギガバイトの内部記憶装置を備え、眼鏡不要の3D映像表示、二つのカメラによる3D動画撮影といった新奇な機能も搭載する。

さらには、プロジェクターを搭載するスマートフォンまである。世界初のモデルは二〇〇九年にラスベガスで開催された国際コンシューマー・エレクトロニクス・ショー（CES）に登場した。比較的最近では、レノボがレーザープロジェクター搭載スマートフォン「スマート・キャスト」を発表。これは、壁などの平らな表面に像を投射し、五〇インチのタッチ画面に変換する機能を備える。これがタッチ画面の役割を果たすためには、表示されたものを観察することが必要になる。

しかし、真の投影された立体像の話になると、技術を今まで以上に小型化するためにまだしばらく時間がかかりそうだ。光学部品を筐体《きょうたい》内のごく小さな一画に収めることが可能だとしても、スマートフォン上でホログラム技術が実現するのを妨げている限界がある。落合助教はこう語る。「フェムト秒のレーザー源はいまやさらに小型化している——ほぼ五〇センチメートル×六〇センチメートルが利用可能だ。ただし、それはプラズマを生成するほど十分な電力ではない」

落合助教は自らの研究と専門知識に基づき、二〇年後までにははるかに小型化するが、おもな障害はレーザーの力とエネルギー消費になると予想する。ただし、スマートフォンからのホログラム投影に関しては、落合助教とドクター・レーザーはどちらも、現在の知識の限界を越えるものだと感じている。

Bio-tech

第5部　バイオテクノロジー

THE SCIENCE OF
STAR
WARS

カーボン凍結で生きたままの冷凍睡眠は可能か

ハン・ソロが身をもって知っているように、時間旅行を実現する方法はいくつかある。第一は、アインシュタインの理論に基づく方法だ。アインシュタインは、光速に近い速度の宇宙船で長期間にわたって航行すると、数百年後の地球に帰還できると説いた。こうした時間旅行を夢見る人は、亜光速の宇宙船が実現するまで、一秒ごとに年を取りながら待っている。

第二に、人体冷凍術がある。

人体冷凍術は、宇宙船向けの選択肢というよりも、冷蔵庫の延長上にある技術だ。臨床医学ではいまや、人間を一定期間「スイッチオフ」して、心臓の鼓動や脳の活動がない状態にしておくことが可能になった。特定の外科手術に適用される方法であり、実際に「冷凍」された患者たちは、「あたかも時間が止まり、一時間後にまた動き出したかのようだった」と振り返る。

事故の被害者や心臓発作の患者は日々、除細動器と心肺蘇生法によって死の世界から呼び戻されている。神経外科医は往々にして患者の身体を冷やし、それにより動脈瘤《りゅう》（脳内の広がった血管）を傷つけたり破裂させたりすることなく手術できる。不妊治療の一手法では、体外受精卵（胚）を凍結保存し、解凍（融解）してから母親の子宮へ安全に移植することで、出産を可能にする。

人体冷凍術

人体冷凍術は野心的だ。その究極の目的は、超低温で人体を保存し、将来のどこかの時点で健康的に生き返らせることをめざすというもの。考え方はこうだ。もし誰かが今日不治の病で「死んだ」としても、医療が進歩した未来には不治ではなくなっているかもしれない。そうして、患者はいったん「冷凍」され、将来治療法が発見されたときに蘇生される。このように保存された人は「冷凍静止」状態にあると表現される。

人体冷凍術を支えるコンセプトを把握するうえで、こんなニュースが参考になる。ある人が氷の張った湖に落ちて、一時間ほどもゼロ℃近い水中を漂ったあとで、ようやく救助された。この人の体は冷たい水によって一種の仮死状態になったことで、蘇生が可能だった。仮死状態になると、新陳代謝と脳の活動が低下し、ほとんど酸素を必要としなくなるレベルに達する。

人体冷凍術のテーマを扱う未来的な空想の多くは、死者をミイラにする古代エジプトの風習に触発された。復活の準備を整えたエジプトの王女のように、生命と美しさを保存した神秘的なミイラ化プロセスを考えることは、比較的想像しやすいステップであったと同時に、私たちの未来において重要になる可能性もある。

冷凍静止を扱った有名な作品の一つに、ウディ・アレンが監督と主演を兼ねたアメリカのSFコメディ映画『スリーパー』[*1]（一九七三年）がある。その主人公は冷凍睡眠を経て、二〇〇年後の不条理な警察国家の時代に生き返る。同様のことは、アメリカのSFシットコム・アニメ『フューチュラマ』[*2]の主人公フライにも起きる。ピザ配達員のフライは、西暦二

［＊1］『**スリーパー**』*Sleeper.* 慣れない世界で目を覚ました主人公の悪戦苦闘を描く。

［＊2］『**フューチュラマ**』*Futurama.* 一九九九年に放送が開始された。

〇〇〇〇年を迎える真夜中にアプライド・クライオジェニックス（応用低温学）研究所にピザを配達したとき、誤って低温カプセルに落ちてしまう。二九九九年の大晦日に解凍されたフライは、一つ目の低温カウンセラー、リーラに出会う。

もちろん、これはハン・ソロにも起きたことだ。銀河内戦のとき、ダース・ベイダーはランド・カルリジアンを脅して、ハンをカーボン凍結するよう仕向ける。[＊1] ソロはこの受難を生き抜くが、はるかに悲惨な結果に終わる可能性もあったはずだ。

カーボン凍結

さて、カーボン凍結とは具体的にどんなものだろう？

『スター・ウォーズ』正史によると、カーボナイトは炭素ガスからつくられた液体の物質であり、急速な凍結によって固体に変わると説明されている。第一に、炭素は素晴らしい選択だ。本書の第3部では、宇宙における炭素の可変性、生物のほかの主要な元素と結び付き動植物の中枢を形成する能力、既知の化学物質の大多数を形成するという事実について書いた。[†]

『スター・ウォーズ』におけるカーボン凍結の説明によると、ハイパードライブが発明される前、アーリー・スペーサー（宇宙で人生の大部分を過ごす人を指す俗語）は長い旅行に耐えるためにカーボン凍結を利用したという。しかし、この手法は、冬眠病と呼ばれる苛酷な副作用を伴った。

賞金稼ぎのボバ・フェット[＊2]が、カーボナイトに入れられたハン・ソロがよい状態で凍結さ

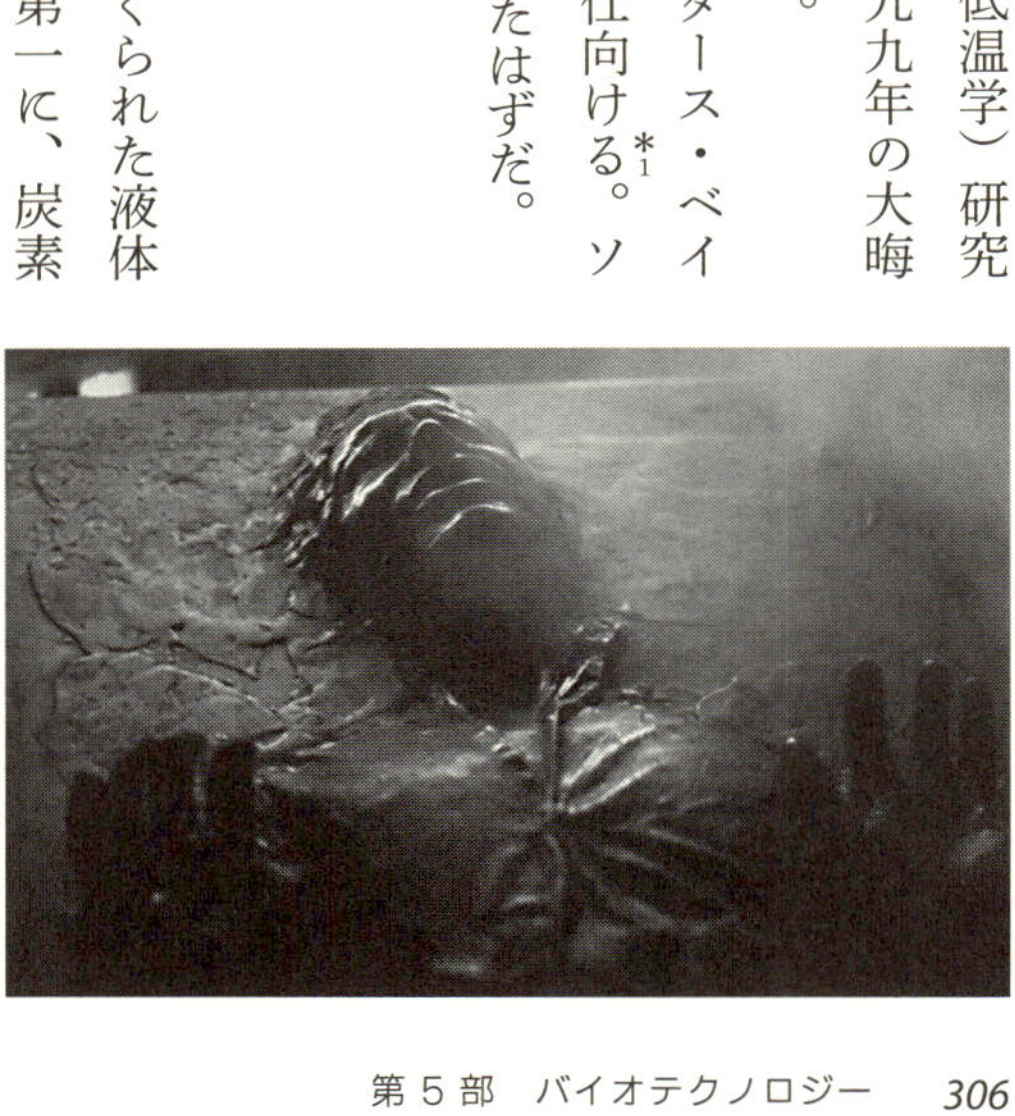
●カーボン凍結されたハン・ソロ
Album／PPS通信社

［＊1］このシーンは『帝国の逆襲』で見ることができる。

†原注　「小惑星でエグゾゴースは進化するか」を参照。

［＊2］ボバ・フェット　ジャンゴ・フェット（人間）の

れたかどうかを心配したのも、さほど不思議ではない。凍結プロセスは、ボバの賞金首を「凍死」させてしまうかもしれない。

長期間の旅行に極度の低温状態を利用するというアイデアは、ジャック・ロンドンが、最初に出版された小説『千通りの死』[＊3]（一八八九年）で探究した。この作品において、主人公はマッド・サイエンティストの父親によって繰り返し殺され、生き返らせられる。

> 窒息させられたあとで、父は私を三か月間にわたって低温保存し、凍結も腐敗もしない状態に保った。私はこのことを知らされず、時間の喪失に気づいたとき強い恐怖に襲われた。

これ以降、多くのSF作品で、ヒーローや悪役が長期間旅行するのを助けるために極端な低温が使われることになった。

自宅で試すべからず

ボバ・フェットの懸念にはもっともな理由があることがわかった。

もちろん、地球上では生きている人に冷凍静止を実施することは違法だ。だからどうか、自宅で試みたりしないように。これまでの研究により、凍結が組織の構造と完全性を損なうため、温度を再び上げると組織の中身が漏れてしまうことがわかっている。家で試していいのはせいぜい、イチゴを冷凍してから解凍することくらいだ。そうすればすぐに、かゆのよ

クローン。惑星カミーノでつくられた。

[＊3]『**千通りの死**』原題は*A Thousand Deaths*. 未邦訳。

うな惨状から、ハンの末路になったかもしれない状態をはっきり想像できるだろう。

つまり、人間が表面上保存されているように見えたとしても、細胞レベルでの損傷は悲惨なのだ。自然界には凍結プロセスを乗り越えられる生物もわずかながら存在し、カエル、魚、カメ、昆虫の一部の種が該当する。それらの体がつくり出す炭素分子を含む大量のブドウ糖は、氷の結晶の形成を防ぐ天然の不凍液だ。残念ながら、人体内のブドウ糖が相当量に達すると、副作用で死んでしまう。

しかし、人体「凍結」の地球バージョンは、ハンに起こり得たことに関する秘密を少しばかり明らかにする。

人体冷凍術施設に輸送された患者は、ただ単に液体窒素の大樽に放り込まれるわけではない。それでは細胞内の水が凍ってしまう。水が凍るとき、体積が増す。そのため、細胞膜が壊れてしまうのだ。人体冷凍の施術者は何らかの方法で水を細胞から取り除き、代わりに凍結防止剤——一種の人間用不凍液——を入れなくてはならない。

この凍結防止剤はグリセリンを含む化合物で、カエルや魚が容易に補う天然不凍液の人間バージョンをつくる試みだ。その目的は、極低温における氷の結晶の形成から器官と組織を保護すること。凍らせずに極低温に保つプロセスは「ガラス化*」と呼ばれ、細胞をかつてフィクションにおいて夢想された仮死の状態に変える。

人間を凍結することの問題

ここで若干扱いづらい問題が生じる。

[*] **ガラス化**　液体が結晶化せずに、流動性をもたなくなった状態。固体と同じように見えるが、液体と同様の不規則な分子構造となる。

組織内の水が凍結防止剤に置き換えられると、遺体はドライアイスのベッドの上でマイナス一三〇℃に達するまで冷やされ、これでガラス化は完了する。次に、遺体はマイナス一九六℃の液体窒素で満たされた大きい金属タンク内の容器に置かれる。遺体は頭部を低くして保存されるが、それにはちゃんと理由がある。もしタンクに漏れがあったとしても、脳は冷却液に浸った状態にとどまるだろう。

ハンと異なり、冷凍静止された地球人の蘇生はまだ成功していない。

それでも、低温生物学者らはナノテクノロジーという新手法がまもなく蘇生を現実にすることを望んでいる。ナノテクノロジーは、顕微鏡装置を使って単体の原子——生体さえも含むすべての構造的基礎——を操作し、ヒトの細胞と組織を組み立てる。未来派の望みは、ナノテクノロジーが近い将来、凍結によって起きる細胞損傷だけでなく、老化と病気がもたらす損傷も修復することだ。一部の低温生物学者の予測によると、人体冷凍から最初の蘇生は西暦二〇四〇年あたりに実現するかもしれないという。

年中無休の人体冷凍術店

あなたが本書を読んでいるあいだに死を迎える場合に備えて（念のため、宇宙的にも統計学的にもありそうにないが）、死後の人体冷凍を申し込んでおくことはもちろん可能だ。ハン・ソロが否応なしに体験したことを、自らの選択で試してみよう。

人体冷凍術はビッグビジネスだが、費用は安くない。

全身を保存するのに最大一五万ドルがかかる可能性がある。より質素な未来派の人なら、五万ドルの費用で自分の脳だけを保存することもできる。これはニューロサスペンションと呼ばれる選択肢だ。この脳処置を選ぶ人なら、ガラス化技術から残りの身体部位を複製する方法や再生する方法が登場することを心から祈ろう。

人体冷凍術の業界は現在、より低い死亡率で炭素凍結を実行する化学物質に取り組んでいる。ハン・ソロは多分、こうした物質をたっぷり送り込まれたのだろう。よいニュースは、低温生物学者によって実施された研究（最近の『リジュヴァネーション・リサーチ』[*1]誌で発表）により、凍結プロセスを終えても記憶が維持されていることが示された点だ。†

［*1］**リジェヴァネーション・リサーチ**　アメリカのメアリー・アン・リーバート社が刊行する学術誌。誌名は「若返り研究」の意味。

†原注　「小惑星でエグゾゴースは進化するか」参照。

C-3POの時代——人類はドロイド勢力にどう対処すべきか

C-3POの時代が到来する。『スター・ウォーズ』のドロイドはジェダイ・オーダーの初期から存在した。現実世界でも、二一世紀のこれから数十年のうちにロボットが急激に普及する可能性は高い。こうしたロボット革命は、ちょうどインターネットとソーシャルメディアがここ一〇年における生活を再起動したのと同じように、仕事と生活を根本的に変えるだろう。

これは根拠のない与太話ではない。これは、世界でもっとも信頼されているカリフォルニアのシンクタンク、未来研究所（IFTF）の専門家による見解だ。IFTFは一九六八年にランド研究所から独立して以来、政府や企業が関心を抱く未来の道筋を予測してきた。同研究所は、ドロイドが二一世紀の世界でますます優勢になり、戦争の方法から余暇の過ごし方までを変えると予想している。

かつてケンブリッジ大学のルーカス教授職[*2]を務めたスティーヴン・ホーキングは、機械が自らを設計して人間よりはるかに高い知能を獲得する状況、いわゆる「知能爆発」に直面すると述べている。起業家のイーロン・マスク[*3]は将来の人工知能を「人類にとって最大の現存する脅威」と呼んだ。マイクロソフトを創業したビル・ゲイツも、「超知能を懸念している一員」を自認する。これら三人の知識人はおそらく、クローン戦争を十分に認識している。だが、もしロボットとドロイドが地球における仕事と戦争の未来なら、人間の居場所はど

［＊2］**ルーカス教授職**　同大学の数学関連分野の名誉ある教授職。

［＊3］**イーロン・マスク**　電気自動車を製造・販売するテスラ・モーターズ、国際宇宙ステーションへの宇宙輸送を行うスペースXなどの最高経営責任者。

こにあるのだろう？

『スター・ウォーズ』のドロイド勢力

『スター・ウォーズ』のドロイドは大まかに二つのタイプに分かれると考えられる。

Aタイプ：『スター・ウォーズ』の一般ドロイド

長い年月を経て、ドロイドは銀河の日常的な生活と業務の用途で広く普及するようになった。基本的な診断システムの実行から、複雑な外科手術まで、多種多様な仕事を託された。宇宙船の操縦さえもドロイドに任された。ドロイドはその機能に応じて、五つの級種に分類された。たとえば、医療ドロイドが第一種、保安ドロイドが第四種、建設作業ドロイドが第五種といった具合だ。

Bタイプ：『スター・ウォーズ』のバトル・ドロイド

さらに不吉なことに、クローン戦争とも呼ばれた銀河系規模の戦争のあいだ、独立星系連合（ＣＩＳ）は悪名高いカリーシュ族サイボーグのグリーヴァス将軍[*]が率いる分離主義勢力ドロイド軍を派兵した。軍はほぼドロイドのみで構成され、数十垓もの兵が属した。この部隊に属するバトル・ドロイドを製造したのは、テクノ・ユニオン傘下のバクトイド・コンバット・オートマタ社。テクノ・ユニオンは巨大企業の邪悪な同盟であり、この戦争で中立を装ったが、実際にはＣＩＳに武器供給して支援した。クローン戦争が終わったとき、テク

［＊］**グリーヴァス将軍**　もともとは惑星カリー出身の爬虫類型知覚種族。『シスの復讐』に登場する。

ノ・ユニオンは銀河帝国に吸収された。新政権下で銀河帝国民の多くは、戦時におけるドロイドの悪行の記憶から、ドロイドに対して恐怖感や不信感を抱いた。さて一方で、現在の地球にはどんなドロイドが存在しているだろうか？

ドロイドの不都合な近未来

地球のドロイドも同じように二つのタイプに分けられるだろう。

Cタイプ：地球の一般ドロイド

地球のドロイドはすでに進軍している。

進出先の一つは建設現場だ。南カリフォルニア大学が開発したマシンシステムでは、ドロイドが誘導し、建物を層状に積み上げて完成させる。このシステムは労働を削減する試みでもあり、建設の期間と費用を最大七五％減らせるという。教師としてのドコイドはどうだろう？　韓国の暗記分野で、ロボットが指導助手として利用されている。言語の授業で、学生たちはドロイドが発音する語句を真似て繰り返し、どれほど正確に発音できているかを評価される。導師ヨーダの知能にはほど遠く、進歩的で心がこもった指導というわけでもない。

お次は自動運転ドロイドだ。自動運転ドロイドはアストロメクには及ばないとしても、内燃機関の発明以降でもっとも革命的な変化を地球の輸送機関にもたらす。グーグルを始めとする複数の企業が自律運転車を開発中だ。各国の政府も自動貨物輸送車が道路を行き来する未来に投資している。こうした自動運転ドロイドは、二〇四〇年までにすべての交通の七五％を占めると予測されている。

自動運転ドロイドの台頭により、運転手が大量に失業するのが確実なだけでなく、教習所やガソリンスタンドといった関連する交通インフラの変化も起きるだろう。自動運転ドロイドを使った海賊行為の可能性もある。『スター・ウォーズ』には海賊と賞金稼ぎが多数登場する。ドロイドが主体になった未来の地球の交通も、貨物ドロイドを乗っ取る海賊や、ドロイドのソフトウェアをハッキングして貨物の配送先を変更する「ハッカー・ジャッカー」が暗躍するかもしれない。

台頭するロボットは必然的に人々から仕事を奪うだろう。バンク・オブ・アメリカ・メリルリンチ[*1]は、二〇二〇年までにアメリカの仕事の四七％がロボットとＡＩに取って代わられると予測している。ボストン・コンサルティング・グループ[*2]も、二〇二五年までに高度なソフトウェアやロボットが雇用の二五％を奪うと予想する。このロボット革命が影響を及ぼすのはアメリカだけではない。オーストラリアの経済開発委員会は、オーストラリア人五〇〇万人分の雇用が二〇二五年までに失われると予測する。

ドロイドの未来と過去に起きた同様の変化との重要な違いは、圧倒的な変化のペースだ。ドロイドによって置き換えられるのはブルーカラーの労働者だけではない。オックスフォード大学の研究者とデロイト[*3]による合同研究は、会計士の九五％が二〇二〇年までに自動化される可能性が高いと予測する。オーストラリアでは、一八万三九〇〇人の会計士がドードー[*4]と同じ絶滅の道をたどるだろう。

仕事のない未来は、農業の機械化に似たものになる。人類はドロイドに道を譲り、やるべ

［＊1］**バンク・オブ・アメリカ・メリルリンチ**　銀行業のバンク・オブ・アメリカが二〇〇九年に投資銀行のメリルリンチを買収し、両者の企業向け業務と投資銀行業務を統合して設立した事業部門。

［＊2］**ボストン・コンサルティング・グループ**　アメリカのコンサルティング会社。

［＊3］**デロイト**　ニューヨークに本拠地を置く会計コンサルティング会社。世界四大会計事務所の一つ。

［＊4］**ドードー**　モーリシャス島に生息していた鳥。乱獲や外来種の影響により絶滅したと考えられている。

き別のことを学ばなければならないだろう。『スター・ウォーズ』のようにドロイドを分類する近未来を想像することは、以前にも増して容易になっている。

軍事用途のロボット

Dタイプ：地球のバトル・ドロイド

地球のバトル・ドロイドの開発には二つの道がある。

第一の道は「グリーヴァス将軍」ルートと呼べるかもしれない――生きている種に機械を加えて戦闘サイボーグにする方法だ。このアプローチでは、人体にロボット兵器システムを組み込んで強化する。開発企業は、ロボットシステムの速い反応時間と精度を、人間の優れた認知能力と組み合わせることで、この方法が「両方の世界におけるベスト」を提供すると述べている。

アメリカ国防総省の究極の目的は「スーパー兵士」の開発だ。こうしたサイボーグは世界中のあらゆる場所へ数時間内に展開し、長期にわたって戦闘地帯に駐留できる。サイボーグの身体と機能は、健康状態を常時モニターするナノセンサーや、必要な際に薬を投与するナノサイズの埋め込み針、さらには戦闘中に傷を素早く治療するナノロボットによって、最適な状態に保たれる。

第二の道は「ドロイド」コース――純粋なロボット兵士だ。

このタイプに当てはまる最先端の試作品は「アトラス」[*5]と命名された前述の「レスキュー」ロボットで、人間のように動く全高一八〇センチメートルと重量一五〇キログラムのドロイ

［＊5］**アトラス**　アメリカのボストン・ダイナミクス（276ページ参照）が開発している。

ドだが、原子炉や激しい山火事のような人間が行けない場所で作業するよう設計されている。あるいは、「レスキュー」モードから離れると、バトル・モードになるのかもしれない。

批判的な人々は、ドロイドが将来、ドロイド科学者が予期しないような、望ましくない方向に進化する可能性を懸念する。軍の良識派は——少なくとも今のところは——こうした不安に最大限配慮し、ドロイドの判断回路から人間が完全に離れることは決してないと述べてきた。ドロイド兵器システムが以前にも増して自律的になる一方で、戦場でサイボーグが人間に完全に取って代わることは実現しないかもしれない。とはいえ、少なくともこれは現実に計画されていることだ。

ロボットが支配する時代

Eタイプ：地球のエミュレーション・ドロイド

『スター・ウォーズ』の物語では描かれない第三のドロイドのタイプは、真にスマートな最初のドロイドで、脳のエミュレーション[*1]に基づく。経済学の教授でオックスフォード大学「人類の未来研究所」の研究員でもあるロビン・ハンソンは、ドロイド革命が到来するとき、それはエミュレーション・ドロイド（縮めて「エム・ドロイド」）の形になると考えている。考え方はこうだ。まず地球上でもっとも優秀な科学者二〇〇人を選び（皮肉にもホーキング、ゲイツ、マスクが含まれるかもしれない）、次に彼らの脳をスキャンして、それぞれの意識をロボットの中にアップロードする。これがエム・ドロイドだ。元にした人間と区別がつかないロボットだが、生身の人間より処理能力が一〇〇〇倍高速で、将来も健康の問題を抱え

［*1］**脳のエミュレーション** エミュレーションとは模倣の意味。人間の脳全体を分子レベルでコピーすることが想定されている。

ることがない。

エム・ドロイドに仕事を覚えさせて、一〇〇万体を複製する――思い通りに動かせるドロイド軍の完成だ。エム・ドロイドが安価に製造できるようになれば、人間はほぼすべての職業から閉め出されるだろう。新たなエム・ドロイド経済において、世界経済の生産高は倍増するかもしれない。また、競争によりほぼすべての賃金は最低生活水準にまで下がる。

数兆体のエム・ドロイドが、酷暑の都市で水冷式の超高層ビルに住むだろう。エム・ドロイドの性質を考慮すれば、彼らは非常に有能で熱心なワーカホリックになり、互いを尊敬し信頼する点でも人間に勝る。エム・ドロイドの一部は身体をもつが、残りはバーチャル・リアリティーの中に暮らす。エム・ドロイドのホワイトカラー労働者は身体を必要としないからだ。

エム・ドロイドは関連する「一族」から情報を集約し、「意思決定市場[*2]」を利用して、重要な経営判断や政策決定を行う。エム・ドロイドは四六時中働くが、ほぼすべてが余暇の暮らしを夢に見ることを選ぶだろう。監視は完全だ。

ただし、強い反発が起きる可能性がある。

人間は、自分の意識がドロイドにアップロードされ、肉体が失われると聞いて、どのように反応するだろうか？　それは殺人ではないか？　あなたのエム・ドロイドは、真のあなたではない。そうした高度な知能が自由に使える状況で、エム・ドロイドは本来の人工知能が抱える問題をたちまち解決する可能性が高い。

エム・ドロイドの台頭は、まさにホーキングが「知能の爆発」という言葉で警告し、イー

［＊2］**意思決定市場**　市場メカニズムを応用して、集約した多くの情報から意思決定を行うシステム。広義の予測市場として位置づけられる。

ロン・マスクが「人類にとって最大の現存する脅威」と呼んだような状況になる。
そろそろ反乱同盟軍に参加すべきときだ。

クローン軍が地球で実現する日

屋外惑星カミーノ、ティポカ市——昼[*]

現実の星系は天体図ホログラムと瓜二つだ。オビ＝ワンの宇宙船は嵐で覆われた惑星カミーノの上空を飛ぶ。

激しい雨と強烈な風の中で、彼は超現代的な巨大都市ティポカのプラットフォームに着陸する。この都市は、水の惑星に遍在する波と渦を巻く雨の中で、水面から突き出た脚柱の上に建設されている。

屋内ティポカ市廊下の入口

オビ＝ワンはハイテクのクローニング施設の明るい白い光の中に引戸を抜けて歩く。カミーノは、共和国のために戦う瓜二つの兵士たちをクローン技術で大量に生み出した部隊、共和国グランド・アーミーが誕生した場所だ。

痩躯《そうく》で細長い首のエイリアン種族カミーノアンが開発した技術で量産したクローンのDNAは、ティポカ市に住む賞金稼ぎジャンゴ・フェットから提供された。

屋外ティポカ市閲兵場グランド・アーミーの陣形（暴風雨）——昼

オビ＝ワンは、カミーノアンのラマ・スーおよびトーン・ウィーとともに、バルコニーに

［*］『クローンの攻撃』のシーンから。

出る。はるか下に広大な閲兵場。激しい雨と風。ヘルメットに顔を覆われた数千人ものトルーパーが、数百人ずつの陣形で行進し、訓練を行っている。私たちはここで、一人のクローン・トルーパー、通称「バッド・バッチャー」[*1]の心の中に入る。

バッド・バッチャー

人はよく、愛し合う親から生まれた子供はきっと幸福になれるという。彼らはもはやそれを口にしない。私に対しては。私はここカミーノの吹きすさぶ雨の中で生まれた。ほかのクローン兵二〇万人とともに量産された。

命令されたとおりにしない者、あるいは自分の頭で考える者は、平均以下と見なされる。「バッド・バッチャー」、それが私だ。明けても暮れても、自分の顔を見ると死ぬほどうんざりする。人間の新しい下層階級に属しているという自覚がある。もはや社会的階級や皮膚の色によって差別されることはない。この新しい差別が徹底しているからだ。

私たちは一日に五億の細胞を入れ替えるが、私は昨日の自分と変わらない。ほかのクローン全員と同じだ。ほとんど。一〇〇〇人単位で量産され、通常の半分の期間で促成される。戦闘、訓練、戦闘、訓練。退屈な繰り返しだ。戦場に向かうための一生。

昔の兵士たちは人生経験を戦いにもち込んだのだろう。機微。ニュアンス。共感。そうした要素によって、敵兵がどう考え行動するかを把握しやすくなったはずだ。だが思うに、銀河系に非常に多くの異なる種族がいるので、いずれにしろクローン・トルーパーがそうした多様なエイリアンの文化を通じて厳しい任務を担っているのだろう。考

[*1] **バッド・バッチャー** 「不良品、できそこない」の意味で、遺伝的な異常を抱えて生まれたクローンがこう呼ばれた。テレビアニメシリーズ『クローン・ウォーズ』には、遺伝子的変異を持つクローンのキャラクターが複数登場する。

えるより先に撃つほうがましかもしれない。私たちはたいていのミッションで分離主義勢力ドロイド軍と戦うことになる。だが、これらはどれも私の任務ではない。前線で砲弾の餌食になるつもりはない。共和国軍の命令だろうが分離主義勢力の命令だろうが気にするな。

運命の遺伝子は存在しない。

うまく行くときはうまく行くものだ。だから私は、別の星系、別の銀河に脱出するつもりだ。この世界に向かない誰かのために、私は脱出するのに苦労するつもりはないことを告白しなくてはならない。人はクローン・トルーパーの体のあらゆる原子がかつて恒星の一部だったという。多分私は脱走しない……いつものように家に帰るだろう。

地球のスーパー兵士計画

現実は再び芸術を模倣するのだろうか？　地球の政治家と軍隊は『スター・ウォーズ』のクローンの手法に向かうだろうか？

そう思わせる兆候がたくさんある。このとりわけ質素な時代、旅行をして回るお金の余裕がないといった憂鬱なニュースがあふれている。それにもかかわらず、戦争のための予算は常にある（武器商人のソファーの後ろをのぞけば、おそらく一〇億ドルか二〇億ドルくらいひょっこり出てきそうだ）。

アメリカ国防総省のＤＡＲＰＡ[＊2]（国防高等研究計画庁）が創設をめざすスーパー兵士軍を検討してみよう。ここでは「スーパー（超）」が重要なように思われる。超人的な能力を備

［＊2］**DARPA**　Defense Advanced Research Projects Agency. 軍事技術への転用を目的に、新技術の開発や研究を行う。

えるスーパー兵士たちで編成されるスーパー軍隊。ＤＡＲＰＡの将官らはどうやら、あらゆるスーパーヒーロー映画に相当な関心を払ってきたようだ。こうしたすべてのスーパーな能力は、遺伝子組換えの驚異によって達成されるはずだ。このプログラムは超機密扱いのまま長年にわたって継続したように思われる（一定程度の機密は少しずつ明かしていかなければならない――これもまた、将官らを楽しませたスーパーヒーロー映画のルールだ）。

将官らはまた、こうしたミュータント兵士が未来の戦争に革命を起こすことを大いに期待している。

科学は大量殺害をより効率的にする。第二次世界大戦において大量殺害はかなり効率的だった。主要国の戦死者の数は、ソ連が二七〇〇万人、中国が一五〇〇万人以上、ドイツとポーランドそれぞれ約六〇〇万人。犠牲者の総数は七〇〇〇万人を超えた。それでもＤＡＲＰＡは、さらに効率を高めようと奮闘している。人間の特定の遺伝子を組み換えることで、スーパー兵士たちに戦場での優位性をもたらすと考えているのだ。この科学が生み出すのは、「とりわけ驚異的な能力とパフォーマンス」と、その帰結としてのより効率的な大量殺害だろう。

金の動きを追う

世間知らずの人なら、戦争術における重要な歴史的教訓は「いかなる優位性も、敵からすぐに追いつかれる」ということだと主張するかもしれない。

しかし、将官らにそうした懸念は一切ない。代わりに彼らがマントラのように唱えるのは、遺伝子を操作することの科学的な優位性だ。スーパー兵士たちはより優秀に、より鋭敏になる。敵兵よりも集中し、健康状態もいっそう良好だろう。こうした謳い文句の一部は、『スター・ウォーズ』正史からかけ離れているようにも聞こえる——いわく、スーパー兵士たちは「テレパシー能力をもち、オリンピックの金メダリストより速く走り、外骨格の開発により過去に例のない重量をもち上げ、戦闘で失った手足を繰り返し再生し、超強力な免疫システムを有し、食料も睡眠もとらずに何日も戦い続ける」。そうした種類の存在。

このような『スター・ウォーズ』風の謳い文句に懐疑的な人たちに必要なのは、とにかく金の動きを追って実態を知ることだ。

兵士が深刻な失血から生き残るための手段を開発する目的で、DARPAは臨床前の調査研究に何百万ドルも投じてきた。この「ブレイクスルー」は、戦闘で負傷した直後に命を救う医療の必要性という問題を解決するだろう。それは明らかに、激戦で障害と危険に直面する際の戦略上の問題だ。

また、「リスの能力」の開発にもさらに数百万ドルが投資された。

そう、リスの遺伝子は膵臓《すいぞう》内にある種の酵素をつくることで、冬の数か月に及ぶ冬眠が可能になる。遺伝子組換え（GM）の研究が現在取り組んでいるのは、リスから遺伝子を採取して兵士に移植する方法であり、これによって世界初のGM兵士が実現する！（ユーチューブの面白動画ネタとして、リスの特徴を受け継ぎすぎて、誰からも見つからない場所にせっせとナッツを埋めている米兵の「バッド・バッチャー」はどうだろうか）

マインドコントロール

おそらく科学的事実とフィクションのあいだの境界がもっともあいまいになるテーマは、マインドコントロールだろう。

兵士たちの脳を鈍らせる計画がある。記憶をコントロールするインプラントを開発するために五〇〇〇万ドルの助成金が提供された。これにより、感情を鋭く洞察する能力が損なわれてしまうだろう。目的は兵士たちの共感遺伝子を削除することであり、その結果彼らは無慈悲になり、恐怖を感じなくなる。憂慮すべきダークサイドのように聞こえる「ヒューマン・アシステッド・ニューラル・デバイス（ＨＡＮＤ）プログラム」は、はるか遠くにあるコントロールセンターから操作するリモコンの「ジョイスティック」によって兵士たちの脳を制御するだろう。

事実と『スター・ウォーズ』フィクションのあいだが曖昧になることで、将来払うことになる犠牲はなんだろう？

次は民間人だろうか？　銀河帝国なら、こうした技術を手にすれば大いに喜ぶに違いない。記憶をコントロールするインプラントは、偽の記憶の埋め込みや行動制御プログラムといった科学的な独裁の完璧な出発点のように思える。

とはいえ、ここらで話を戻そう。

ＤＡＲＰＡには奇妙な技術の歴史がある。もちろん彼らは、最初のバーチャル・リアリティー機器や現代のインターネットの前身といった、先見の明がある技術的な飛躍とともに驚異的な成功をつかんだ。それにしても、リスの能力だなんて本気だろうか？　ＤＡＲＰＡ

の一見無鉄砲な案が米軍の「マッド・サイエンティスト部門」という評判をもたらしたことは、さほど意外でもない。

クローン軍の創設時期を正確に予測することができないが、計画は確かに進められている。

フォースの正体

『スター・ウォーズ』のエキサイティングな要素は、修行してそれをマスターすれば、どんなことだってできるようになると感じさせてくれること。それは、ジェダイにパワーを授ける存在であり、ものを空中に浮かせる、マインドコントロールする、さらには未来を予見することまで可能にする力。「それ」とはもちろん、フォースのことだ。けれどもこれらの特徴はわずかでも科学的知見と一致するだろうか？　あるいは、再びアーサー・C・クラークの第三法則[*1]を呼び出さなければならないのか？　すなわち、「十分に進歩した技術は、魔術と見分けがつかない」。フォースとはいったい何なのだろう？

［＊1］ほかの二つの法則は187ページ参照。

目に見えない存在

フォースにより、さまざまな驚くべきこと、そして不可能に思えることを実行できるようになる。ただしそれは、簡単に獲得したり理解したりできる存在ではない。その触れることができない性質により、不可解で、経験しなければ信じられないような存在となっている。

フォースを正確に把握したければ、それを身につけるしかない。考えるな……感情に身を任せるのだ。まあ、少なくともジェダイのマスターはそう教えている。

それは直観に頼るものであり、自分を欺くことがある目とは対照的なものだ。この力により、別の場所を見ることができる――未来、過去、別れた古い友。この状況において、フォースは、一種の特別な感覚として人を導き、脳の潜在意識のプロセスに作用する何かだ。

歴史上、超能力（ＥＳＰ）を主張する人は大勢いた。ただし、最初の本格的なＥＳＰの実験は、デューク大学で一九三〇年代にＪ・Ｂ・ラインの研究において実施され、それに伴い一般にもＥＳＰが広く知られるようになった。ラインは初めて、ゼナーカードを使い、カードの図柄を推測する実験手法を採用した。各カードには五種類の図柄――円、正方形、三本の波線、十字、星――のいずれかが印刷されている。図柄の面が隠された状態で、超能力の被験者はカードの図柄をいい当てるように求められ、実験者はその結果を記録する。

『ファントム・メナス』には、メイス・ウィンドゥ[*2]が若きアナキン・スカイウォーカーに似たようなテストを行っているシーンがある。アナキンはすべてを正確にいい当て、彼のフォースが確かに強いことをジェダイ評議会に示す。

一方で現実の世界では、一九三〇年代の実験と、それ以降のテストでも、ＥＳＰの存在を決定的に実証できた被験者はいなかった。

[＊2] **メイス・ウィンドゥ** 惑星ハルウン・コル出身のジェダイ・マスター。『ファントム・メナス』のほか、『クローンの攻撃』『シスの復讐』に登場する。

神秘のフォース

フォースは、中国の原理である「気」やローマカトリック教の神といった多様な文化のアイデアを取り込んでいる。有名なジェダイの祈りの言葉「フォースと共にあれ」は、明らかに「主が共におられますように」という聖書の言葉を元にしている。したがって、フォースが科学的というより宗教的なものを意図している可能性はある。

おそらくフォースは常に存在する全能の神を象徴するものであり、ジェダイの能力はキリストの奇跡の代わりだろう。ありうる象徴性ではあるが、この抽象的な説はフォースの正体を知るうえでまったく役に立たない。

問題は、一見して、これらの奇跡とトリックは確かに理解されうる現実のメカニズムをもたないように思われることだ。ジェダイは神秘的なフォースによってどの程度導かれたのだろうか？

ある種の動物は、見えない力をナビゲーションに使う能力をもつ。それは磁気受容または磁覚と呼ばれ、地球の磁場を感知する能力だ。サンショウウオ、カエル、渡り鳥などの動物が、このメカニズムを使って方向感覚を得る。

科学者らは長年、地球の磁場[*1]はごく弱いのに、どうやって正確に方向を把握できるのかと疑問に思っていた。現在は鳥のメカニズムがわかっており、興味深いことに目が関係している。さらにいっそう興味深いことに、カリフォルニア工科大学の科学者であるジョゼフ・カーシュヴィンクは、人間にも磁気の第六感があるのではないかと考え、その証拠を探してきた。彼の実験では、脳内の一組のニューロンがさまざまな磁場に反応して活性化したことが示された。被験者は磁場に気づいていなかったが、彼らの脳は確かに反応していたのだ。信号は脳波計[*2]（ＥＥＧ）で検出された。もし人が何らかの方法で自身の脳が示したこの反応にアクセスできれば、この作用を一種の第六感として利用できるもしれない。磁覚に関して、カーシュヴィンクはこう語っている。「それは人類の進化史の一部だ。磁覚は原始の感覚だったのかもしれない」

［＊1］**地球の磁場**　地磁気ともいう。地球の核の運動、太陽活動、地殻の活動などに応じて変化する。

［＊2］**脳波計**　脳の電気活動を記録するための装置。一九三〇年代に開発された。

「場」の概念

人間の理解に大きな変化をもたらしたのは、影響が及ぶ場の概念だ。単に重力があるという代わりに、重力場があると表現することができる。質量を伴う物質がその場の中に置かれるとき、場との相互作用によって引っ張る重力が生まれる。

同じように、電荷には電場があり、この場の中に置かれた荷電物質に力を及ぼす。さらに同様に、磁性材料には磁場があり、強磁性の物質（簡単にいうと、磁石を引き付けることができる物質）に力を及ぼす。磁場は電流（電子やイオンのような電荷の流れ）の周辺で確認される。これは地球の磁場が生じる場所だ。

今ではよく知られるように、電気、磁気、光の現象はすべて、電磁力を伴う電磁波と呼ばれる同じ場の異なる様相だ。電磁力は、「基本相互作用」とも呼ばれる自然界の四つの力の一つにすぎない。ほかの三つは重力、強い核力、弱い核力だ。それぞれ力は「ゲージ粒子」と関連づけられ、この粒子が力を伝達するとされている。これらは「フォース・キャリア」と呼ばれている。

『スター・ウォーズ』においてフォースはエネルギーの場だと説明されるが、これは現代物理学が認識している場ではない。フォースはある程度基本相互作用と関わる部分もあるが、現在の科学では、それらすべてに関連する包括的な力または枠組みが存在するかどうかはわからない。ただし、科学者らはこれまでそのようなものを探求してきた――それは「万物の理論」と呼ばれる。

フォースと宇宙

存在する万物の総体が宇宙であり、その複雑なはたらきを理解することをめざす冒険が科学だ。

科学の世界では、宇宙の約六八％がダークエネルギーで、約二七％は暗黒物質だとされるが、どちらも仮説上の存在であり、具体的なことは何もわかっていない。残りの五％は、私たちの身近にある物を構成する原子[*1]を含む通常の物質だ。

原子はひどくスカスカした構造だ。原子核と呼ばれる中心部は、原子の大きさに対してわずか一〇万分の一しかない。したがって、人間の体も、この世にあるあらゆる物も、その九九・九九％以上が実際には空っぽの空間なのだ。例外は基本相互作用であり、その場が「空っぽの」空間に介在することができる。

『スター・ウォーズ』において、フォースは「銀河系を結び付ける」と語られる。この考え方は、基本相互作用としての重力のはたらきに当てはまる。重力のフォース・キャリアは重力子だと考えられている。重力の場は質量から生じて、互いを引き付けるような形で質量に作用する。重力は惑星と恒星をつなぎ止め、恒星を銀河につなぎ止め、銀河を銀河団に、さらに銀河団を超銀河団につなぎ止めている。

原子レベルにおいて、重力は四つの基本相互作用の中でもっとも弱い。ただし、その力は累積される。つまり、質量が大きければそれだけ引力のはたらきも大きくなるということだ。また、重力の場は無限であり、距離に応じて弱くなるものの、消えることはない。科学者は二〇一五年、一四億光年離れたところにある一対のブラックホールが融合した際に生じた重

［＊1］原子を細かく見ていくと、原子核と電子に分けられ、原子核は陽子と中性子に分けられ、さらに陽子や中性子はクォークと呼ばれる素粒子になる。

力波を検出することに成功した。[*2]

『スター・ウォーズ』のフォースも、私たちを結び付けると説明されている。フォースは物語に登場するキャラクターを取り巻き、浸透し、彼らが目にする万物のあいだに流れている。この考え方も基本相互作用のはたらきに当てはまるが、今回は電磁相互作用と共通点が多い。

電磁気は原子をつなぎ止める力であり、同時に、電磁波として人体を通り抜けて流れている。この力のおかげで、原子の九九・九九％が空っぽであるにもかかわらず、あなたは椅子を通り抜けてしまうことなく座っていられるのだ。電磁力のフォース・キャリアは光子と呼ばれる。

私たちが被写体を見ることができるのは、その被写体から光子が私たちの目まで進むからだ。光子は、比較的低いエネルギーの電波から、高エネルギーのガンマ線まで、さまざまな状態で存在できる。日常的な範囲内での距離と質量において、電磁力は重力よりはるかに強い。電磁場も重力の場と同様に無限であり、このことは数十億光年も離れた銀河からの光を観測できるという事実からも明らかだ。

ほかの二つの基本相互作用は核力であり、それは本質的に原子核の中だけで存在する力であることを意味する。どちらの核力もきわめて狭い範囲の場をもち、一ミリメートルの一兆分の一ほどしかない。

原子核の陽子は正の電荷をもつ粒子であり、反発する力があるにもかかわらず、強い核力には原子核をまとめておくはたらきがある。それは電磁力よりはるかに強く、そのフォー

［＊2］この功績により、レイナー・ワイス博士、バリー・C・バリッシュ博士、キップ・S・ソーン博士に対して、二〇一七年にノーベル物理学賞が授与された。

ス・キャリアはクォークの間に介在する力であるグルーオンだ。

クォークは素粒子であり、素粒子とはそれ以上小さい粒子で構成されていないことを意味する。クォークには六つの「フレーバー（種類）」があり、そのうちの二種類は原子核内にある核子（陽子と中性子）を形成する。三つのクォークが結びついてそれぞれの核子になる。陽子は二つの「アップ」クォークと一つの「ダウン」クォークで構成され、中性子は一つの「アップ」クォークと二つの「ダウン」クォークで構成される。

強い核力は弱い核力の約一〇〇万倍強い。弱い核力の効果として、放射性崩壊（およびニュートリノとの相互作用）が挙げられる。そのフォース・キャリアは、正または負の電荷をもつWボソンか、電荷がゼロのZボソンだ。ボソンはより広範なグループであり、すべてのフォース・キャリアを内包する。

二〇一二年、ヒッグス粒子（ヒッグス・ボソン）が確認された。[*1] ヒッグス粒子は、宇宙全体に充満し、粒子に質量を与えるヒッグス場の根拠になると考えられている。もしかすると、これはフォースの真の性質を突き止めることにつながるステップかもしれない。

私たちは『スター・ウォーズ』に描かれたフォースに相当するような力を一つも特定できていないが、それは単に、私たちが計り知る現在の能力を超える存在だからなのかもしれない。おそらくフォースは存在するのだろうが、科学知識の範囲を越える、触れることのできない実体であり、アーサー・C・クラークのいう高度に発達した技術の領域のどこかにあるのだろう。私たちに必要なのは、気長に待って様子を見ることかもしれない。


［＊1］二〇一三年には、ヒッグス粒子の存在を予言したピーター・ヒッグス博士とフランソワ・アングレール博士にノーベル物理学賞が授与された。

ライトセーバーは本当に切れるか

ジェダイの騎士の武器であるライトセーバーは、SF史上もっとも有名な武器の一つだ。『スター・ウォーズ』を観た子供なら誰でも、自分専用のライトセーバーが欲しいとまでは思わないにせよ、振り回すふりをしたことくらいはあるだろう。現実の剣よりもはるかに危険であるにもかかわらず、羨望と尊敬の的だ。

ジェダイもやすやすと手に入れるわけではない。修行の一環として、彼らは自分にとって最初のライトセーバーの「芯」になるカイバー・クリスタルを見つけ、もち帰る必要がある。それから、師匠の指導のもとで自らライトセーバーをつくらなければならない。これは、訓練生がパダワンになるための試練の一環だ。

若いながらも才能に恵まれた訓練生がライトセーバーを完成させるシーンを見るとき、ふとこんな疑問が浮かぶ――現実の科学者や発明家は同じものをつくる可能性はどの程度あるだろう?

レプリカの小道具

初期三部作のライトセーバーはグラフレックス社[*2]製フラッシュユニットのハンドルからつくられた。特殊効果監督のジョン・スティアーズはこのハンドルを改造し、ジェダイの光り輝く刃を生み出す有名な柄を制作した。

［*2］**グラフレックス社** アメリカのカメラメーカー。

いくつかの会社が、ライトセーバーの高品質なレプリカを販売している。それらはたいてい数百ドルで販売され、しかも非常に出来がよいので、『フォースの覚醒』のような近作のセットで使われる小道具に影響を与えたほどだ。あるレプリカはイーベイ[*1]に出品され、一万五〇〇〇ドル以上で落札された。本物ができたら、いったいいくらの値がつくのだろう？

ライトセーバーの刃はさまざまな色で光り、緑、青、紫、白、赤（シスの場合）などがある。各自のライトセーバーはカスタマイズ可能だ。『ファントム・メナス』でダース・モールが使った柄の両側にそれぞれ刃が伸びるライトセーバーもあれば、『フォースの覚醒』でカイロ・レンが使ったクロスガード付きのタイプもある。所有者とライトセーバーは、フォースに共鳴するカイバー・クリスタルを通じてつながっている。

ライトセーバー的な装置を実際につくるために、いくつかの大真面目なアイデアが注がれてきた。

ユーチューブ・チャンネル「サフィシェントリー・アドバンスド」のアレン・パンは興味深いアイデアを採用した。彼はライトセーバーの小道具のハンドルを改造し、そこに詰めた可燃性ガスを細い針を通して吹き出せるようにした。基本的な仕組みは火炎放射器だが、細長い刃に似た炎はライトセーバーのように輝く。さらに、炎の色を変えることもできる。

このレプリカは見栄えはいいかもしれないが、実際に物を切ることはできないし、それが炎である以上、同種の武器とチャンバラをすることはまず無理だろう。では、より正確なライトセーバー技術に近づくにはどうしたらいいだろう？

［＊1］**イーベイ** eBay. 一九九五年にアメリカで開設されたインターネットオークション・サイト。当初はAuctionWebという名称だったが、一九九七年に現名称に変更された。

レーザーの剣

『ファントム・メナス』に、若きアナキンがライトセーバーのことを「レーザー剣」と呼ぶシーンがある。

ライトセーバーと同様、レーザーには金属を切断し、接触したものに重大なダメージをもたらす力がある。これは、レーザーが非常に多くのエネルギーを伝えるからだ。金属を切断するのに使われるレーザーは数百〜数千ワットもの電力を必要とする場合がある。

「レーザー（LASER）」という言葉は頭字語で、「輻射の誘導放出による光増幅（Light Amplification by Stimulated Emission of Radiation）」を表す。レーザーの基本的な仕組みは、エネルギーを使って物質を刺激し、光子を放出させるというものだ。ここでの物質は利得媒質（活性媒質）と呼ばれ、物質の種類により気体、液体、固体いずれかの状態で利得媒質になりうる。

史上初のレーザーは利得媒質として固体のルビーの結晶を使った。[*2] これは赤い光線を生み出した。ほかの利得媒質は、放出される光子に特有の波長により、別の色を生み出せる。たとえば、波長が長くなるほどエネルギーが低くなって赤い光になる一方、波長が短くなるほどエネルギーが高くなって青い光になる。

ほかにも、緑や黄色のレーザー光がある。したがって、ライトセーバーにおけるカイバー・クリスタルは、利得媒質として理にかなっているように思われる。そして、クリスタルに含まれるわずかな不純物がライトセーバーに特有の色をもたらすのかもしれない。これはまた、色が異なるライトセーバーはエネルギーも異なることを意味するだろう。

［＊2］一九六〇年にセオドア・メイマンが実現した。

ただし、光波は目に見えないので、ビームが目視できるのは、何かの表面に反射するか、環境内に漂う粒子によって拡散される場合に限られる。したがって、レーザー剣は実際には目に見えず、映画のシーンのようにはならない。

しかも、レーザーを使う手法における障害はこれだけではない。

レーザーに伴う問題

厚さ一五ミリメートル程度の板金を切断するのに使われる通常のレーザーカッターは、たいてい五〇〇〇～六〇〇〇ワットの電力で稼働する。板金が厚くなると、切断に必要な電力もその分大きくなる。『スター・ウォーズ』で描かれた金属を切断するシーンで、ライトセーバーが必要とする電力は、一五〇〇万～二〇〇〇万ワットと推定される。

参考までに、ロッキード・マーティン[*1]は三万ワットのレーザーを使って一・六キロメートル先の車を走行不能にした。また、その装置は巨大で、トラックの荷台に設置する必要があった。しかし、これまでに製作されたもっとも強力なレーザーは、最大出力二〇〇〇兆ワット（二ペタワット）でビームを放出できる。とはいえ、レーザーがこの出力で稼働した時間はわずか一兆分の一秒だった[*2]。

レーザービームに伴う重大な問題は、ビームがひとたび放出されると、どこかで吸収されるか反射されるまで延々と進み続けることだ。これは、レーザーセーバーを実現するために、ビームを一定の長さに保つ別の仕掛けが必要になることを意味する。レーザービームはまた、炎放射器のセーバーと同様、別の武器による攻撃をブロックできないという問題も抱える。

［＊1］**ロッキード・マーティン**　F-16ファイティング・ファルコン、F-22ラプターなどのジェット戦闘機を製造するアメリカの軍事企業。

［＊2］大阪大学が二〇一五年七月に発表。

二つの光線が交差しても、互いに通り抜けてしまうのだ。

ただし、天体物理学者のニール・ドグラース・タイソンと素粒子物理学者のブライアン・コックスはオンライン討論の中で、超高エネルギーのガンマ線光子は互いに反発する可能性があることを示唆した。タイソンはその後、もし二つのガンマ線ライトセーバーを製作できたなら、あるいは決闘も可能かもしれないと語った。

しかし、喜ぶのはまだ早い。ここでの議論はばかばかしいほど膨大なエネルギー量を前提にしている。さらに、産業用レーザーの電源はたいてい商用電源であり、比較的小型の高出力レーザー発生装置でさえ浴槽より大きいのが一般的だ（もちろんそんな物はもち歩きたくないだろう）。

では、レーザーでないなら、ほかに何があるだろう？

プラズマの剣

プラズマ[*3]は、固体、液体、気体に続く物質の第四の状態と見なされている。稲妻や恒星はプラズマからできている。プラズマの状態において、電子の大半は原子核から分離している。レーザーと同様に、プラズマも金属の切断に利用可能だ。プラズマの色も、温度によって変化する。一万四七〇〇℃あたりの高温では青いプラズマになり、比較的低い七二七℃あたりでは赤いプラズマになる。

ただし、何でも切断できるようなプラズマは約七〇〇〇℃まで熱せられる必要があるので、赤いプラズマのライトセーバーはさっぱり切れないかもしれない。

［＊3］**プラズマ**　気体の温度が上昇して電離した状態。宇宙を構成する物質の九九・九％がプラズマといわれている。

プラズマの場合も、刃の適当な長さと形に保つことが必要になる。物理学者で発明家のミチオ・カクが提案したのは、望遠鏡型のセラミック製コアの利用だ。プラズマはここから放出されるが、磁場の範囲内に収まる。これは、プラズマを保持しつつ、刃に固さをもたらすだろう。

ライトセーバーのアイデアの大半は、プラズマにおける粒子の荷電された性質を利用する。この性質により、プラズマを磁場の中に閉じこめておける。この磁場は何らかの方法で刃の形になり、刃の先端で遮られなければならない。先端から少しでもプラズマが漏れると、刃の圧力と熱の強さを減じてしまうだろう。

トカマクはドーナツ型の磁場の中にプラズマを閉じ込める装置だ。これは膨大な熱をつくる熱核融合反応を閉じ込めるために使われる。これらは恒星で起きている反応だ。材料が核融合反応で引き起こされたプラズマのほてりに耐えることができないから、磁場は必要だ。

外へ向かうプラズマの熱の圧力は、プラズマを保持するために使われる磁気の圧力と釣り合わなければならない。これら二つのあいだの比率はプラズマベータと呼ばれる。一般に、制限する磁力の圧力は、外へ向かう熱の圧力より二・五倍から一〇倍大きくなりうる。比較的低温の赤いプラズマ製セーバー以外のために、欧州原子核共同研究機関（ＣＥＲＮ）の大型ハドロン衝突加速器*よりも強い磁場が必要になるだろう。

ライトセーバーの決闘

もしこのような武器でダース・ベイダーと決闘したら何が起きるだろう？

［＊］**大型ハドロン衝突加速器**　スイス・ジュネーブに設置されており、加速器のリングの長さは二六・七キロメートル。

武器の磁場は相互作用するはずだ。それぞれの刃の磁場の向きと、相手に対する刃の向きによるが、互いに反発するか、または引き合うだろう。もし反発するなら、戦いは始まる。しかし、引き合うなら、深刻な問題を迎えるかもしれない。

宇宙プラズマ物理学者のマーティン・アーチャー博士によると、ライトセーバーの決闘は悲惨な結果を迎える可能性があるという。異なる磁場をもつプラズマが衝突するとき、磁気再結合と呼ばれる現象が起きることがある。その過程で大量のエネルギーが解放され、超高温のプラズマが高速で放出される。まずい事態だ。

これを避けるために、闘士たちは磁場を確実に一致させなければならない。磁場が一致しているかどうかは、磁場のあいだの角度（または刃の角度）、プラズマのベータ値、刃のあいだの距離に依存するだろう。つまり、そんなことばかり気にしていたら、決闘どころではない。

したがって、ライトセーバーのように見えるものをつくる方法は数多くあるにもかかわらず、本物のライトセーバーを開発する場合の実際的な問題はやはり膨大に存在する。たとえ本当につくることができたとしても、互いの刃を最初にぶつけた瞬間、自分も敵も命を落とす危険があるのだ。

フォースを操る感覚とは

『スター・ウォーズ』の銀河系において、すべての生命体に備わるミディ＝クロリアンがフォースの感知を可能にすると説明される。ただし、誰もがそれを使って超人的な能力を発揮できるわけではない。

私たちの銀河系において、ミディ＝クロリアンのようなものは見つかっていない。それでも、地球には驚くべき能力を備える種が実在する。私たち人間も、ほかの種より劣る能力は多々あるが、知能の点ではほかよりも優れている。したがって、科学技術の発展と応用はおそらく、人類がこれまでの偉業を達成するうえでもっとも強力な味方だったのだろう。

ジェダイの場合、通常の限界を超越できるきわめて優れた知性と身体を備える。ヨーダでさえ、格闘の際にはステッキなしで大立ち回りを演じることができる。これは、偉業を達成するうえでフォースが最強の味方になるからだ。

フォースはその使い手に、人の心を操り、未来を予見し、そして何より、物を空中に浮かせる能力をもたらす。

こうした能力を扱うのはどんな感じがするものだろう？

「あの子は物事が起こる前にそれを察知できる」[*1]

ジェダイはフォースを通じて未来の事象を感じる能力をもつ。これは「予知」と呼ばれる

［＊1］『ファントム・メナス』でクワイ＝ガン・ジンが、アナキンを評して発した言葉。

能力だ。

予知は、未来事象からの情報が、具体的に送られる前に、認知されうることを意味する。これは因果関係の原則、すなわち原因と結果の関係に反している。

それでも、因果関係に反することなく実際に未来事象を予測することは可能だ。「夕焼けは羊飼いの喜び」というイギリスの古いことわざは、翌日がよく晴れるかどうかを予想するのに役立つ。

現代の天気予報は、こうしたことわざのより洗練されたバージョンにすぎない。夕方に赤く染まった空を目にすることは、人工衛星による雲の観測のような、いっそう正確な科学的手法に取って代わられたのだ。ただし、私たちが予測しようとする未来までの期間が長くなればなるほど、予測の精度もそれだけ落ちてしまう。

「予見するのは難しい。未来は絶えず揺れ動く」[*2]と、ヨーダは語る。

未来を予見することは便利かもしれないが、それは同時に決定論の問題を提起する。すなわち、未来は固定ですでに決定されているのか、あるいは自由意志を行使して変えることができるのか、という問題だ。

要点は、容易に影響を与えられる未来事象もあるということだ。たとえば、ランドはミレニアム・ファルコンを失うことを予測していたら、ハン・ソロとの賭けから降りたかもしれない。反対に、影響を及ぼしようがない未来事象もある。たとえば、ヨーダが老衰で死を迎えようとしている状況がそうだ。

たとえ予見できても、変えようがない未来もある。

［＊2］この言葉は『帝国の逆襲』で発せられた。

念力

これは物理的手段を使わずに物を動かす能力だ。

それはまた、ジェダイが「神秘的な」任務を実行することを可能にするフォースの能力でもある。フォースを効果的に引き出し適用する方法を身につけることで、ごく小さなフォースの使い手が巨大な物体を動かすことさえ可能になる。

紀元前三世紀、古代ギリシャの科学者アルキメデスは「私に足場を与えてくれ、そうすれば地球すら動かしてみせよう」といった。

アルキメデスのこの言葉は、てこの原理を正しく応用すれば、普通の人でも自らの力を超える力を用いることができるという事実を示したものだ。てこの仕組みがもたらす利点により、小さな入力からより大きな出力が可能になる。てこは、滑車やギアのような装置と同様、力を操作するために使われる。

惑星ダゴバの沼に不時着したXウイングを、どうやって引き揚げようかと思案しているルークを想像してみよう。ルークとヨーダがこの難題を熟考しているとき、アルキメデスが森の中から姿を現す。彼はロープと滑車を巧みに組み合わせてから、沼に生息するドラゴンスネークの助けを借りてXウイングを巻き上げる――。

つまり、いいたいことはこうだ。自分よりはるかに大きな物体を動かすために、ヨーダがフォースを操り、てこや滑車の仕掛けのようにはたらかせることができる。このようにして、ルークは修行によりフォースを使って物体を操れるようになったが、私たちは仕組みを開発し利用することで、より実践的に取り組まなければならない。

「デス・スティックなんて売りたくない」[*]

　銀行で預金を引き出したときには、マインドコントロールをかけられたくないものだ。フォースの定番テクニックであるジェダイのマインドコントロールは、おそらく利己的な行いや不正行為に使われる危険をはらんでいる。このマインドコントロールは、他者の心に影響を及ぼすことを伴い、自分に有利になるよう物事を進めるために実行されるのが一般的だ。

　ジェダイが手を一振りし、示唆的な言葉を二言三言ささやくだけで、術をかけられた人は催眠状態に入るらしく、ジェダイの言葉を繰り返して追従することを示す。

　このフォースの能力は催眠術によく似ているように思われる。催眠術はいまや、セラピーや娯楽にも使われ、巨大なビジネスになっている。これらの応用例における大きな違いは、催眠術師が術をかけられる人の許可を得ているということだ。ジェダイは違う。

　それはともかく、心に影響を与えるいっそう巧妙な方法がいくつかある。私たちを取り囲む広告キャンペーンは、消費者の心を操って特定の考え方を受け入れさせたり、製品を購入させたりする目的でつくられている。広告はしばしば、感情に訴えたり、性的なイメージを含んだりして、物事に対する自然な反応を乗っ取ろうとする。

　ジェダイは基本的に、自らの願望を他人の心に押しつける能力を使う。彼らは善人という設定なのに！　その能力が社会に広まったらどんな混沌が生じるのか、想像するだけでも恐ろしい。

［*］『クローンの攻撃』で、デス・スティック（幻覚剤の一種）を売ろうとしたエラン・セルサガバノにオビ・ワンが催眠をかけ、エランが前言を翻して発した言葉。

「恐れはダークサイドへ至る道[*1]」

悪に対する善は、『スター・ウォーズ』の中心にある対立だ。これはとりわけフォースに関して明白で、フォースにはダークサイドとライトサイドがある。ジェダイは知識と防衛のためにフォースのライトサイドを使い、ジェダイ・コードを順守して、ダークサイドに堕落しないよう自らを律する。しかし、ジェダイ・オーダーと昔から敵対関係にあるシスは、フォースのダークサイドを信奉する集団だった。彼らの究極の目的は銀河系を支配すること。ジェダイとシスはそれぞれフォースの知識を発展させようと努めたが、シスはその知識を、ジェダイ・コードが許さないレベルにまで高めようとした。

ダークサイドをマスターすることによってもたらされるであろう能力に誘惑され、アナキン・スカイウォーカーは次第に変容し、やがてシスのダース・ベイダー卿となった。アナキンは、知識と力と引き換えに自分の魂を悪魔に売り渡した中世のキャラクター、ファウスト[*2]と同じ罠に落ちた。

SFはしばしば、知識や力を追求するあまり一線を越えてしまう邪悪な科学者を描く。この種の状況は科学の世界でも繰り返される。科学者の中には、知識を追求する過程で倫理上の慣習の限界を押し広げる人や、さらにはその限界を越えて、科学の非倫理的なダークサイドに踏み込む人もいる。

第二次世界大戦中、日本の七三一部隊は捕虜を対象に人体実験を行った。七三一部隊による犠牲者の数は数千人ともいわれている。ナチスドイツ時代には、ヨーゼフ・メンゲレなど

［＊1］『ファントム・メナス』で、母を失うのを怖がるアナキンに対してヨーダが発した言葉。

［＊2］**ファウスト**　ドイツの民間伝説の主人公。ゲーテはこの伝説を元に戯曲『ファウスト』を書いた。

の科学者たちも、人体実験を行った。

恐ろしい殺傷能力をもつ兵器の開発も、科学のダークサイドと見なすことができるだろう。そうした例には、マスタードガス、火薬、核爆弾などが挙げられる。これらの技術はすべて戦時中に導入された。戦争は、そうした兵器を使用することのダークサイドを正当化する時期だと思われている。

科学界が常に知識の限界を押し広げようとする状況がある以上、ダークサイドへの誘惑は常に存在するのだ。

フォースの稲妻

邪悪なシス卿はまばゆいばかりの稲妻を手から放ち、向かいにいる不運な相手を痛い目に遭わせる。この能力は、とくに力の強いダークサイドの信奉者だけが繰り出すことができた。

シスのほかにも、電気で衝撃を与える能力をもつ生き物は存在する。実際、地球上にもこの能力を備える動物がいる。デンキウナギ[*3]（外見上ウナギに似ているものの、デンキウナギ目はウナギ目とまったく別の仲間に分類される）は、六〇〇ボルトもの電気を発して獲物を麻痺させることができる。この生物は体内の発電板と呼ばれる特殊な器官を使って電気を生み出す。これは生物発電として知られている。

デンキウナギによる高圧の発電能力は、攻撃と防御のために使われる。シスも同じことをしているが、その能力の行使には悪魔のような快楽が伴うようだ。

仮に人間に高圧の電気を放つ能力があったとしても、使い道に悩む必要はない。すでに五

［＊3］**デンキウナギ**　南米アマゾン川、オリノコ川を中心に生息する大型魚。全長二・五メートルほどまで成長する。

万ボルトのテーザー銃（スタンガン）が開発されている。これは一〇メートルのワイヤーを通じて、一二〇〇ボルトの電気を標的に送り込むことができる。標的になる人にとって幸いなことに、テーザー銃の電流はごく低く抑えられているので、感電死するほどの衝撃を受けることはない。

シスの場合はワイヤーを使わないので、はるかに多くの電圧をかけて空中に電気を放つ必要があることを意味する。エアバスグループ・イノベーションズの雷・静電気学チームのエンジニアであるリース・フィリップスは、「空気中で一メートルにつき三〇〇万ボルトの電圧が減衰すると仮定すれば、一〇メートル先に飛ばすには三〇〇〇万ボルトが必要になる」と語る。

したがって、もし人間がこの能力を備えるなら、敵を倒すために自らが三〇〇〇万ボルトの電気を発電しなければならない。ただし、発した電気は敵に到達する前に弧を描いて地面に落ちてしまう可能性があるので、その前にレーザーを撃って空気をイオン化する必要があるかもしれない。このレーザーがいわゆるプラズマチャンネルを生み出し、そこを電気が通り抜ける。

結論として、人間はフォースにアクセスできないかもしれないが、自然を操る独自の方法を使って目標を達成することができる。あるいは、「科学技術こそが人類にとってのフォースである」といえるかもしれない。その意味では、私たちはフォースを操ることがどんな感覚なのかをすでに理解している。科学技術によって数年先に何が可能になるのかは、誰にもわからない。

カイロ・レンが空中でブラスター弾を止める方法[*1]

あなた自身をカイロ・レンの立場に置いてみよう。自らの部隊は村を壊滅させ、残りの住民を一箇所に集めた。あなたは宇宙船を下り、部隊と村人に囲まれたロア・サン・テッカ[*2]に問いかける。求めるものはただ一つ……ルーク・スカイウォーカーの居場所を示す地図だ。サン・テッカは従わず、公然と反抗し、最後にあなたの血筋の話をする。

しかし、あなたは偉大なカイロ・レンだ。反抗したサン・テッカを見せしめにする必要がある。それでももちろん……十字型のライトセーバーで彼を切り殺す。

次の瞬間、あなたは間近に迫るブラスター弾の脅威を感じる……そこで取るべき行動は？ ライトセーバーを手にしたフォースの使い手なのだから、答えは明白だ。ブラスター弾をライトセーバーでかわせばいい！

いや待て、それはジェダイなら誰でもできる。その代わりに、並外れた反射能力でブラスターを避けて、この無敵のレン様を邪魔する愚か者をフォースで窒息させてやろう！ だが、もう一度よく考えて、それがダース・ベイダーのやり方に酷似していると気づく。

最終的に、こんな結論に達する。ブラスター・ボルトと攻撃者を一挙に止めることで、自らがフォースの最高の使い手であることを誇示できるはずだ。

あなたは振り向き、手を上げる。ボルトと攻撃者ポー・ダメロンはたちまち、あなたの操り人形になる。

［＊1］『フォースの覚醒』の冒頭で見られる場面。

［＊2］**ロア・サン・テッカ** フォースの教会に所属した人間の探検家。

さて、青いボルトが空中で音を立てながら振動している状態で、しばし時間を割いてこの状況を検討してみよう。

カイロ・レン

カイロはダース・ベイダーの孫で、問題を抱えている。フォースが強い家系だが、強い不安感と父親の問題に苦しんでいるのは明らかだ。

ベイダーの死から三〇年後、カイロ・レンは祖父の跡を継ぐべく行動を開始していた。彼は亡き祖父を崇拝し、ベイダーの歪んだヘルメットの残骸にしばしば語りかける。ダークサイドの力を受け入れることを望み、自分以外の全員に力を解き放つつもりだ。

このレン騎士団の短気なマスターはダークサイドを強く信奉しているが、ライトサイドからの教えも受けていた。ファースト・オーダー軍のためにジェダイの生き残りを見つけて殺すという任務を与えられたあとで、「ジェダイ・キラー」と呼ばれたにもかかわらず、レンはレイに対面すると葛藤する。

フォースに精通するレンは、シスとジェダイどちらにも知られていないようなトリックを編み出すことができる。そうした中で見た目にもっとも印象的だったのは、空中でブラスター・ボルトを止める能力だ。

この技を繰り出すには、離れた場所で大きな動作が必要となる。レンはブラスター・ボルトに近づくことなく影響を与える能力で、ベイダーの――あるいは、ほかのあらゆるシスやジェダイの――一歩先へ進んだ。さらに、レンがその場を離れた途端、ブラスター弾はその弾道のとおりに再び進む。そうなった理由は、弾を止めるためにフォースを使った方法によるものか、あるいはレンが離れる前に元の弾道に沿って弾を飛ばしたからかもしれない。

ここで疑問が生じる。彼はどうやって空中でブラスター・ボルトを止めることができたのだろうか？

ブラスター・ボルトを止める

ブラスター銃から放たれる「強烈なプラズマエネルギー」のボルトは、焼け焦げるほど激しい爆発を引き起こすと説明されている。このボルトは、ガスを輝く粒子ビームに変換したもので、標的を高温で溶かして貫通する力もある。

私たちの宇宙にはプラズマの多様な発生源があり、具体例を挙げると稲妻、恒星、ネオンライトなど。プラズマはさまざまな温度で存在し、含まれる電子の密度もまちまちだ。

プラズマは気体と同じように、それが存在する空間全体に広がろうとする性質がある。したがって、プラズマをブラスター・ボルトのように空中に打ち出すためには、プラズマを閉じ込める磁場を運ぶものを発射しなければならないだろう。

ただし、宇宙プラズマ物理学者でＤＪとしても活動するマーティン・アーチャー博士によると、実際には特別な磁場の発生源を発射する必要はないという。

「プラズマは優れた電気伝導体なので、もしプラズマ・ボルトの中にいわゆる『自発電流』を誘導できれば、この誘導された電流に関連づけられた磁場が（しばらくの間）プラズマを閉じ込めることができるのではないかと考えられる」

ミズーリ大学の科学者らは、閉じ込める仕掛けを一切使うことなくプラズマのリングを外気中で約六〇センチメートル飛ばすことに成功した。このプラズマは太陽の表面よりも高い温度に達する。プラズマがつくり出す自前の磁場は、わずか数ミリ秒しか持続しないものの、プラズマを分散させずに保持するはたらきをする。また、このプラズマの密度はあまり高くないので、高温にもかかわらず、実際は周囲に伝わる熱もそれほど多くない。

したがって、レンが空中でプラズマの攻撃を止めたい場合、磁場をつくってボルトを閉じ込めることができるかもしれない。だとすれば、ポー・ダメロンを固定するのと同じ方法で、磁場を固定できるだろうと考えられる。

レンがボルトを止めた方法についてのもう一つの興味深いアイデアは、空間と時間を曲げるというものだ。

時間を曲げる

一般相対性理論に従って、宇宙の領域に存在する質量が増えると（それゆえに重力も大きくなり）、重力がより低い領域に比べて時間の流れが遅くなる。したがって、もしカイロ・レンが放たれたブラスター・ボルト近辺の領域で十分に質量を増やせたなら、離れている人から見て相対的なボルトの動きが遅くなるだろう。

概念を理解するため、ポー・ダメロンの立場で考えてみよう。フォースで捕らえられたあなたは、直前に放ったボルトを一メートル離れたところから注視している。ここから時間の流れを十分に遅らせて、ボルトが九〇秒の間に一〇センチメートルしか進まなくなるとしよう。これはボルトの視点から見ると、ごく短い時間しか過ぎていないことを意味する（一億分の三秒）。レンはこのように時間を膨張させるため、ボルトにどれくらいの質量を与える必要があるだろうか？

答えは、土星の全質量よりも大きい！　惑星ジャクーに問題発生だ。引力は非常に大きくなるので、誰かがジャクーの反対側にいたとしたら、体重が突然二トンも増えるだろう。ポーとその周辺の全員については、一瞬で終わっている。そのあたりの質量は、アトラクション用透明ボール「ゾーブ」[*]の内部の空間より小さい領域に圧縮され、崩壊してブラックホールに変わるだろう。実際、惑星全体が飲み込まれてしまう！

オーケー、このアイデアは問題外だ。少しルールを修正しよう。ブラスター・ボルトが光の短い爆発だと仮定して（実際は違うが）、くすんだ大気によって目に見えて（なるほど、もっともらしい）、光速で移動しているとしよう。この場合、カイロ・レンはそれを止めることができるだろうか？

[＊] **ゾーブ**　二重構造になった巨大な中空の透明なボールで、外側の部分と内側の空間の間に空気の層があり、内側の空間に人が入り転がって遊ぶ。

光を曲げる

真空中における光の速度は毎秒約三〇万キロメートルで、「c」という記号（定数）で表される。これは光が遮られないときの速度であり、現在の科学では、この宇宙において光速より速い速度は存在しないとされる。

真空中の光速は定数 c で表されるように常に一定だが、実際には光がそれよりゆっくり動く場合がある。これが起きるのは、移動するのが真空中でないとき、すなわち物質の中を抜ける場合だ。

ある物質が光を減速させる割合は、その物質の屈折率と呼ばれる。光が空気からガラスへ入射するとき、屈折率はガラスのほうが高いので、光の速度は遅くなる。しかし、光がガラスから出て空気中に戻るとき、元の速度で進む。聞き覚えがあるだろうか？

この効果は、光が異なる物質をどのように通るかによって説明できる。

空間があるとき、光が宇宙の制限速度である c の速さで進む。ガラス内の原子のような障害があるとき、光の光子は吸収され、それから原子中の電子によって再び放出される。混雑した部屋を横切って歩こうとしている人に似て、これらの障害物により、光子が空間を通り抜けるのに通常よりも長くかかる。

このことから、光速が実際には変化しないものの、宇宙の異なる領域を通り抜けるのにより長くかかることが理解できる。

光が見かけ上遅くなることがあることはわかったが、完全に止めることは可能だろうか？

それは風変りな提案のように思われるかもしれないが、実際に達成した研究所がある。

ハーバード大学のリーン・ハウ博士は、超低温の（理論上もっとも低い温度とされる絶対零度に近い）ボース＝アインシュタイン凝縮体を使って、光パルスを自転車の速度まで遅くした。それから二年後、ハーバード・スミソニアン天体物理学センターのロナルド・ウォルズワースは光を完全に止めることに成功した。

光パルスは長さ約一キロメートルから始まる。科学者らは超低温のガス雲に別のレーザーを照射して、雲を透明にする。これにより、光パルスが雲に入射することが可能になる。ほ

●光の屈折のイメージ

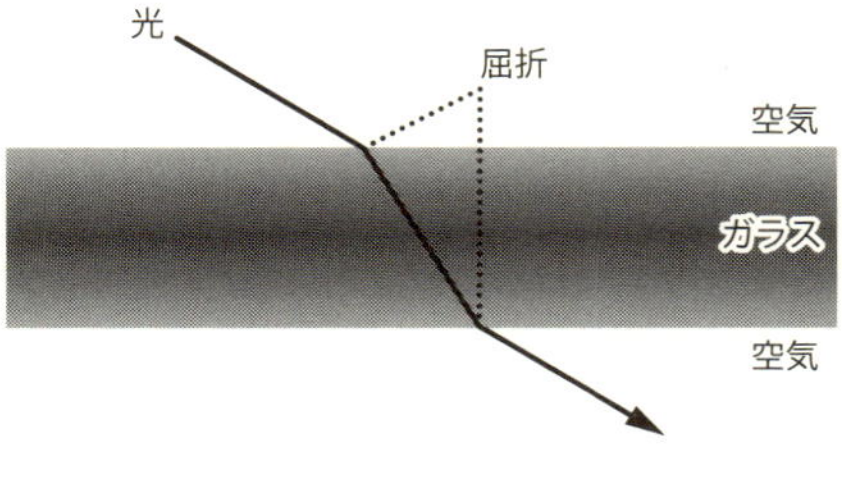

かのレーザーを消すと、光パルスが雲で捕えられる。その過程で、一キロメートルの光パルスは人間の毛髪の太さの約半分の長さに圧縮される。科学者らは準備を整えると（この場合は一分後）、第二のレーザーを再び照射して光パルスを解放する。光パルスは雲を離れると、通常の速度と長さで進み続ける。

青天のへきれき

さて、そろそろカイロ・レンの立場に戻ろう。

ポー・ダメロンが尋問のために宇宙船へ連行され、あなたは常に憧れていた万能のシス卿になったように感じている。

あなたはほぼ九〇秒間青いボルトを保持し、そのために惑星全体を破壊することもなかった。祖父もきっと喜んだに違いない。

あなたが去ろうとするとき、自分に向かって叫ばれたと思われる非難の言葉を聞く。振り向いて、この取るに足りないトルーパーを見る。識別番号ＦＮ－２１８７*。

あなたはのちに彼と対峙することになる。

宇宙船に向き直り、ポーを尋問したい気持ちを抑えて、あなたは最後のトリックで大げさな力の誇示を締めくくる。凍結されたボルトを解放するとプラズマが拡散するだけなので、そうする代わりに、ボルトを元の弾道に動かしてダークサイドの力を示すのだ。

［*］**FN-2187**　ファースト・オーダーからの脱走兵、フィンの識別番号。

ダース・ベイダーの技術は可能か

この威嚇的なキャラクターは煙の中から現われ、フェイスマスクからは、深く一定した呼吸音が漏れる。全身黒づくめの姿に、ケープと鉄兜《かぶと》のようなヘルメットをまとい、存在そのものが恐怖を生む。ダース・ベイダーが初めて登場したとき、ブーイングを浴びせる映画ファンもいた。

脚本の数シーンを描いて投資家を説得するために呼ばれたアーティスト、ラルフ・マッカリーによると、ベイダーは当初、宇宙空間で複数の宇宙船のあいだを行き来する能力をもつ「長身で冷酷に見える将官」として考案されたという。そうした能力のために、彼は宇宙で呼吸する何らかの装備を含む適切な服装を必要とするはずであり、そこからあの悪名高い呼吸装置が生まれたと、マッカリーは振り返る。初期の脚本における記述がおもな理由で、ベイダーの象徴的な外見が発明された。

ただし、宇宙遊泳はベイダーのスーツの最終的な理由にならなかった。ジョージ・ルーカスはのちに、ベイダーが過去に惑星ムスタファーの溶岩流に落ちたストーリーを書き、そのときに負ったケガの結果としてあの象徴的な外見になったことを明らかにする。

こうして、『シスの復讐』の忘れ難い終盤のシーンが生まれた。

●ダース・ベイダー

Album／PPS通信社

ベイダーのスーツ

ベイダーは溶岩流のすぐ近くまで転げ落ち、服に火がついたことで、皮膚にひどい火傷を負った。

火傷を負った患者はしばしば、特有の火傷跡を軽減する効果がある、皮膚に密着するコンプレッションウェアを提供される。ベイダーのスーツは、恒久的な解決策を意図したものではなかったとしても、当初は重度の火傷を治療するために、コンプレッションウェアと似たようなはたらきをした可能性は大いにある。ベイダーの密封されたスーツは一〇の保護層を備え、宇宙空間で生き残ることさえ可能なように見える。現実の宇宙服と同じ保護を実現するためにスーツに求められるのは、宇宙の真空に耐える能力、効果的な冷却システム、酸素の供給、極小流星体の衝突などに対する保護を提供する防護層だ。船外活動用宇宙服（EMU）のような現実の宇宙服は、一五もの層を備え、はるかに厚い。これらの層には、水冷式の冷却下着、気密拘束層、断熱防護層、外層を含む（もう一つ、「最高吸収性服」を忘れてはいけない。そう、これは実質的に成人用おむつだ）。

EMUのサイズは十分な機動性がないことを意味するので、薄いベイダー風のスーツは、はるかに適切だろう。マサチューセッツ工科大学（MIT）のデイヴァ・ニューマン教授はこうしたデザインに取り組み、「バイオスーツ」と名づけた。バイオスーツは柔軟で皮膚に密着し、第二の皮膚のような装着感だが、機械的与圧を適用することにより真空の宇宙空間で宇宙飛行士をサポートする。

与圧を実現するために、スーツは形状記憶合金でつくられたコイル作動装置を備え、暖めると元の形に復元することができる。これにより、皮膚に密着するスーツの脱着がいっそう容易になるだろう。

マスクの男

火事の犠牲者のうち、とくに多い死因は煙吸入であり、煙を吸入することで気道熱傷が生じる。ベイダーは大火傷のあと、呼吸と発話を補助する装置の一部としてマスクを必要とし、これが有名なスキューバ風の呼吸につながる。

溶岩流の近くの気温は、大気の状態によるが、四九℃を超える場合がある。コーネル大学のチームは、高温の空気を吸入したことによる気道熱傷を調査した。その結果、八五℃以上の空気を二〇秒以上吸い込むと、気道組織が損傷することがわかった。調査チームは、もっと低い温度の空気でも、吸入する時間が長くなると損傷が生じうると述べている。

二〇一四年の論文で、ロニー・プロヴシングとローナン・バーグの両博士は、ダース・ベイダーの肺傷害をめぐる可能性を検討した。論文では、「重度の火傷と熱による肺の損傷から生じる、急性および慢性の呼吸不全の例」の可能性が示唆された。

両博士は、ベイダーの密封式ヘルメットと呼吸の特徴に基づき、そのマスクが先進的な二層式気道陽圧（BPAP）システムの役割を担っている可能性を提唱している。

BPAP装置は、吸気時に高い陽圧を、呼気時に低い陽圧を供給することで、患者の呼吸を補助する。装置の提供者は通常、呼吸レベルをあらかじめ設定する。一方でベイダーの装置は、スーツ上のボタンで操作するのでなければ、おそらく自動式だろう。

ただし、ダース・ベイダーはほぼ常時マスクを装着しているが、プロヴシングとバーグによると、一生にわたりＢＰＡＰの処置を受けるのは、今日の医療行為においてどちらかといえば異例の選択になるという。

人間というより機械

ある種の病気にかかった患者は、外科手術で喉頭を摘出することが必要になる。患者は喉頭を失ったあとも、電気式人工喉頭と呼ばれる人工音声支援装置の助けを借りて発話できる。旧来の人口音声は単調で、往々にしてロボット風の声と評されたが、比較的新しいものは発話の調子に変化をつける表現力の点で改善されている。

したがって、ダース・ベイダーの声が似たような装置を介して、いっそう重苦しくなる必然性はない。近年は声を変えるソフトウェアが容易に入手できることを考えればなおさらだ。あのような声にしたのは、威圧感を増すためだったと考えてもよさそうだ。

胸部の中心にはボタンが並ぶパネルがあり、ベイダーの生命を維持する各種の埋め込み型医療機器（ＩＭＤ）の操作に使われる。ダース・ベイダーのスーツは、薬剤、酸素、栄養物を適切に供給することで体調を良好に保つはたらきをするほか、日常的な身体の機能も補助する。

だが、身体機能を機械に補助されているのはベイダーだけではない。近年ますます多くの患者が、似たような装置を身体に取り付けている。

イギリスでは、一型糖尿病を患う成人の六％と小児の一九％が、身体につないだインスリンポンプを使用している。このポンプでは、いくつかのボタンを押して、摂取するインスリンの量を調節できる。同じことが埋め込み型の胃刺激装置やペースメーカーにも当てはまる。

技術の進歩により、外科手術なしで直接心臓に埋め込むことができる新型のペースメーカーも登場している。心臓再同期療法（ＣＲＴ）用システムの「ＷｉＳＥ」*などは、わずかに米一粒ほどのサイズだ。

サイバー人工装具

腕や脚を切断した人の日常生活を補助する人工装具の歴史は、棒の義足と鉤《かぎ》の義手の頃から、長い年月を経て、高性能の電子機器が普及する時代を迎えている。ダース・ベイダーと同じような脚のケガを現実に負った人は、膝上の義足を必要とする。これは膝関節、足首、足の部分を含み、それぞれに固有の設計上の難しさがある。

最近開発された義足は、マイクロプロセッサーで制御される油圧シリンダー式の膝と足のユニットを採用している。これらのユニットは装着者の動きを感知し順応することで、より自然な動きとより高い自由度を実現する。装着者はまた、プログラム済みの複数モードを切り替えることで、サイクリングや車の運転のような動作をより容易に達成できるようになる。

一方、腕の切断となると、人工装具技術ははるかに複雑になる。「ビーバイオニックスリー」はもっとも進歩した義手の一つだ。この義手が内蔵する強力なマイクロプロセッサーは、各指をモニターし、正確な制御を可能にする。さらに、つかんだ物が滑っていることを感知すると、自動的に握力を調節できる。

［＊］ＷｉＳＥ　Wireless Stimulation Endocardially（心臓内の無線刺激）を略した登録商標で、開発元はアメリカのＥＢＲシステム。

人工装具の用途に限らなければ、さらに高度なロボットハンドが開発されている。ワシントン大学の研究者らは、「もっとも驚異的な生体模倣人間型ロボットハンド」と評される技術を開発した。しかし、義手を正確に動かすことの複雑さは、装着者から適切な制御信号を取得し、義手に伝えることにある。

サイバー・コントロール

ダース・ベイダーは電子機器に直接接続されている。ヘルメットの内部には頭骨と脊椎に貫通する神経針があり、これによってサイバネティックス義肢を制御することができる。現在、義手を操作するためには、装着者の断端で筋肉の細かな動きに反応するセンサーが必要だ。センサーはあらかじめプログラムされた手のさまざまなポジションを作動させる。人工装具は近い将来、ダース・ベイダーに似た方法で、断端の骨に取り付けられたインプラントに直接接続されるだろう。装着者の神経は外科手術でインプラントに接続され、脳とロボット義手の制御系がつながることになる。

アメリカ国防総省の研究機関DARPAは、脳にリンクするロボット義手の開発を支援してきた。ワイヤーが直接接続される先は運動皮質——筋肉と知覚皮質を制御する脳の部分——であり、ここで身体から送られる感覚信号を受け取る。脳はこうして、通常の腕や手から信号を受け取るのと同じように、ロボット義肢からの信号を受け取ることができる。

進歩した技術により、麻痺した被験者が対象物を操作したり、触覚を受け取ったりすることが可能になった。新興の技術分野である神経機能代替は、脳にコンピュータを直接接続することに取り組んでいる。画面上の選択で簡単に設定したり、中間ユニットで車椅子を操作したりすることが可能になる。ただし、もっとも複雑な調整は義肢の操作に適用されるだろう。

電子機器で身体能力を拡張する選択肢が利用できることを考慮すれば、サイボーグ*時代の到来は――たとえまだだとしても――すぐに現実になりそうだ。

サイボーグという言葉を生み出した一九六〇年の論文で、科学者らはこう論じた。

人間の身体機能を改変して地球外生命環境の必要条件を満たすことは、宇宙に地球の環境を再現するよりも合理的だろう（中略）。人間の無意識の自動制御を拡張する人工生体システムは、一つの可能性だ。

それから半世紀以上が過ぎ、人間を拡張する技術は、宇宙旅行には使われてこなかったものの、医療の現場では大いに普及してきた。ダース・ベイダーの体をもつ人が街中を歩くようになるのは、もはや時間の問題だ。

［*］**サイボーグ**　サイボーグ（cyborg）とは cybernetic organism の略語。アメリカで宇宙開発研究をしていたクラインズとクラインによってつくられた言葉。

ジェダイのマインドコントロールは可能か

あなたは施設に駆けつけたが、警備員に止められる。しかし、どうしても中に入らなくてはならない。何をすべきか？　簡単だ。手をさっと振って、彼に「私を通さなければならない」と告げるといい。警備員は即座にいわれたとおりにし、あなたは先に進める。もしこれが実際に可能なら、さぞかし素晴らしいだろう。しかしここでも再び、本当に素晴らしいかどうかはその能力をもつ人次第だ。こうした能力は、善意で使う人だけに与えられることが望ましい。もちろん、誰かにとってよい目的と思えることが、別の人の観点からはそれほど立派に思えないかもしれない。他人の心を操って、意志に反する行動をとらせる能力は、その使用に伴う倫理的な諸問題は別として、実現性はどの程度あるのだろう？

ジェダイの定番のマインドトリック

これはもしかすると、ジェダイの多様な能力の中で、もっとも侵害的で倫理に反する技かもしれない。その一方で、とりわけ愉快な場面を生む可能性を秘めた技でもある。

相手に親切にしたり、我慢したり、何らかの交換条件を出したりといった通常の努力をすることなく、求めるものをその人から得る能力が存在したら、誰だって欲しいだろう。ジェダイの任務が相手の意志に優先する場合、マインドトリックを相手に仕掛けることで、直ちに満足な結果が得られる。

ただし、マインドトリックは誰にでも効くわけではない。ルークがジャバ・ザ・ハットにジェダイのマインドトリックをかけようとしたとき、ジャバは「気の弱い愚か者」ではないことを実証した。[*1]

ワトーのようなトイダリアン族も生まれつきマインドトリックに影響されない。お金以外にワトーの心を動かすものがないからだ。[*2] 訓練によっても、ジェダイのマインドトリックに抵抗する能力を身につけることができる。フォースは明らかに強い味方だが、鍛えられた意志や集中した精神にはかなわない。

ただし、マインドコントロールは『スター・ウォーズ』の宇宙に限定されるわけではない。また、目的を果たすためにフォースを使う必要もない。私たちは日々、友人や他人から、さらには家族からも、思考に影響を与えたり言動をコントロールしたりしようとする試みにさらされている。たとえば、気乗りしない旅行に行くよう説得されたことはないだろうか？さらに恐ろしいのは、多くの場合、マインドコントロールが実行されていることに気づきもしないことだ。具体的には、巧妙な広告キャンペーンによって何かを買うよう説得されてしまうケースが挙げられる。

ただし、もし風変わりなマインドコントロールの例を知りたいなら、自然界を眺めてみるといい。

自然界のマインドコントロール

自然界には、心を操る仕組みが数多く存在する。それは往々にして、種が生き抜くうえで

［＊1］このシーンは『ジェダイの帰還』で見ることができる。

［＊2］『ファントム・メナス』でクワイ＝ガン・ジンがワトーに対し、マインド・トリックを使ってハイパードライブ発生装置を希望の値段で買おうとしたが、効き目がなかった。

必須の要素となる。一例として昆虫のコミュニケーションを見てみよう。

アリは最大で二〇種類ものフェロモンを使って意思を伝達する。重要な点は、アリがメッセージに疑問をもたず、ただ反応するということ。メッセージへの反応が本質的にプログラムされているのだ。そのおかげで、女王アリは特定のフェロモンを使い、働きアリをコントロールすることができる。

コロニーの繁栄には、アリがコントロールされやすいことが必要だ。この種のマインドコントロールにより、アリのコロニーは存続が可能になる。全体として、アリの服従は弱点よりもむしろ強みになっている。

ただし、個々のアリにとって、服従が迫りくる破滅の主要因となることもある。気味が悪いことに、次の例でアリをコントロールするのはもはや動物ですらない。

タイワンアリタケと呼ばれる菌類の胞子は、オオアリ族のアリがフェロモンを認知する方法を変更する。この変更により、アリにまさに菌類が望むとおりの行動をとる。胞子に感染したアリは、葉の裏側によじ登り、そこで死ぬまでじっと待つ。やがて成長した菌類が腐敗したアリの頭部から出現し、ここから胞子を飛散させて、さらに多くのアリに感染する。タイワンアリタケのマインドコントロールは、オオアリ族という特定のアリにしか有効でないとはいえ、種を超えて作用するという点で興味深い。しかし、ノムシタケ属の菌類は数千種類もあり、それぞれがクモ、アリ、バッタ、蛾といった特定の種類の虫に寄生する。

マインドコントロールの結果はかなり気味が悪いが、その対象はごく限られている。菌類のマインドコントロールは、結果を選択するようなものではない。それは単に、生存のため

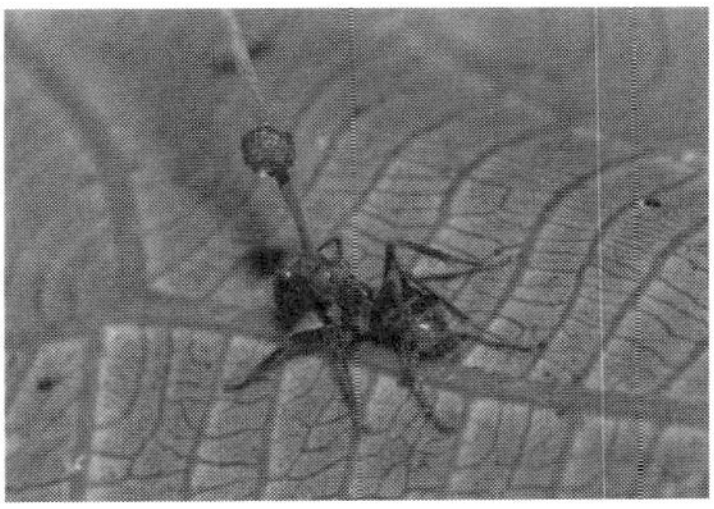

●タイワンアリタケに感染したアリ

David P.Hughes, Maj-Britt Pontoppidan

に進化した能力として実行される。だが、より複雑かつ多様なマインドコントロールで、特定の結果が選択されるかもしれない方法についてはどうだろう？

服従

ジェダイが対象者に何かをするよう要請するとき、従順な反応を得ようとしている。そのとき対象者は、普段ならそうした行動を拒むかもしれないのに、要請されたから実行する。ジェダイのマインドトリックに誰もがかかるわけではないという事実は、不可避で予測できる反応を強いるフェロモンや菌類の胞子にあまり似ていないことを意味する。このトリックはむしろ説得に近く、そこではフォースを使って対象者に働きかけ、服従する心理状態に変えることが可能になる。

服従のさまざまな種類と段階について調べる本格的な実験がいくつか実施され、被験者が普段なら決してしないようなことまで実行に移すことが明らかになった。

一九五〇年代、ソロモン・アッシュは同調に関する実験を行った。実験では、被験者がサクラの集団に入れられ、特定の設問に対しサクラたち全員が明らかに間違った回答をする場合、被験者は自分自身の考えに反して大多数に同調する傾向があることが示された。この効果が強まるのは、被験者がどう反応すべきかについていっそう不確かである場合や、集団のほかの人たちが自分よりも聡明だと感じる場合だ。

一九六〇年代、スタンレー・ミルグラムは服従に関する実験[*1]を行った。この実験で、被験者は教師役になり、生徒役の別の被験者（実はサクラ）に出題した。教師役は生徒役が間

［＊1］ミルグラムのこの実験は、アイヒマン実験とも呼ばれる。アドルフ・アイヒマンはユダヤ人を強制収容所に輸送する責任者であった一方、家庭人として結婚記念日には妻に花束を贈った。そのような普通の市民であっても、ある条件下で残虐行為に及ぶことがあるのかを検証するために実施された。

違った解答をすると電気ショックを与え、誤答するたびに電圧を上げるよう指示された。被験者の大半は、居心地の悪い思いをしながらも実験を続けたが、それは権威ある人物が継続するよう指示したからだった。この結果が示唆するのは、もしジェダイが権威を醸し出していれば、対象者が服従する可能性がより高まるかもしれないということだ。ミルグラムによると、「権威への抵抗に必要な資質を備える人はかなり少ない」という。

一九七一年のもう一つの興味深い研究は、フィリップ・ジンバルドーが行ったスタンフォード監獄実験だ。その目的は、被験者たちが看守役と囚人役を任意に割り当てられるとき、どの程度役割に従うかを観察することだった。参加者は役割に忠実に従い、とくに看守役は紋切り型の行動（屈辱を与える、罰を与える、暴力をふるうなど）をとるようになった。行き過ぎた被験者が大勢いたが、その前に実験は中止されるべきだった。[*2] この実験は、人間の行動が、本来の性質よりも置かれた状況にいっそう影響を受ける可能性があることを示した。

［＊2］当初実験期間は二週間が予定されていたが、六日間で打ち切られた。

もしジェダイが権威ある人物の印象を与えられるなら、対象者にとって従わない理由はない。権威への服従が役割に含まれるストームトルーパーの場合、彼らの心をコントロールすることはジェダイにとってより容易だったはずだ。これは、ストームトルーパーが非常に影響されやすいように感じられる理由かもしれない。

権威に従うことは、円滑な社会にとって必要な面もある。服従が社会の役に立つ場合もあるが、ジェダイのマインドトリックは純粋にジェダイの気まぐれに思える場面もある。それはちょうど、催眠術をかけられて、普段やらないことを意に反してやらされるようなものだ。

ただし催眠術の場合、被術者は通常自らの意志で術をかけられる。

催眠術

催眠術は被術者を昏睡に似た心の状態にするテクニックだ。このような状態のとき、催眠術師やジェダイから暗示を受け入れやすくなる。

催眠状態になる前に、通常は導入のための準備段階がある。このとき被術者は、必要な心の状態に移行するようはたらきかけられる。ここでのよく知られた手順は、施術者が被術者の目の前で懐中時計を揺らし、「あなたはだんだん眠くなる」と語りかけるというものだ。このプロセスは通常、少なくとも数分を要する。ただしジェダイの場合は、フォースと手の一振りだけで、たちまち相手を催眠状態にしてしまう。

催眠術の場合も、誰にでも効くわけではない。被術者にはある程度の被催眠性が必要であり、これはどの程度暗示にかかりやすいかに基づく。この素質を測るために、「催眠感受性尺度」が数多く開発されてきた。こうした尺度で調べたなら、ストームトルーパーは大いに暗示にかかりやすいと評されるはずだが、トイダリアンやジャバ・ザ・ハットはそもそも測定すら不可能だろう。

しかし、人の心に直接影響を与える、あるいは乗っ取るという方法はどうだろうか?

読心術

ダース・ベイダーとルーク・スカイウォーカーは互いの考えを大まかに把握でき、ベイダーはルークが妹について考えていることまで読み取った。『フォースの覚醒』で、カイロ・レンはマインドコントロールをさらに一歩進めて、相手の頭から詳細な情報を無理矢理引き出そうとするが、常にうまくいくわけではない。

現実の科学では、脳をスキャンして情報を引き出すことはまだできないが、意志決定を支えるプロセスをある程度把握するところまで、次第に近づきつつある。

一般に、人間の判断は顕在意識によってなされると考えられている。しかし、ドイツの研究者らは、被験者の判断の結果を、被験者自身が認識するより最大で七秒も前に検知することに成功した。研究者にとって次のステップは、潜在意識の判断が覆されたあとで顕在意識の最終的な判断がなされることが起こりうるかどうかを調べることだ。

ワシントン大学で実施されたほかの研究で、人間の脳と脳を結ぶインタフェースが開発され、ある被験者の思考で別の被験者の手を動かすことに成功した。

脳の信号を読み取るのに使われる脳波検査法（ＥＥＧ）は、基本的に脳の電気的活動を記録することを意味する。ＥＥＧの検査で頭に装着する装置は水泳帽に似ていて、外側から多数の接続コードが飛び出している。

装置の内側で、被験者の脳は経頭蓋磁気刺激（ＴＭＳ）を使って刺激される。この実験では、研究者らが刺激したい脳の部位――すなわち、手を動かす領域――に直接置かれたコイルを利用する。

今のところこの技術は、被験者に知らせることなく適用することができない。というのも、物理的な装置を着用する必要があるからだ。無線で同じ効果を実現することは、脳から生じる信号がごく弱いため、途方もない難題となる。

それでも、この実験が示しているのは、人間の脳の情報を外部に伝えることが——たとえごく基本的な形だとしても——可能であるということ。それに、外部から送られる信号を使って、身体の動きに影響を与えられるということだ。

ここまで見てきたように、マインドコントロールは、暗示、社会的圧力、技術、あるいは脳を操作する菌類などを介して、さまざまな形で存在する。だが、ジェダイのマインドトリックのように、片手を振って暗示をかける方法は、今のところ無理なようだ。

訳者あとがき

『スター・ウォーズ』の科学を自由な心で探究する旅、いかがだっただろうか。著者であるマーク・ブレイクとジョン・チェイスの豊富な知識と飽くなき探求心、シリーズの科学的側面に対する偏愛ぶりがうかがえて、きっと楽しんでいただけたのではないかと思う。

あるいは、まずあり得ないケースだろうが、エピソードⅠ～Ⅶを観ていない方が、たまたま本文より先にこのあとがきを読み始めたなら、どうか本文に進む前にシリーズ七作品を鑑賞していただきたい。本書には、スカイウォーカー家の血筋に関する秘密や、初代デス・スターと第二デス・スターをめぐる反乱軍と銀河帝国軍の戦いの行方を始め、読者が七作を観賞済みであることを前提にした記述が多々あるためだ（ちなみに、二〇一六年公開のスピンオフ作品『ローグ・ワン／スター・ウォーズ・ストーリー』については、ほんのさわり程度しか言及していないので、未見でもネタバレの心配はいらない）。

それにしても、各分野の定理や公式、統計データや過去の事例といった具体的な根拠を示しながら、科学的な側面を理路整然と検証していく鮮やかな手並みはどうだ。たとえば第1部の「デス・スターの建造費を試算する」では、デス・スターの直径から必要な鋼材の量と費用を割り出し、費用節約の観点から小惑星での採鉱を検討して、さらに必要な窒素と酸素の量と費用も推計することで建造費を導く。

第2部「宇宙」の冒頭では、『ジェダイの帰還』で第二デス・スターと衛星エンドアの命運を描く終盤のシーンに疑義を呈する。第二デス・スターの質量の計算に始まり、爆破された破片はその初速から周回軌道にとどまれないと推論し、科学的により正確な最終シークエンスを描き直す。この別バージョンの結末を読んだあとでは、あの祝祭ムードあふれるエンディングを観るたび、「でも本当はみんな死んだよ」などとやさぐれてしまいそうだ。もしくは、何が起きたかもわからないまま一瞬で昇天したわれらがヒーローたちとイウォーク族が天国で見ている夢、という切ない解釈もありだろうか。

はたまた、その旺盛な探求心が若干暴走気味ではないかと感じられる部分もある。一例を挙げると、第1部の「アインシュタインの$E=mc^2$と『スター・ウォーズ』——光速航行の課題は？」の冒頭で、レイが乗り物に乗らずに光速で夜空を駆けている状況を仮定し、その最中にレイが鏡を見ている状況、さらには光速のレイが映った鏡をフィンが双眼鏡で見ている状況を検証している。そもそも乗り物なしで光速飛行中に、髪やメイクを直す余裕などあるものかと凡庸な訳者は考えてしまうが、こうした常識にとらわれない「思考実験」の姿勢こそがSFの本質に通じるものなのかもしれない。

ほかに、映画製作上の都合でそのような設定にしていることを、あえてそうとは指摘せず、科学の心で真摯に解き明かそうとする傾向も見られる。「『スター・ウォーズ』の多くの惑星に呼吸できる大気がある理由」（第3部）は、本当のことを言うと、大気がある設定にしたほうが、俳優たちがヘルメットやマスクを装着せずに演技できるからだ（映画の大部分で俳優たちの表情が見えなかったら、観客は感情移入しづらいだろう）。同じく第3部の「『スター・ウォーズ』銀河系に人間がいる理由」で、なぜあちこちの惑星に人間が存在するのかを検討しているが、本当の事情は「そのほうが俳優を使いやすいから」だ。エイリアンのキャラクターには、特殊メイクや着ぐるみ、マペットやCGが必要になる。コスト的な理由もあるだろうし、撮影現場での演技や演出のしやすさを考えても、人間のキャラを多くしておくほうが何かと都合がいい。

しかし、そんな野暮なツッコミは入れないのが本書のスタンスだ。映画の舞台裏には言及せず、あくまでもスクリーンに映ることが『スター・ウォーズ』世界の事実ととらえ、科学の手法で検証したり推論したりする。

思うに、機械を分解して仕組みを調べることで、機能がどのように実現しているのかを学ぶ、いわゆる「リバースエンジニアリング」に近いことを、本書は行っているのではないか。たいていのSF作品がそうであるように、『スター・ウォーズ』もまた、ギリシャ哲学から最近の天文学的発見まで、あるいはH・G・ウェルズからアーサー・C・クラークまで、古今の膨大な英知とSF的アイデアを踏まえて創作されている。映画という完成品から、キャラクターや惑星、乗り物や兵器といった部品を取り出し、インスピレーションのもとになった過去の知見や創作物と照らし合わせつつ、科学的な正確さや将来の実現可能性を検証していく。こうしたプロセス——あるいは「旅」——を一緒にたどることで、私たちもまた『スター・ウォーズ』の魅力をより深く理解できるようになるのだろう。

二人の著者について簡単に紹介しておこう。マーク・ブレイクはイギリス出身のサイエンスライターで、本書の序文でも触れていたように、同国のグラモーガン大学で世界初となる「科学と空想科学」の学士課程を開講した人物でもある。『スター・ウォーズ』のほかにも、『ハリー・ポッター』やスーパーヒーロー、想像上の各種エイリアンについて、本書と同様の科学的検証を行う著作があり、これらも今後翻訳されることを願う。ブレイクについてさらにくわしく知りたい方は、彼の公式サイトへ（http://www.markbrake.com/）。

ジョン（ジョナサン）・チェイスは前述の「科学と空想科学」学科で学んだ経歴をもち、ブレイクとは師弟関係にある（年齢的にも二回りほど離れているようだ）。サイエンス・コミュニケーターという肩書きで活動し、ブレイクとの共著も多数。「サイエンス・ラップ」なるユニークな音楽活動も展開している。ユーチューブで「Jon Chase science rap」と検索すると動画が多数ヒットするので、興味のある方はご覧いただきたい。

本書の翻訳作業にあたっては、首都大学東京准教授の出穂《いずほ》雅実氏に人類学の分類に関してアドバイスをいただいた。また、発行元である株式会社化学同人編集部の栫井《かこい》文子氏ならびに津留貴彰氏には、編集全般、とりわけ訳注と図版の充実に関してご尽力いただいた。実のところ、原書は画像も用語注釈も一切なく本文テキストのみなのだが、翻訳に際しては一般的な訳注（英語圏での一般常識を日本語読者向けに補足説明するもの）に加え、科学・技術用語の簡単な説明も添えている。これにより、科学や技術にそれほどくわしくないという方でも、比較的無理なく読み進めることができる内容になったのではないかと思う。この場をお借りして、三氏にお礼を申し上げます。

最後に、本書で言及されている『スター・ウォーズ』作品中のさまざまな固有名詞やそれらの概要を調べる際、「スター・ウォーズの鉄人！」（http://www.starwars.jp/）および「ウーキーペディア」（http://ja.starwars.wikia.com/）の豊富な情報が大いに助けになった。両サイトの膨大な作業の多くはボランタリーな取り組みによる賜物で、もしこれらがなければ翻訳ははるかに困難で時間のかかる作業になっただろう。考えてみると、大勢のファンのこうした無償の愛こそが、『スター・ウォーズ』文化を維持し発展させる力、つまり一種の「フォース」といえるのではないか。そんなわけで、お別れはもちろんこの言葉で締めくくりたい。

「フォースと共にあれ！」

高森　郁哉

【著者紹介】
マーク・ブレイク
1999年、世界で初めて「科学と空想科学」の学士課程を開講。2005年には、世界初のアストロバイオロジー（宇宙生物学）の学士課程を開始した。これまでにNASA、シアトルのEMPミュージアム、BBC、英国王立科学研究所、スカイ・ムービーズを含め、五大陸で映画、テレビ、印刷物、ラジオを通じたサイエンス・コミュニケーションを展開してきた。NASAアストロバイオロジー研究所サイエンス・コミュニケーション・グループの創設メンバーの一人でもある。*Alien Life Imagined* を含め著書多数。また、*Science of Doctor Who*、*Science of Star Wars*、*Science of Superheroes* の興行でヨーロッパをツアーした。

ジョン・チェイス
航空宇宙工学の学士号とサイエンス・コミュニケーションの修士号を持つフリーランスのサイエンス・コミュニケーター。2008年、NASA向けにアストロバイオロジーを題材にしたサイエンス・ラップ・ビデオを制作したところ、『ガーディアン』紙が教育分野の有望株と評した。BBC、オープン・ユニバーシティ、サイエンス・ミュージアム、王立協会、英国王立科学研究所での活動がある。また、マーク・ブレイクとともに *Science of* シリーズ興行でヨーロッパをツアーした。

【訳者紹介】
高森郁哉（たかもり・いくや）
フリーランスのライター、英日翻訳者。ウェブ媒体の「ニューズウィーク日本版」「映画.com」「シュミカツ！」などに映画評やコラムを寄稿し、「CNET Japan」などに翻訳で携わる。訳書に『熱帯アジアの海の生物』（ジェラルド・R. アレン著、チャールズイータトル出版）ほか。

本書の内容は非公式、非公認であり、ルーカスフィルム、ディズニー、ハズブロの認可、承認、ライセンスを得たものではありません。

「スター・ウォーズ」を科学する

徹底検証！フォースの正体から銀河間旅行まで

2017年12月10日　第1刷発行

著　者　マーク・ブレイク
　　　　ジョン・チェイス
訳　者　高森郁哉
発行人　曽根良介
発行所　株式会社化学同人
〒600-8074　京都市下京区仏光寺通柳馬場西入ル
編集部　TEL:075-352-3711　FAX:075-352-0371
営業部　TEL:075-352-3373　FAX:075-351-8301
振　替　01010-7-5702
E-mail　webmaster@kagakudojin.co.jp
URL　https://www.kagakudojin.co.jp
本文DTP　株式会社ケイエスティープロダクション
装　丁　時岡伸行
印刷・製本　株式会社シナノパブリッシングプレス

ISBN 978-4-7598-1950-2